教育部 财政部职业院校教师素质提高计划
职教师资培养资源开发项目
《机械工程》专业职教师资培养资源开发（VTNE006）
机械工程专业职教师资培养系列教材

机电设备故障维修

主　编　王士军　赵庆志

副主编　张德龙　刘炳强

科学出版社

北京

内 容 简 介

本书是教育部、财政部职业院校教师素质提高计划职教师资培养资源开发项目，机械工程专业职教师资培养资源开发（VTNE006）项目规划的主干核心课程教材之一。本书以职业标准为依据，以职业能力为核心，以职业活动为导向，以任务为载体，以提高从业人员的核心技能、核心素质为目标，按照工作过程系统化的开发思想，设计了机械设备检修工艺流程、通用零件的故障诊断与修理、流体设备的故障诊断与修理、起重设备的故障诊断与修理、电气设备的故障诊断与修理五个学习情境，每个学习情境包括学习目标、引导文、任务、学习小结、评价标准、教学策略等环节，由浅入深、循序渐进，充分体现"做中学""学中做"的职业教学特色，实现了职业性、专业性和师范性三性融合的开发理念。

本书主要作为机械工程专业职教师资本科培养的课程教材，也可作为从事机电设备故障维修工作的工程技术人员的参考书。

图书在版编目（CIP）数据

机电设备故障维修/王士军，赵庆志主编. —北京：科学出版社，2017.9
机械工程专业职教师资培养系列教材
ISBN 978-7-03-055826-8

Ⅰ.①机… Ⅱ.①王…②赵… Ⅲ.①机电设备-维修-中等专业学校-师资培养-教材 Ⅳ.①TM07

中国版本图书馆 CIP 数据核字（2017）第 300363 号

责任编辑：邓 静 张丽花 / 责任校对：郭瑞芝
责任印制：吴兆东 / 封面设计：迷底书装

科 学 出 版 社 出版
北京东黄城根北街 16 号
邮政编码：100717
http://www.sciencep.com

北京摩诚则铭印刷科技有限公司 印刷
科学出版社发行 各地新华书店经销
*

2017 年 9 月第 一 版 开本：787×1092 1/16
2017 年 9 月第一次印刷 印张：13 1/2
字数：300 000
定价：69.00 元
（如有印装质量问题，我社负责调换）

教育部 财政部职业院校教师素质提高计划成果系列丛书

机械工程专业职教师资培养系列教材

项目牵头单位：山东理工大学

项目负责人：王士军

项目专家指导委员会

主　任： 刘来泉

副主任： 王宪成　郭春鸣

成　员： (按姓氏笔画排列)

刁哲军　王继平　王乐夫　邓泽民　石伟平　卢双盈

汤生玲　米　靖　刘正安　刘君义　孟庆国　沈　希

李仲阳　李栋学　李梦卿　吴全全　张元利　张建荣

周泽扬　姜大源　郭杰忠　夏金星　徐　流　徐　朔

曹　晔　崔世钢　韩亚兰

丛　书　序

　　《国家中长期教育改革和发展规划纲要（2010—2020年）》颁布实施以来，我国职业教育进入加快构建现代职业教育体系、全面提高技能型人才培养质量的新阶段。加快发展现代职业教育，实现职业教育改革发展新跨越，对职业学校"双师型"教师队伍建设提出了更高的要求。为此，教育部明确提出，要以推动教师专业化为引领，以加强"双师型"教师队伍建设为重点，以创新制度和机制为动力，以完善培养培训体系为保障，以实施素质提高计划为抓手，统筹规划，突出重点，改革创新，狠抓落实，切实提升职业院校教师队伍整体素质和建设水平，加快建成一支师德高尚、素质优良、技艺精湛、结构合理、专兼结合的高素质专业化的"双师型"教师队伍，为建设具有中国特色、世界水平的现代职业教育体系提供强有力的师资保障。

　　目前，我国共有60余所高校正在开展职教师资培养，但教师培养标准的缺失和培养课程资源的匮乏，制约了"双师型"教师培养质量的提高。为完善教师培养标准和课程体系，教育部、财政部在职业院校教师素质提高计划框架内专门设置了职教师资培养资源开发项目，中央财政划拨1.5亿元，系统开发用于本科专业职教师资培养标准、培养方案、核心课程和特色教材等系列资源。其中，包括88个专业项目、12个资格考试制度开发等公共项目。该项目由42家开设职业技术师范专业的高等学校牵头，组织近千家科研院所、职业学校、行业企业共同研发，一大批专家学者、优秀校长、一线教师、企业工程技术人员参与其中。

　　经过三年的努力，培养资源开发项目取得了丰硕成果。一是开发了中等职业学校88个专业（类）职教师资本科培养资源项目，内容包括专业教师标准、专业教师培养标准、评价方案，以及一系列专业课程大纲、主干课程教材及数字化资源；二是取得了6项公共基础研究成果，内容包括职教师资培养模式、国际职教师资培养、教育理论课程、质量保障体系、教学资源中心建设和学习平台开发等；三是完成了18个专业大类职教师资资格标准及认证考试标准开发。上述成果，共计800多本正式出版物。总体来说，培养资源开发项目实现了高效益：形成了一大批资源，填补了相关标准和资源的空白；凝聚了一支研发队伍，强化了教师培养的"校—企—校"协同；引领了一批高校的教学改革，带动了"双师型"教师的专业化培养。职教师资培养资源开发项目是支撑专业化培养的一项系统化、基础性工程，是加强职教师资培养培训一体化建设的关键环节，也是对职教师资培养培训基地教师专业化培养实践、教师教育研究能力的系统检阅。

　　自2013年项目立项开题以来，各项目承担单位、项目负责人及全体开发人员做了大量深入细致的工作，结合职教教师培养实践，研发出很多填补空白、体现科学性和前瞻性的成果，有力推进了"双师型"教师专门化培养向更深层次发展。同时，专家指导委员会的各位专家以及项目管理办公室的各位同志，克服了许多困难，按照教育部、财政部对项目开发工作的总体要求，为实施项目管理、研发、检查等投入了大量时间和心血，也为各个项目提供了专业的咨询和指导，有力地保障了项目实施和成果质量。在此，我们一并表示衷心的感谢。

编写委员会

2016年3月

前　　言

根据教育部、财政部《关于实施中等职业学校教师素质提高计划的意见》(教职成〔2006〕13号)，山东理工大学"数控技术"省级精品课程教学团队王士军博士主持承担了教育部、财政部机械工程专业职教师资本科培养资源开发项目(VTNE006)，教学团队联合装备制造业专家、企业工程技术人员、全国中等职业学校和高职院校双师型教师、高等学校专业教师、政府管理部门、行业管理和科研等部门的专家学者成立了项目研究开发组，研究开发了机械工程专业职教师资本科培养资源开发项目规划的核心课程教材。

《机电设备故障维修》为中等职业学校机械工程专业培养专业理论水平高、实践教学能力强，在教育教学工作中起"双师型"作用的职教师资，内容充分考虑中等职业学校机械工程专业毕业生的就业背景和岗位需求，行业有代表性的机电设备及其发展趋势、岗位技能需求、专业教师理论知识、实践技能现状和涉及的国家职业标准等，也充分考虑了本专业中等职业学校专业教师的知识能力现状，贯彻行动导向、工作过程系统化、项目引领、任务驱动等先进的教育教学理念，理实一体化地将多门学科、多项技术和多种技能有机融合在一起，内容与实际工作系统化过程的正确步骤相吻合，既体现专业领域普遍应用的、成熟的核心技术和关键技能，又包括本专业领域具有前瞻性的主流应用技术和关键技能，以及行业、专业发展需要的"新理论、新知识、新技术、新方法"，体现了可操作的层面，每个学习情境、任务后有归纳总结，使得知识点和能力目标脉络清晰，逻辑性强，对形成职业岗位能力具有举一反三、触类旁通的学习效果，便于职教师资本科生培养的教学实施和学生自学。

全书共 5 个学习情境，学习情境 1 为机械设备检修工艺流程，安排了 6 个学习任务，分别为任务 1.1 CAK3665 数控车床 Z 进给轴修理前技术准备、任务 1.2 CAK3665 数控车床 Z 轴故障诊断、任务 1.3 CAK3665 数控车床 Z 轴系统拆卸、任务 1.4 CAK3665 数控车床 Z 轴丝杠副拆卸后检查、任务 1.5 CAK3665 数控车床 Z 轴进给系统装配与调试、任务 1.6 CAK3665 数控车床修理后的验收，目的是通过 CAK3665 数控车床认识机械设备检修的工艺流程；学习情境 2 为通用零件的故障诊断与修理，安排了 5 个学习任务，分别为任务 2.1 齿轮传动装置的故障诊断与修理、任务 2.2 滚动轴承的故障诊断与修理、任务 2.3 轴类零件的故障诊断与修理、任务 2.4 滑动轴承的故障诊断与修理、任务 2.5 旋转零件的故障诊断与平衡配重操作，目的是掌握通用零件的故障诊断与处理方法；学习情境 3 为流体设备的故障诊断与修理，安排了 3 个学习任务，分别为任务 3.1 轴流式通风机的故障诊断与修理、任务 3.2 空压机的故障诊断与修理、任务 3.3 排水泵的故障诊断与修理，使学生逐步掌握简单设备的故障诊断与排除的方法；学习情境 4 为起重设备的故障诊断与修理，安排了 5 个学习任务，分别为任务 4.1 桥式起重机的故障诊断与修理、任务 4.2 塔吊的故障诊断与修理、任务 4.3 电动葫芦的故障诊断与修理、任务 4.4 电梯的故障诊断与修理、任务 4.5 工业机器人的故障诊断与维修，5 个项目按照简单—复杂—综合的工作内容编排，学生可以逐步掌握复杂机电设备故障修理的工艺流程；学习情境 5 为电气设备的故障诊断与修理，安排了 5 个学习任务，分别为任务 5.1 电动机位置控制部分的故障诊断与修理、任务 5.2 电力变压器的故障诊断与修理、任务 5.3 控制开关的故障诊断与修理、任务 5.4 电动机的故障诊断与修理、任务 5.5 综合实训：数控机床的电气故障诊断与修理，5 个项目按照简单—复杂—综合的工作内容编排，学生可以逐步掌握机电设备中电气故障修理的方法及步骤。

本书的编写融入了理念、设计、内容、方法、载体、环境、评价和教学策略等要素，它既不是各种技术资料的汇编，也不是培训手册，而是包含工作过程相关知识，体现完整工作过程，实现教、学、做一体化，为"机电设备故障维修"课程提供了工学结合实施的整体解决方案，融汇了职教师资本科培养的职业性、专业性和师范性的特点。

本书由山东理工大学的王士军和赵庆志任主编，甘肃机电职业技术学院张德龙和烟台轻工业学校刘炳强任副主编，江西冶金工业学校章绍军，山东理工大学李丽、牛宗伟、司马中文、郭志东，山东省滨州市无棣县职业中等专业学校吴忠海，甘肃省武威市凉州区职业中等专业学校魏栋，内蒙古临河市第一职业中等专业学校杨海斌，江苏省徐州医药高等职业学校邓如兵，江苏省建湖中等专业学校张贵明等参加了编写。

由于编者学识和经验有限，书中疏漏和不足在所难免，恳请专家和读者批评指正。

编　者

2016 年 12 月

目　　录

学习情境 1　机械设备检修工艺流程

📖 学习目标

机械设备检修工艺流程的制定与实施可分为以下七个步骤。第一是为机械的修理提供技术准备；第二是确定故障的位置和原因；第三是对设备零件进行拆卸、清洗；第四是做进一步的检查，分析其失败的原因；第五是制定合理的修复方案；第六是零件的装配与调试；第七是对修理后的机械设备进行试车和验收。

通过学习，认识机电设备检修的程序，掌握各程序的操作技能，最终达到制定和编制机电设备检修方案、检修工序、检修进度、安全操作规程、方案实施的技术措施等目的。

1. 知识目标

(1) 了解机电设备检修工艺流程的制定与实施所包含的内容和程序；

(2) 掌握机械设备修理前的技术准备内容；

(3) 熟悉零件故障类型，掌握故障诊断检测方法与操作步骤；

(4) 掌握设备零件拆卸、清洗的一般工艺原则；

(5) 掌握零件失效的形式和零件失效的原因；

(6) 掌握零件修复工艺的选择；

(7) 掌握零件装配工艺的特点和装配后的调整原则；

(8) 掌握试车与验收的内容和基本程序。

2. 技能目标

(1) 能进行设备修理前的技术准备；

(2) 能进行故障诊断操作，初步确定故障的位置；

(3) 能制定零件拆卸、清洗的工艺过程，进行拆卸、清洗工作；

(4) 能确定已拆卸零件的失效形式，并分析其失效原因；

(5) 能制定已失效零件的修理方案；

(6) 能进行零件装配前的准备工作，以及零件的装配和装配后的调试；

(7) 能组织试车和验收。

3. 能力目标

(1) 具有为机械修理提供技术依据，如设备图册、机械修理年度计划或修理准备工作计划、设备使用过程中的故障修理记录、设备的各项技术性能的能力；

(2) 具有根据设备的损坏状况及年度修理计划确定机械修理的组织形式，已达到保证维修质量、缩短停修时间、降低修理费用的目的；

(3) 具有合理安排拆卸前的准备工作，根据拆卸的一般原则和注意事项，正确制定拆卸工艺的能力；

(4) 具有根据零件的材质、精密程度、污染性质和各工序对清洁程度要求的不同，采用不同的清除方法，选择适宜的设备、工具、工艺和清洗介质，获得良好清洗效果的能力；

(5) 具有通过检查已拆卸零件，识别零件失效形式，分析失效原因的能力；

(6) 具有针对零件的失效形式，制定合理的修理方案的能力；

(7)具有制定零件装配工艺过程，进行零件装配和装配后调试的能力；

(8)具有提供机械修理后的验收标准，并为设备的使用、维护与保养准备必要的资料的能力；

(9)具有编制设备检修计划和检修工艺的能力；

(10)具有良好的协作工作能力和主动性工作的自觉性。

学习引导

(1)机械设备检修工艺流程的制定与实施分为几个方面来进行？

(2)技术准备内容包括哪些内容？

(3)设备图册编制的先后次序是什么？

(4)机械系统的常见故障类型有哪些？故障诊断的基本程序是什么？故障诊断技术有哪些？

(5)拆卸的主要目的是什么？拆卸前的准备工作包括哪些内容？拆卸的一般原则是什么？拆卸时的注意事项包括哪些内容？

(6)检查已拆卸零件的目的是什么？

(7)制定修理方案的内容是什么？如何制定修理方案？

(8)装配前的准备工作包括哪些内容？装配时应注意哪些事项？装配后的调整有什么作用？

(9)试车和验收的作用是什么？试车和验收的程序包括哪些内容？

学习任务

任务 1.1   CAK3665 数控车床 Z 进给轴修理前技术准备

1.1.1   任务描述

机器设备修理前要制定技术准备文件，技术准备的及时性和正确性是保证修理质量、缩短修理时间、降低修理费用的重要因素。因此熟悉技术文件内容和制定技术文件，是每位维修人员必须掌握的技能。

1.1.2   任务分析

技术准备主要是为维修提供技术依据。其内容包括准备现有的或需要编制的机械设备图册；确定维修工作类别和年度维修计划；整理机械设备在使用过程中的故障及其处理记录；调查维修前机械设备的技术状况；明确维修内容和方案；提出维修后要保障的各项技术性能要求；提前必备的有关技术文件等。

1.1.3   知识准备

1. 设备大修理常用的技术文件

(1)修理技术任务书；

(2)修换件明细表及图纸；

(3)电器元件及特殊材料表(正常库存以外的品种规格);

(4)修理工艺及专用工、检、研具的图纸及清单;

(5)质量标准。

2. 修理前技术文件的使用

设备主修工程技术人员根据修理类别,对修理前设备的技术状况进行充分的调查后编制上述文件,交给机修部门的计划人员或生产准备人员。机修部门的计划人员或生产准备人员应设法尽量保证在机械设备大修理开始前将更换件(包括外购件)备齐,并按清单准备好所需要的工、检、研具。

1)修理工作的类别

修理类别是按修理工作量、修理内容和要求对修理工作的划分。修理类别分为大修、项修(中修)、小修等。

设备大修是工作量最大的一种计划修理。设备大修需对设备进行全部解体,修理基准件,更换或修复磨损件;全部研刮和磨削导轨面;修理、调整设备的电气系统;恢复设备的附件以及翻新外观等,从而全面消除修前存在的缺陷,恢复设备的规定精度和性能。

项目修理(简称项修)是对设备精度、性能的劣化缺陷进行针对性的局部修理。现在项修代替了中修。项修时,一般要进行局部拆卸、检查,更换或修复失效的零件,必要时对基准件进行局部修理和修正坐标,从而恢复所修部分的性能和精度。项修的工作量视情况而定。

设备的小修是维修工作量最小的一种计划修理。小修的工作内容主要是针对日常点检和定期检查发现的问题,拆卸有关的零部件进行检查、调整、更换或修换失效的零件,以恢复设备的正常功能。

2)修理前技术状况调查的步骤和内容

(1)技术参数调查:查阅故障修理、定期检查、定期测试及事故等记录;向机械动力员、操作工人及维修工人等了解日常运行和维修状况。

(2)停机检查:检查全部或主要几何精度;测量性能参数降低情况;各转动机械运动的平衡性,有无异常振动和噪声;气压、液压及润滑系统的情况和有无泄漏;离合器、制动器、安全保护装置及操作件是否灵活可靠;电气系统的失效和老化状况;部分解体,测量基础件和关键件的磨损量,决定需要更换和修复的零件,必要时测绘和核对修换件的图纸。

1.1.4　任务实施

1. 概述

设备主修工程技术人员根据年度机械设备修理计划或修理准备工作计划负责修理前的技术准备工作,对实行状态监测维修的设备,可分析过去的故障修理记录、定期维护(包括检查)、技术状态诊断记录确定修理内容和编制修理技术文件;对实行定期维修的设备,一般应先调查修理前的机器设备的技术状态,然后分析确定修理内容和编制修理技术文件。对大型、高精度、关键设备的大修理方案,必要时应从技术和经济角度做可行性分析。

2. CAK3665 数控车床 Z 进给轴修理前技术准备

数控车床属于实行状态监测维修的设备,通过对其运行状态异常的分析判断,确定其为纵向(Z 轴)进给部分的故障,需要对 Z 轴作拆卸诊断、修理,为此首先查阅设备的使用说明书,准备 Z 轴的装配示意图,通过研读装配示意图,制定装配工艺流程,准备维修用的工、夹、量具和备件等物资。

CAK3665 数控车床 Z 进给轴的装配图见图 1-1,Z 轴装配工艺流程卡见表 1-1。

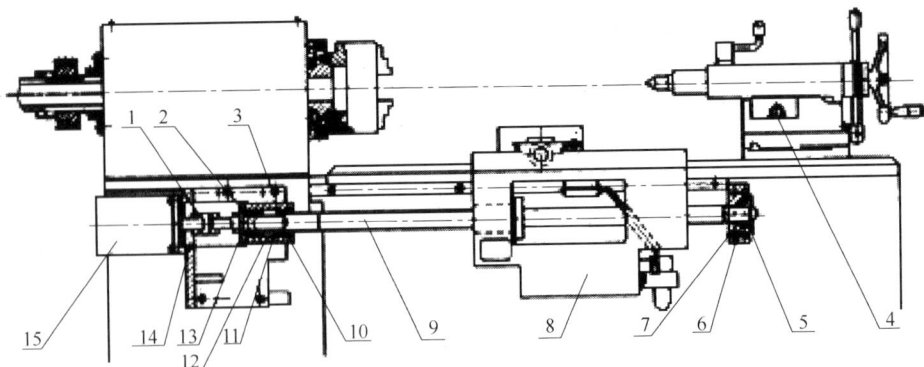

图 1-1　Z 轴装配示意图

1-联轴器；2-滚针轴承；3、6-深沟球轴承；4-锁紧螺母；5-轴承端盖；7-轴承座；8-托板箱；9-滚珠丝杠；
10-压盖；11-轴承内套；12-轴承外套；13-端盖；14-电机座；15-伺服电机

表 1-1　Z 轴装配工艺流程卡

部件装配工艺流程卡	产品型号		部件图号		共　页
	产品名称		部件名称		第 1 页
序号	装配内容及技术要求		装入零件		工艺装配工具
			图号及名称	数量	
1	清洗零件 A. 将轴承座、丝杠螺母座、电机座用柴油进行必要的清洗，滚动轴承用汽油或柴油进行清洗				油盘、油刷、汽油、柴油
	B. 清洗后的零件如必要用棉布擦拭				棉布
	C. 将清洗后的滚珠丝杠副、轴承等吊挂在立架上，将清洗后的其他零件放置在橡胶板上				立架、橡胶板
2	拆卸机床尾座、主轴卡盘并放置在橡胶板上				内六角扳手
3	Z 轴溜板箱安装在床鞍上 A. 在溜板箱的丝杠螺母座的安装中装入检套和检棒，检查其与床身导轨平行度，其上、侧母线全长允差均≤0.01/200mm				百分表、检套、检棒、磁力表座、内六角扳手、桥尺
	B. 在支架上装检套和检棒、溜板箱上装检套和检棒。打表找正检棒上、侧母线的同轴度，允差均为≤0.01/全长				
	C. 紧固溜板箱，装入定位销				
4	Z 轴轴承支架拨正 A. 将支架把合在床身上，装检套、检棒。检测检棒与床身导轨平行度上、侧母线均≤0.01/200mm				百分表、检套、检棒、磁力表座、桥尺
	B. 在支架上装检套和检棒、轴承支架上装检套和检棒，打表检测支架与轴承支架检棒的同轴度，在上、侧母线允差均为≤0.01/全长（图 1-1）				
5	装配电机支架组件 A. 从床身上拆下支架				内六角扳手、铝套、榔头、什锦锉、油石、铜棒、木方
	B. 将滚珠丝杠副装在溜板箱上，把件 10029 及密封圈套在滚珠丝杠上				
	C. 将滚珠丝杠副伸出电机座，在丝杠上面如图 1-1 所示依次装入轴承、密封圈、锁紧螺母 M24×1.5（注：轴承内应涂润滑脂为滚道的 1/3）				
	D. 用 50mm×50mm×30mm 方木抵住溜板箱与电机座，旋转滚珠丝杠副，将已安装在丝杠副上的组件拉入电机座，或脱开丝杠螺母与溜板箱的连接，用配套的铝套将已装在丝杠副上的组件敲入电机座				
	E. 将轴承组件依次固定在轴承支架上				

续表

部件装配工艺流程卡		产品型号		部件图号		共　页
		产品名称		部件名称		第 1 页
序号	装配内容及技术要求			装入零件		工艺装配工具
				图号及名称	数量	
	装配轴承支架组件					
6	将支架套在滚珠丝杠副上，将其固定在床身相应位置，用铝套将轴承安装到位，固定在轴承支架上（注：轴承内涂润滑脂为滚道的 1/3，并做好防尘）					内六角扳手、什锦锉、油石、铜棒、铝套
	Z 轴滚珠丝杆安装					
7	A. 将溜板箱移至电机座端，松开滚珠丝杠螺母螺钉，转动滚珠丝杠后，再拧紧其与溜板箱连接螺钉					铜棒、内六角扳手
	B. 左右移动溜板箱，要求溜板箱在滚珠丝杠全行程上移动松紧一致					
	滚珠丝杠副轴向窜动及径向跳动调整					
8	A. 完成上述工作后在床身上架千分杠杆表，在丝杠副中心孔内用黄油粘一 $\phi 6mm$ 钢球，用千分表表头接触其轴向顶面进行检测（丝杠副与电机连接端），通过调整锁紧螺钉的预紧力来达到要求，轴窜不大于 0.008mm					黄油、千分杠、杠杆磁力表座、$\phi 6mm$ 钢球、钩子扳手
	B. 在相应位置检测丝杠径向跳动，径跳不大于 0.012mm					
	伺服电机的安装					
9	在上述工作合格，且伺服电机单独在机床外运行合格后按图 1-1 依次装入联轴器、伺服电机、旋转滚珠丝杠副，依次固定伺服电机与联轴器，确保所有连接有效					
10	按装配示意图装入此轴滚珠丝杠副防护板等其他零件					内六角扳手
11	机床防护门、尾座等其他零件的安装					
12	机床运动精度检测完毕后装入机床主轴卡盘					

1.1.5　知识拓展：机械零件测绘时应注意的事项

测绘人员在测绘工作开始前，应熟悉有关机器设备的使用维护说明书，初步了解机械的结构及性能，并向机器操作工人了解机器存在的故障情况。测绘使用的测绘工具必须有合格证，在使用前应加以检查，以免影响测量准确度从而减少测量工作的差错。

测绘零件时应注意下列各项。

（1）绘图时先绘制传动系统图及装配图的草图，再测绘零件图。绘制装配图时应根据零件实际安装位置及方向进行测绘。

对于复杂的部件不便绘制整个装配图时，可分成几个小部件进行绘制。装配图及零件图的图形位置应尽可能与其安装位置一致。重要的装配尺寸应在拆卸部件前测量，为以后的装配工作留作依据。

（2）测量零件尺寸时，要正确选择基准面。基准面决定以后，所有要测量的尺寸均以此为基准进行测量，尽量避免尺寸的换算，以减少误差。

对于零件长度尺寸链的尺寸测量，要考虑装配关系，尽量避免分段测量。分段测量的尺寸只能作为核对尺寸的参考。

（3）对于磨损零件，对其磨损原因应加以分析，以便在修理时加以改进，磨损零件测量位置的选择要特别注意，尽可能选择在未磨损或磨损较少的部位。如果整个配合表面已磨损，在草图上就加以说明。

（4）测绘零件的某一尺寸时，必须同时测量配合零件的相应尺寸，尤其是在只更换一个零件时更应如此。这样做既可以校对测量尺寸是否正确，减少差错，又可以为决定修理尺寸提供依据。

（5）正确操作测量工具和仪表的准确读值。站姿、手姿、视线等多个因素都将影响读值。

（6）测量工具用完后，要擦拭干净，使工具和仪表处于自由状态。要及时放回工具盒内，切忌和其他零件混合放置。

（7）防止压砸和摔掉测试仪表，否则仪表易出现测试和读值方面的误差。

任务 1.2　CAK3665 数控车床 Z 轴故障诊断

1.2.1　任务描述

设备运行中出现异常，第一步是结合故障现象对设备故障的性质进行诊断与分析。

机械零件故障诊断、检测方法与操作步骤实质上是对机械系统进行全面的分析、寻找和确定机械故障的过程，因此熟悉机械故障的常见类型，熟悉故障分析的一般过程与步骤，掌握故障的诊断技术，机械设备检修工作才能顺利开展。

1.2.2　任务分析

由于机械设备种类繁多、功能各异、新旧不同，厂家四面八方，而且绝大多数设备尚未配置自动监测、检测报警、预防和排除故障的装置，机修人员所面临的故障处置对象多为事后被动性的，这就给问题的解决带来了一定程度的复杂性与多样性。但总体来讲，机械系统的故障诊断包括识别现状和预测未来两个方面，其诊断过程分为状态监测、识别诊断和决策预防三个阶段，其故障模式及分析方法又具有相对典型性。这就更要求设备修理人员必须熟悉常见的故障类型，掌握故障诊断的检测方法和操作步骤。

1.2.3　知识准备

1. 机械故障的基本概念

1）机械系统的故障的含义

机械系统的故障与失效可谓同义词，但是习俗上故障通常是指可以排除的故障，即可以修复的失效；所谓失效是指零件、元件、器件、部件、设备或系统失去预定的功能，不能正常履行其功能的状态，以更换为修理手段。

2）零部件、元器件常见的失效类型

按照失效机理划分，常见的失效类型如下。

（1）断裂失效。有韧性与脆性断裂、过载断裂、疲劳断裂、环境断裂等。

断裂失效往往是裂纹的扩展所致。裂纹的形成可分为工艺（铸造、锻造、热处理、机加工）与使用（冲击、疲劳、蠕变等）两类。

（2）磨损失效。有黏着磨损、磨料磨损、微动磨损、胶合磨损、解除疲劳磨损、腐蚀磨损、冲蚀磨损、气蚀与电蚀磨损等。

（3）过量变形。有撞击与静载过量变形、纵弯失稳、蠕变翘曲、过盈压溃、热胀与泡胀畸变、冷缩、真空负压变形等。

(4)腐蚀。有化学腐蚀、电化学腐蚀、接触腐蚀、冲刷腐蚀、气穴腐蚀等。

(5)其他失效。有松动、打滑、泄漏、烧损、老化等。

2. 故障诊断的一般过程与步骤

1)故障诊断的过程

(1)状态监测。对机械进行诊断首先是采集运行中的各种信息，并通过传感器将信息变成一定的电信号(电流电压)，然后将采集的电信号进行数据处理，得到能反映机器运行状态的参数，从而实现对机器运行状态的监测。

(2)识别诊断。根据状态监测所提供的运行状态特征参数的变化，识别机器的运转是否正常，并预测机器的可靠性和性能变化的趋势。

(3)决策预防。当识别诊断出异常状态时，对其原因、部位和危险程度进行评价，研究和决定其修正与预防的办法。

2)故障诊断的基本程序

(1)对故障对象的现场调查。

(2)现场的初步分析。

(3)组织会诊，全面分析，对故障提出进一步的精细分析与处置的基本对策。

(4)检测试验，查清故障原因。

根据故障的类型及其影响的基本因素，综合会诊意见、处置方法，并有针对性地对机械系统的某些分系统和零部件进行逐项检测试验，查清故障的原因。

1.2.4　任务实施

(1)现场调查。CAK3665 数控车床不能纵向进给，X 轴进给正常，其他也无异常。

(2)现场初步分析。因该设备是实验设备，而且经功能检修，只是 Z 轴进给功能异常，这样对 Z 轴进给系统做重点检查。

(3)检验测试，查清故障原因。首先松开电机与丝杠之间的连接器，给进给电机输入运行信号，观察其运转正常，再测试其振动、声音并无异常，温度也无异常变化，排除了动力源和动力机部分的故障。

然后，松开丝杠螺母副与床鞍之间的连接螺钉，手动移动床鞍，床鞍沿导轨移动并无异常。手动旋转滚珠丝杠，出现此种现象可能是滚珠丝杠螺母副的原因，也可能是滚珠丝杠支撑部分的原因，具体还需要进一步的拆卸来检查确认。

根据实际情况，可结合生产设备，现场进行 CAK3665 数控车床 Z 轴故障诊断。

1.2.5　知识拓展：机电设备常见故障

1. 动力系统的常见故障

机械的动力系统包括动力源、动力机和动力传输系统。常见故障分析如下。

1)动力源的常见故障

机器的动力源包括电源、气源、热源及燃料供给源。常见故障如下。

(1)电源故障。机器的运转离不开电动机及电机控制元件，当一部机器不能运转时，应首先检查电源，检查主电路的熔丝是否完好，机器电控制系统的熔丝是否完好，接触器、继电器的触点接头是否松动以及接触器的线圈是否因过电流引起毁损，再检查机器主控板的其他电气元器件的完好情况。

(2)气源故障。有的机器由于功能需要还有气动源,当气动源出现故障时,应检查供气管路是否因过量变形出现漏气。检查气阀是否能完成其打开、关闭功能,是否因腐蚀磨损而引起阀门失效。

(3)热源故障。热源零件一般在高温下服役,因此在温度冷热变化的条件下,应检查热源零件是否出现蠕变松动和高温变形以及高温疲劳失效。

2)动力机故障

动力机包括电动机、汽油机、柴油机、汽轮机等。常见故障如下。

(1)电机故障:如电机转子的不平衡故障。

(2)汽、柴油发动机故障:如曲轴连杆的断裂失效故障。

(3)蒸汽机故障:蒸汽机的故障大部分发生在承压件上,也就是产生于生产蒸汽的管道、管系和压力容器。

3)动力传输系统供气供热管道的常见故障

(1)管件突然破裂的失效。供气管道中管子的突然破裂是严重事故,这类故障的出现包括因应力腐蚀裂纹和疲劳裂纹引起的过热性破裂和脆化性破裂。

(2)腐蚀或结垢引起的失效。动力传输系统中存在腐蚀失效主要有水侧腐蚀、暴露在蒸汽中部件的腐蚀以及冷凝器和给水加热器的腐蚀。当水处理不当或 pH 控制不严时,省煤器和沸腾表面的管子就会由于严重水侧腐蚀而形成腐蚀垢壳,而且还会导致过热失效。

(3)疲劳失效。动力传输设备由于温度周期性变化或温度梯度产生足够高的峰值压力时,也能产生疲劳失效。

(4)冲蚀引起的失效。冲蚀是大量的小固体或液体粒子撞击表面,或液体气穴现象中气泡消解造成的。固体粒子产生的冲蚀是磨粒磨损的一种形式,而液体冲击腐蚀则是冲蚀。

(5)应力腐蚀开裂失效。应力腐蚀开裂失效发生在处于特定环境的特定合金材料中。在动力系统中主要发生在锅炉和过热的管子、管系、阀门、汽轮机外壳和其他部件,尤其是给水和冷凝水聚集的地方。

2. 机械紧固件的常见故障

紧固件系统的功能是传递载荷,紧固件系统包括螺纹紧固件、铆钉、封闭式紧固件、销紧固件和特殊紧固件。紧固件常见故障部位是头杆的圆角处、螺纹紧固件上螺母内侧的第一个螺纹或杆身到螺纹的过渡处。

3. 润滑系统的常见故障

润滑不仅能减少为克服摩擦所要求的功耗,同时还能避免滚动和滑动表面的过度磨损。在所有的润滑方式中,都是接触表面被润滑介质隔开,此种介质可以是固体、半固体、加压的液体或气体膜。因此润滑系统包括以下几种:流体动压润滑、流体静压润滑、弹性流体动压润滑、边界润滑和固体润滑等。

4. 传动系统的常见故障

(1)轴类零件故障。轴零件多数是承受交变载荷,因此失效形式以疲劳断裂为主,有时是由疲劳断裂的萌生和扩展而引起的脆性断裂,而这些裂纹一般都起源于轴的阶梯部位、沟槽处以及配合部位等应力集中处,因此在交变载荷的作用下裂纹的萌生和扩展导致轴类零件出现早期的断裂失效。

另外,在轴的配合处还可能发生微振磨损,在微振磨损过程中有时产生细微裂纹。

(2)齿轮类零件的故障。齿轮是传递运动和动力的通用基础零件。其类型很多、工况条件复杂多变，失效形式也是多种多样的。但从发生失效部位来看，经常是在轮齿部位。

轮齿部位的失效形式主要有轮齿折断、轮齿塑性变形、齿面磨损、齿面疲劳及其他损伤形式。

(3)其他零件故障，如弹簧、轴承、卡簧、键、密封件等的故障。

任务 1.3 CAK3665 数控车床 Z 轴系统拆卸

1.3.1 任务描述

设备出现故障后，修理人员先在现场进行初步判断，究竟是否还要具体检查与核实。因此，设备零件拆卸与清洗的主要目的是进一步检查零件缺陷的性质，为指定合理的修理措施提供依据。

1.3.2 任务分析

由于机器的构造各有其特点，零部件在重量、结构、精度等各方面有极大的差异，为准确判断零件故障性质，必须对零件进行拆卸，经清洗后再次检查与分析。在机械修理工作中，拆装、清洗工作占整个修理工作量的 30%～40%，因此，掌握拆卸的操作技术、一般原则、注意事项、清洗的常用方法是高效率、高质量地完成检修工作的有力保障。

1.3.3 知识准备

1. 机械零件的拆卸

1)拆卸前的准备工作

(1)拆卸场地的选择与清理。拆卸前应选择好工作地点，不要选在有风沙、尘土、泥土的地方，工作场地应该是避免闲杂人员频繁出入的地方，以防造成意外的混乱。

(2)备齐拆卸设备、工具及保护措施。事前准备好拆卸设备及工具，如压力机、退卸器、拨轮器、扳手和锤头等；预先拆下电气元件，以免受潮损坏；对于易氧化、锈蚀等零件要及时采取相应的保护保养措施。

(3)拆前放油。尽可能在拆卸前将机器中的润滑油趁热放出，以便拆卸工作能顺利进行。

(4)了解机器的结构。为避免拆卸工作中的盲目性，确保修理工作的正常进行，在拆卸前，应详细了解机器设备各方面的状况，熟悉设备各个部分的构造。

2)拆卸的一般原则

(1)根据机器设备的结构特点，选择合理的拆卸顺序。机械的拆卸顺序，一般是由整体拆成总成，由总成拆成部件，由部件拆成零件，或由附件到主机，由外部到内部。在拆卸比较复杂的部件时，必须熟读装配图，并详细分析部件的结构以及零件的装配顺序关系，标出拆卸顺序号，严禁混乱拆卸。

(2)拆卸合理。在机械的修理拆卸中，应坚持能不拆的就不拆、该拆的必须拆的原则。若零部件可不必经拆卸就符合要求，就不必拆开，这样既减少拆卸工作量，又能延长零部件的使用寿命；如对于过盈配合的零部件，拆装次数过多会使过盈量消失而致使装配不紧；对较精密的间隙配合件，拆后再装，很难恢复已磨合的配合关系，从而加速零件的磨损。

（3）正确使用拆卸工具和设备。在清楚了拆卸机器零部件的步骤后，合理选择和正确使用相应工具是很重要的。拆卸时，应尽量采用专用的或选用合适的工具和设备，避免乱敲乱打，以防零件损伤和变形。例如，拆卸轴套、滚动轴承、齿轮、皮带轮等应该使用锤击、退卸器、拉拨工具（拨轮器）或压力机；拆卸螺栓或螺母应尽量采用尺寸相符的固定扳手。

3）拆卸时的注意事项

在机械修理中，拆卸时还应考虑到修理后的装配工作，为此应注意以下事项。

（1）做好记号。机器中有许多配合的组件和零件，因为经过选配或重量平衡等，装配的位置和方向均不允许改变。所以在拆卸时，按顺序号依次拆卸，如果原记号已错乱或有不清晰者，则应按原样重新标记，以便安装时对号入位，避免发生错乱。

（2）分类存放零件。对拆卸下来的零件存放应遵循如下原则：同一总成或同一部件的零件，尽量放在一起；根据零件的大小与精密度，分别存放；不应互换的零件要分组存放；怕脏、怕碰的精密部件应单独拆卸与存放；怕油的橡胶件不应与带油的零件一起存放；易丢失的零件，如垫圈、螺母要用铁丝串在一起或放在专门的容器里；各种螺栓应装上螺母存放。

（3）保护拆卸零件的加工表面。在拆卸的过程中，一定不要损伤拆下零件的加工表面，否则将给修复工作带来麻烦，并会引起漏气、漏油、漏水等故障，亦会导致机器的技术性能降低。

2. 清洗零件

清洗方法和清洗质量对鉴定零件故障性质的准确性、维修质量、维修成本、使用寿命等均产生重要影响。清洗包括清除油垢、水垢、积炭、锈层和旧漆层等。

根据零件的材质、精密程度、污物性质和各工序对清洁程度的要求不同，必须采用不同的清除方法，选择适宜的设备、工具、工艺和清洗介质，以便获得良好的清洗效果。

1）拆卸前的清洗

拆卸前的清洗主要是指拆卸前的外部清洗。其外部清洗的目的是除去机械设备外部积存的大量尘土、油污、泥沙等脏物，以便于拆卸和避免将尘土、油泥等脏物带入厂房内部。外部清洗一般采用自来水冲洗，即用软管将自来水接到清洗部位，用水流进行冲刷。对于密度较大的厚层污物，可加入适量的化学清洗剂并提高喷射压力和水的温度。

2）拆卸后的清洗

（1）清除油污。凡是和各种油料接触的零件在解体后都要进行清除油垢的工作，即除油。常用的清洗液有有机溶剂、碱性溶液和化学清洗液等。清洗方式则有人工式和机械自动式。

① 清洗液。

a. 有机溶剂常见的有煤油、轻柴油、汽油、丙酮、乙醇和三氯乙烯等。有机溶剂除油以溶解污物为基础，它对金属无损伤，可溶解各类油脂，不需加热，使用简便，清洗效果好。但有机溶剂多数为易燃物，成本高，主要适用于规模小的单位和分散的维修工作。

b. 碱性溶液是碱或碱性盐的水溶液。利用碱性溶液和零件表面上的可皂化油起化学反应，生成易溶于水的肥皂和不易浮在零件表面上的甘油，然后用热水冲洗，很容易除油。对不可皂化油和可皂化油不容易去掉的情况，应在清洗溶液中加入乳化剂，使油垢乳化后于零件表面分开。常用的乳化剂有肥皂、水玻璃（硅酸钠）、骨胶、树胶等。清洗不同材料的零件应采用不同的清洗溶液。碱性溶液对于金属有不同程度的腐蚀作用，尤其是对铝的腐蚀较强。

用碱性溶液清洗时，一般需将溶液加热到 80～90℃。除油后用热水清洗，去掉表面残留碱液，防止零件被腐蚀。碱性溶液应用最广。

　　c. 化学清洗液是一种化学合成水基金属清洗剂，以表面活性剂为主。由于其表面活性物质降低界面张力而产生润湿、渗透、乳化、分散等多种作用，具有很强的去污能力。它还具有无毒、无腐蚀、不燃烧、不爆炸、无公害、有一定防锈能力、成本较低等优点，目前已逐步替代其他清洗液。

　　② 清洗方法。

　　a. 擦洗。将零件放入装有柴油的、煤油或其他清洗液的容器中，用棉纱擦洗或毛刷刷洗。这种方法操作简便，设备简单，但效率低，用于单件小批生产的中小型零件。一般情况下不宜用汽油，因其有溶脂性，会损害人的身体且易造成火灾。

　　b. 煮洗。将配置好的溶液和被清洗的零件一起放入用钢板焊制适当尺寸的清洗池中，在池的下部设有加温用的炉灶，将零件加温到 80～90℃煮洗。

　　c. 喷洗。将具有一定压力和温度的清洗液喷射到零件表面，以清除油污。此方法清洗效果好，生产效率高，但设备复杂。适于零件形状不太复杂、表面有严重油污的清洗。

　　d. 振动清洗。将被清洗的零部件放在振动清洗机的清洗篮或清洗架上，浸没在清洗液中，通过清洗机产生振动来模拟人工漂刷动作，并与清洗液的化学作用相配合，达到去除油污的目的。

　　e. 超声清洗。超声清洗是靠清洗液的化学作用与引入清洗液中的超声波振荡作用相配合达到去污目的。

　　(2)清除水垢。机械设备的冷却系统经长期使用硬水或含杂质较多的水后，在冷却器及管道内壁上沉积一层黄白色的水垢。它的主要成分是碳酸盐、硫酸盐，有的还含二氧化硅等。水垢使水管流通截面缩小，热导率降低，严重影响冷却效果，影响冷却系统的正常工作，因此必须定期清除。水垢的清除方法可用化学去除法，有以下几种。

　　① 磷酸盐清除水垢。用 3%～5%的磷酸三钠溶液注入并保持 10～12h 后，使水垢生成易溶于水的盐类，而后用水冲掉。洗后应再用清水冲洗干净以去除残留碱盐而防腐。

　　② 碱溶液清除水垢。

　　a. 对铸铁的发动机气缸盖和水套可用苛性钠 750g、煤油 150g 加水 10L 配成溶液，将其过滤后加入冷却系统中停留 10～12h 后，启动发动机使其以全速工作 15～20min，直到溶液有沸腾现象，此后放出溶液，再用清水清洗。

　　b. 对铝制气缸盖和水套可用硅酸钠 15g、液态肥皂 2g 加水 1L 配成溶液，将其注入冷却系统中，启动发动机到正常工作温度；再运转 1h 后放出清洗液，用水清洗干净。

　　c. 对于钢制零件，溶液浓度可大些，用 10%～15%的苛性钠；对有色金属零件，浓度应低些，用 2%～3%的苛性钠。

　　③ 酸洗液清除水垢。酸洗液常用的是磷酸、盐酸或铬酸等。用 2.5%盐酸溶液清洗，主要使之生成易溶于水的盐类，如 $CaCl_2$、$MgCl_2$ 等。将盐酸溶液加入冷却系统中，然后使发动机以全速运转 1h 后，放出溶液，再以超过冷却系统容量 3 倍的清水冲洗干净。

1.3.4　任务实施

　　可以按照下列顺序进行 Z 轴滚珠丝杠副的拆卸。

　　(1)拆去防护罩。

　　(2)拆伺服电机的电源连接线和控制线。

　　(3)松开伺服电机与滚珠丝杠副之间的联轴器，拆去伺服电机。

　　(4)拆去防尘盖，拔去定位销，松开螺钉，拆去 Z 轴轴承支架。

(5) 松开锁紧螺母，拆去端盖。

(6) 松开六角螺栓，移开压盖，放入两半环垫圈，重新扣上压盖，以防止下一步拆丝杠时拉坏轴承；用 50mm×50mm×300mm 木方抵住溜板箱与电机座，旋转滚珠丝杠副，使丝杠副从电机座内拉出。

(7) 松开溜板箱与滚珠丝杠副的连接螺钉，取下丝杠副，垂直吊挂。

(8) 拆电机座内的轴承和隔套。

(9) 拔去溜板箱定位销。

(10) 将上述拆卸物分类放置，准备清洗，清洗零件请按装配工艺流程卡内第一工序完成。

1.3.5 知识拓展：常用零件的拆卸方法

常用零件的拆卸应遵循拆卸的一般原则，结合其各自的特点，采取相应的拆卸手段来达到拆卸的目的。

1. 齿轮副的拆卸

为了提高传动链精度，对传动比为 1 的齿轮副采用误差相消法装配，即将一个外齿轮的最大径向跳动处的齿间与另一个齿轮的最小径向跳动处啮合。为避免拆卸后再装误差不能相消，拆卸时在两齿轮的相互啮合处做上记号，以便装配时恢复原精度。

2. 轴上定位零件的拆卸

在拆卸齿轮箱中的轴类零件时，必须先了解轴的阶梯方向，进而决定拆卸轴时的移动方向，然后拆去两端轴盖和轴上的轴向定位零件，如紧固螺钉、圆螺母、弹簧垫圈、保险弹簧等零件。先要松开装在轴上的齿轮、套等不能穿过轴端盖孔的零件的轴向紧固关系，并注意轴上的键能随轴通过各孔，才能用木槌击打轴端盖而拆下轴；否则不仅拆不下轴，还会造成对轴的损伤。

3. 螺纹连接的拆卸

1) 断头螺钉的拆卸

(1) 在螺钉上钻孔，打入多角淬火钢锥，将螺钉拧出，如图 1-2 (a) 所示。注意打击力不可以过大，以防损坏母体螺纹。

(2) 如果螺钉断在机件表面以下，可在断头段中心钻孔，在孔内攻反旋向螺纹，用相应反旋向螺钉或丝锥拧出，如图 1-2 (b) 所示。

(3) 如果螺钉断在机件表面以上，可在断头上加焊螺母拧出，如图 1-2 (c) 所示；或在凸出断头上用钢锯锯出一个沟槽，然后用螺丝刀拧出。

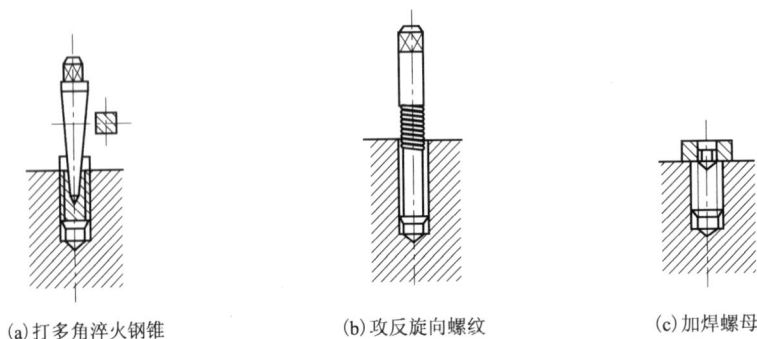

(a) 打多角淬火钢锥   (b) 攻反旋向螺纹   (c) 加焊螺母

图 1-2 断头螺钉的拆卸

2）打滑六角螺钉的拆卸

六角螺钉用于固定或连接处较多，当内六角磨圆后会产生打滑现象而不易拆卸，这时用一个孔径比螺钉头外径稍小的六方螺母，放在内六角螺钉头上，如图 1-3 所示。将螺母 1 与螺钉 2 焊接成一体，待冷却后用扳手拧螺母六方，即可将螺钉迅速拧出。

4. 过盈配合件的拆卸

拆卸过盈配合件，应使用专门的拆卸工具，如拨轮器、压力机等，不允许使用铁锤直接敲击机件，以防损毁零部件。在无专用工具的情况下，可用木槌、铜锤、塑料锤或垫以木棒（块）、铜棒（块）用铁锤敲击。

滚动轴承的拆卸属于过盈配合件的拆卸范畴，它的适用范围较广泛，又有其拆卸特点，所以在拆卸时，除遵循过盈配合件的拆卸要点外还要考虑到自身的特殊性。

（1）尺寸较大轴承的拆卸。拆卸尺寸较大的轴承或其他过盈连接件时，为了使轴和轴承免受损害，要利用加热来拆卸，如图 1-4 所示，给轴承内圈加热而拆卸轴承。加热前把靠近轴承的那部分轴用石棉隔离开来，然后在轴上套上一个套圈使零件隔热。将拆卸工具的抓钩抓住轴承的内圈，迅速将加热到 100℃ 的油倒入，使轴承加热，然后开始从轴上拆卸轴承。

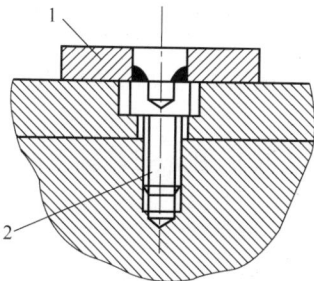

图 1-3　打滑六角螺钉的拆卸

1-螺母；2-螺钉

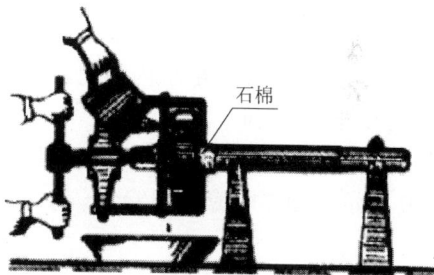

图 1-4　轴承内圈加热拆卸轴承

（2）轴承外圈的拆卸。齿轮两端装有单列圆锥滚动轴承外圈，如图 1-5 所示，在用拨轮器不能拉出轴承外圈时，可同时用干冰局部冷却轴承外圈，迅速从齿轮中拉出轴承的外圈。

（3）滚珠轴承的拆卸。拆卸滚珠轴承时，应在轴承内圈上加力拆下；拆卸位于轴末端的轴承时，可用小于轴承内径的铜棒或软金属、木棒抵住轴端轴承下垫一垫块，再用手锤敲击，如图 1-6 所示。

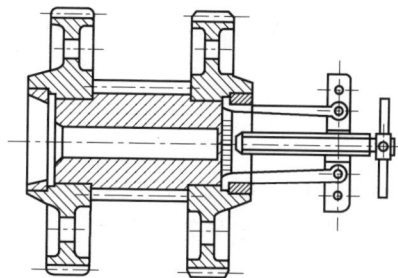

图 1-5　干冰局部冷却轴承外圈

图 1-6　用手锤、铜棒拆卸轴承

1-铜棒；2-轴承；3-垫块；4-轴

若用压力机拆卸，可用如图 1-7 所示的垫法，将轴承压出。用此方法拆卸轴承的关键是必须使垫块同时抵住轴承内外圈，且着力点正确，如图 1-7 和图 1-8 所示。否则，轴承将受损。垫块可用两块等高的方铁或用 U 形和两半圆形铁组成。

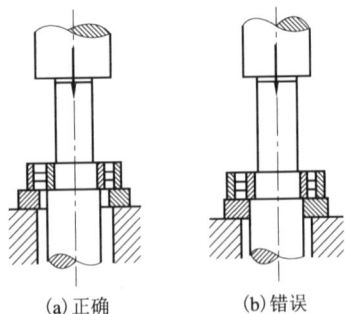

| (a)正确 | (b)错误 | (a)正确 | (b)错误 |

图 1-7　用压力机拆卸时的垫块方法　　　　图 1-8　拆卸轴承时的着力点

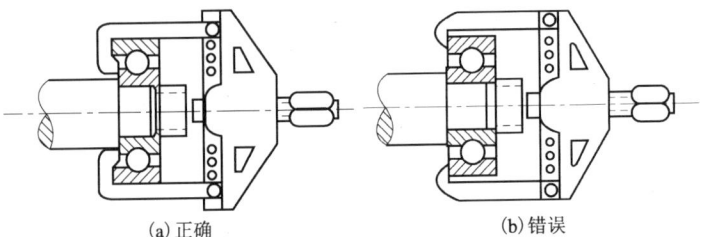

（4）锥形滚柱轴承的拆卸。拆卸时一般将外圈分别拆卸。例如，拆卸轴承 6020 时，用如图 1-9(a) 所示的拨轮器将外圈拉出。先将拨轮器张套放入外圈底部，然后放入张杆使张套张开，钩住外圈，再扳动手柄，使张套外移，即可拉出外圈。用如图 1-9(b) 所示的内圈拉头来拆卸内圈。先将拉套套在轴承内圈上，转动拉套，使其收拢后，下端凸缘压入内圈沟槽，然后转动把手，拉出内圈。

（5）报废轴承的拆卸。若因轴承内圈过紧或锈死而无法拆下，则应破坏轴承内圈而保护轴，如图 1-10 所示。操作时应注意安全。

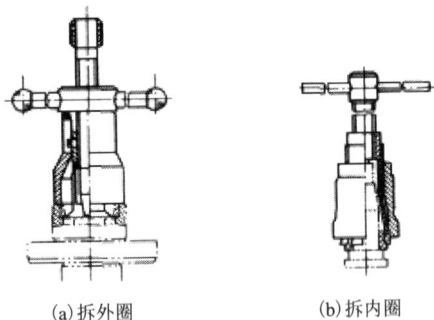

| (a)拆外圈 | (b)拆内圈 |

图 1-9　锥形滚柱轴承的拆卸

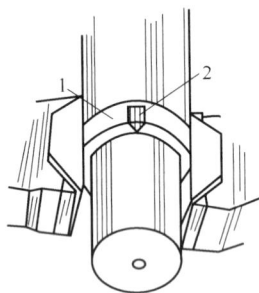

图 1-10　报废轴承的拆卸

1-轴承内圈；2-开齿口后锤击

任务 1.4　CAK3665 数控车床 Z 轴丝杠副拆卸后检查

1.4.1　任务描述

检查已拆卸零件的目的是识别零件的状态，确认机械故障，结合零件使用的工况条件，分析零件失效的原因，为制定合理的修理方案和使用、维护保养方案奠定基础。

1.4.2　任务分析

机械零件失效有时是正常的原因造成的，有时却是非正常的原因造成的。因此，对已拆卸零件进行检查，确定失效形式及原因，为制定针对性的修理方案奠定基础。

1.4.3　知识准备

1. 机械零件的失效形式

(1)过量变形失效。许多零件在具体服役条件完成规定的功能。例如，炮筒为了确保每发炮弹在发射时弹道曲线(轨迹)一致，必须要求炮筒用钢在受炮弹穿过时的应力和应变后能保持严格的弹性变形状态。如果发现炮弹的轨迹出现了严重的偏差，则尽管炮筒没有断裂现象也可以认为炮筒已经产生了过量变形而失效。这类失效在机械零件的失效中占有相当大的比例，如表 1-2 所示的尾键的扭曲、紧固件的拉长、动力机械的蠕变以及弹性元件发生的永久性变形。

(2)断裂失效。断裂失效特别是脆性断裂失效在工程上是一个长期存在的问题，所谓断裂是固体在机械力、热、磁、声响、腐蚀等单独作用或联合作用下使物体本身连续性遭到破坏，从而发生局部开裂或分成几部分的现象。断裂失效包括一次加载断裂失效、环境介质引起的断裂失效和疲劳断裂失效。

(3)表面损伤失效。表面损伤失效包括两方面的失效，即磨损失效和表面腐蚀失效。磨损失效形式主要有黏着磨损、颗粒磨损、微动磨损、塑性变形等；表面腐蚀失效形式主要有氧气腐蚀、液体腐蚀、电化学腐蚀等。

表 1-2　零件常见的失效形式

序号	失效类型	具体失效形式	引起失效的直接原因
1	过量变形生效	扭曲(如花键)；拉长(如紧固件)；胀大超限(如石油射孔器)；高低温下的蠕变(如动力机械等)；弹性元件发生的永久变形	由于在一定载荷条件下发生过量变形，零件失去应有功能不能正常使用
2	断裂失效	一次加载断裂(如拉伸、冲击和持久等)	由于载荷或应力强度超过当时材料的承载能力
		环境介质引起的断裂(应力腐蚀、氧脆、液态金属脆化和辐照脆化和腐蚀疲劳等)	由于环境介质、应力共同作用引起的低应力破断
		疲劳断裂：低周(应变)疲劳(如压力容器)，寿命<10^4 次循环；高周(应力)疲劳(如轴类、螺栓类、齿轮类零件)。疲劳又可按载荷类型分为弯曲、扭转、接触、拉-拉、拉-压复合载荷谱疲劳与热疲劳、高温疲劳等不同情况	由于周期(交变)作用力引起的低应力破坏
3	表面损伤失效	磨损：分黏着磨损和磨粒磨损，主要引起几何尺寸上的变化或表面损伤(如齿轮轮齿、轴颈、轴承及挖掘、钻探和粉碎机械中的易损件)	由于两物体接触表面在接触应力下有相对运动造成材料流失所引起的一种失效形式
		腐蚀，如腐蚀、冲刷、咬蚀和气蚀等	由于有害环境气氛的化学及物理化学作用

2. 机械零件的失效分析

分析和研究机械设备、结构及其零(部)件产生失效的原因，提出防止失效事故重复发生、延长产品寿命的措施，是零件失效分析的主要任务。失效分析包括失效分析思维方法的研究和失效分析的实验技术。具体情况要根据设备的结构、使用环境、运行负荷等多种因素来分析，针对不同的失效形式，制定相应的解决措施。

1.4.4　任务实施

通过对已拆卸零件的清洗检查,可以清楚地看到电机座内靠近压盖 10029 处 760206 轴承珠架已散落,电机座内孔表面和丝杠轴颈处没有缺陷。进一步观察到轴承珠架明显朝压盖 10029 方向的滑移变形和圆周方向的摩擦磨损,经与维修人员讨论、与现场工作人员确认,该轴承最初在拆卸时由于没有安装止推半环,该轴承承受了一次性过载载荷,使轴承外圈和内圈在轴向产生滑移,珠架发生了不可恢复的残余变形。事后经矫正,旋转实验无误后装配使用。

这是一次典型的因拆装不当而导致的过量变形的例子。由此例可以看出,检查已拆卸零件,不能只停留在故障现象表面,而应该通过现场调查,查找记录,结合具体时间、位置和有关失效的基础知识,不断地总结经验,才是一个合格维修人员圆满完成检修任务的必经之路。

1.4.5　知识拓展:机械零件的失效与分析

1. 机械零件的变形失效与分析

一个结构或零件在外加载荷的作用下发生变形,当零件出现下列情况时:①不能承受规定的载荷;②不能起到规定的作用;③与其他零件的运转发生干扰,零件则产生了变形失效。变形失效可以是弹性变形失效,也可以是塑性变形失效。

1) 变形失效的特征

变形失效主要有三个特征,即体积发生变化、几何形状发生变化和配合性质改变。

2) 变形失效的分析

变形失效通常作为一种相当简单的失效现象,也容易分析。因为从力学性能的角度出发,只有当外加应力超过材料的屈服应力后才能发生变形,然而在工程实践中变形失效并不总是简单过载或使用了加工不当的零件所造成的,在进行零件的变形失效分析中必须注意以下几个方面。

(1)弹性变形的失效分析。当一个零件没有明显的永久变形或涉及复杂的应力场时必须考虑弹性变形失效,因为变形失效不仅包含一次加载屈服,而且大部分零件在载荷的作用下将发生弹性弯曲,例如,一个曾用高弹性模量合金制成的零件突然改用低弹性模量合金制作,那么在给定载荷条件下零件的弯曲量将比用高弹性模量合金制造的要大。这在车床主轴的刚度计算时尤为重要,因为材料的弹性模量反映着用该材料制造的零件在工作时的刚度条件。

(2)累积应变失效分析。当某一零件在承受稳态载荷的同时,还承受与主动方向不同方向叠加的一个循环变化的载荷时,循环载荷所产生的使零件的两端每半周一次交替发生超过屈服点的应变。塑性应变将随循环周次的增加而积累。这种累积将一个构件或零件的总体尺寸沿稳态应力方向更均匀地变化,这种累积应变最终将会导致韧性断裂或低应力疲劳断裂。

2. 机械零件的断裂失效与分析

断裂是机械零件或工程构件失效的主要形式之一,它比弹塑性失效、磨损、腐蚀失效更具有危险性。断裂是材料或零件的一种复杂行为,在不同的力学、物理和化学环境下会有不同的断裂形式。例如，机械零件在循环应力作用下会发生疲劳断裂，在高温持久应力作用下会发生蠕变断裂，在腐蚀环境下会发生应力腐蚀或腐蚀疲劳。

(1)断裂形式。在实际工程应用上常根据工程构件或机械零件在断裂前的特征及在断裂前是否吸收能量将断裂分为脆性断裂和韧性断裂两大类。如果在断裂前几乎不产生明显的宏观塑性变形则断裂为脆性断裂；如果断裂前产生明显的宏观塑性变形则断裂为韧性断裂。

(2)断裂失效分析。机械零件的断裂过程包括裂纹的萌生过程和裂纹的扩展过程。因此，当机械零件出现断裂后必然在其分离面上留下断裂的各种信息。这种对断裂信息的分析称为断口分析，对裂纹萌生和拓展的分析称为裂纹分析。断口分析和裂纹分析是机械零件失效分析中的两大基本功能。

3. 磨损失效分析及预防措施

1)磨损失效的形式

磨损失效可按机理模式划分失效形式，也可按质量控制状况和按因果形式划分失效形式。本任务只介绍黏着磨损、磨料磨损、冲刷磨损、腐蚀磨损和接触疲劳磨损等基本类型。

(1)黏着磨损。指两个金属表面在接触压应力的作用下相互滑动时所引起的金属材料的脱离或移动而造成的损伤。其过程为在高的局部压力下滑动界面上的显微凸体或凹凸不平处黏结起来，随后，滑动力使接合处断裂，从一个表面上撕下金属，并把它转移到另一个表面上，这样，在一个表面上形成微小的凹坑，在另一个表面上形成微小的凸起，在进一步的高的接触压应力作用下出现上述过程的进一步循环，从而造成进一步的损伤。

(2)磨料磨损。指一个表面同它的匹配表面上的坚硬凸起物或同相对摩擦表面运动的硬粒子接触时造成的材料移动而引起的损伤。其过程为硬微粒(如磨屑)或硬凸起物可以陷入两个滑动表面之间，并磨削其中的一个或两个表面，或者被嵌在一个表面上去磨削另一个表面。

(3)冲刷磨损。指由于与含粒子的液体接触而造成的材料损伤所引起的损伤。其过程为在动态应力作用下的粒子，在金属表面和液体之间相对运动而造成损伤。

(4)腐蚀磨损。指一种对磨损速度有很大影响的环境化学或电化学反应的磨粒磨损。因此，腐蚀磨损的过程为化学反应而产生腐蚀产物，继而腐蚀产物被机械作用去除，进一步产生化学反应，腐蚀产物再被机械作用去除，如此循环而产生材料损伤。也可能是由于机械作用形成微小的碎屑，随后再与环境起反应，而轻微或一定的化学反应增强机械作用，从而造成损伤。

(5)接触疲劳磨损。指在高循环接触应力作用下，金属粒子从表面脱离下来，造成麻点或剥落的损伤过程。

2)预防零件失效的技术措施

(1)选择合理的材料，适时选择耐磨的材料，能够延长设备的使用寿命；

(2)减小设备运行中的冲击力；

(3)及时检查和增加设备的润滑条件，形成液体摩擦状态；

(4)改善设备运行环境，降低环境温度；

(5)提高零件的加工精度和安装精度；

(6)提高设备的维修质量。

任务 1.5　CAK3665 数控车床 Z 轴进给系统装配与调试

1.5.1　任务描述

零件装配与调试是两个相互独立又密切相关的过程。机器修理后质量的好坏，与装配质量的高低有密切的关系。机械零部件装配后的调整是机械设备修理的最后程序，也是最为关键的程序。有些机器，尤其是其中的关键零部件，不经过严格的仔细调试，往往达不到预定的技术性能甚至不能正常运行。正确选择并熟悉和遵从装配调试工艺是本任务的主要内容。

1.5.2　任务分析

机械修理后的装配工艺是一个复杂细致的工作，是按技术要求将机器零件连接或固定起来的，使机器的各个零部件保持正确的相对位置和相对关系，以保证机器所应具有的各项性能指标。若装配工艺不当，即使有高质量的零件，机器的性能亦很难满足要求，严重时还可造成机器或人身事故。机械零件的调整与调试，是一项技术性、专业性及实践性很强的工作，操作人员除了应具备一定的专业知识基础，还应注意积累生产实践经验，方可有正确判断和灵活处理问题的能力。因此，修理后的装配必须根据机器的性能指标，严肃认真地按照技术规范进行。做好充分周密的准备工作、正确选择并熟悉和遵从装配工艺是机修装配的两个基本要求。

1.5.3　知识准备

1．装配前的准备

装配前的准备工作如下。

(1)研究并熟悉机器及各部件总成装配图和有关技术文件与技术资料。了解机器及零部件的结构特点，各零件的作用、相互连接关系及其连接方式。对于那些有配合要求、运动精度较高或有其他特殊技术条件的零件，尤应引起特别重视。

(2)根据零部件的结构特点、技术要求确定合适的装配工艺、方法和程序。准备好必备的工、量具及夹具和材料。

(3)按清单清理检测各备装零件的尺寸精度与制造或修复质量、核查技术要求。凡有不合格者一律不得装入。对于螺栓、键及销等标准件，稍有滑丝、损伤者应予以更换，不得勉强留用。

(4)零件装配前必须进行清洗。在装配前，对于经过钻孔、铰削、镗削等机加工的零件，要将金属屑末清除干净；润滑油道用高压空气或高压油吹洗干净，相对运动的配合表面要保持清洁，以免因脏物或尘粒等杂入其间而加速配合表面的磨损。

2．装配的一般工艺要点

一般来说，装配时的顺序应与拆卸顺序相反。装配要根据零部件的结构特点，采用合适的工具或设备严格仔细按序装配，注意零件之间的方位、配合精度要求。

(1)对于过渡配合和过盈配合零件的装配如滚动轴承的内外圈等，必须采用相应的铜棒、铜套等专门工具和器件进行手工装配，或按技术条件借助设备进行加温加压装配。若遇有装配困难的情况，应先分析原因，排除故障，提出有效的改进方法再继续装配，千万不可乱敲打鲁莽行事。

(2)对油封件必须使用芯棒压入；对配合表面要经过仔细检查和擦净，若有毛刺应经修整后方可装入；螺栓要按规定的扭矩值分次均匀紧固；螺母紧固后，螺栓的露出丝扣不少于两扣且应等高。

(3)凡是摩擦表面，装配前均应涂上适量的润滑油，如轴颈、轴瓦、轴套、活塞、活塞销和缸壁等。各部件的密封垫(纸板垫、石棉垫、钢皮垫、软木垫等)应统一按规格制作，自行制作时，应细心加工，切勿让密封垫覆盖润滑油、水和空气的通道。机器中的各种密封管道和部件，装配后不得有渗漏现象。

(4)过盈配合件装配时，应先涂润滑油脂，以利装配和减少配合表面的初磨损。装配时应根据零件拆下来时所做的各种安装记号进行装配，以防装配出错而影响装配进度。

(5)对某些装配技术要求，如装配间隙、过盈量(紧度)、灵活度、啮合印痕等，应边安装边检查，并随时进行调整，以避免装后返工。

(6)在装配前，要对有平衡要求的旋转零件按要求进行静平衡或动平衡试验，合格后才能装配。这是因为某些旋转零件如皮带轮、飞轮、风扇叶轮等新配件或修理件可能会由于金属组织密度不均、加工误差、本身形状不对称等，使零部件的重心与旋转轴线不重合，在高速旋转时，会因此而产生很大的离心力，引起机器振动，加速零件磨损。

(7)每一部件装配完毕，必须严格仔细地检查和清理，防止有遗漏或错装的零件，特别是对环境需要固定安装的零部件要检查；严防将工具、多余零件及杂物留存在箱壳中(如变速箱、齿轮箱、飞轮壳等)，确信无疑之后，再进行手动或低速试运行，以防机器运转时引起意外事故。

3. 机械零件装配后的调整

机械零部件装配后的调整是机械设备修理的最后程序，也是最为关键的程序。有些机器，尤其是其中的关键零部件，不经过严格的仔细调试，往往达不到预定的技术性能甚至不能正常运行。

1.5.4　任务实施

按照图 1-1 的装配示意图和表 1-1 的装配工艺流程卡，结合图 1-11～图 1-17 等进行装配、调试。

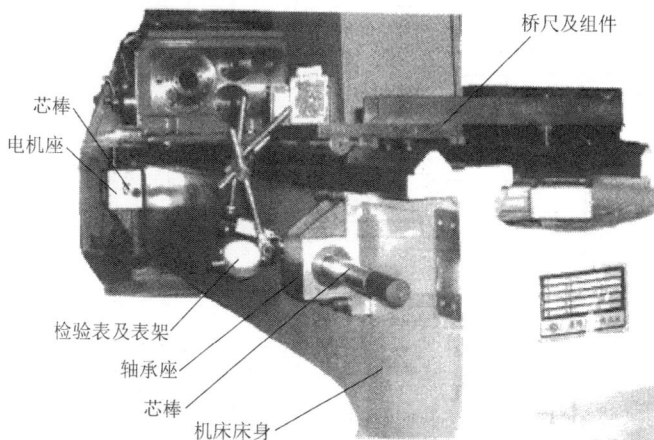

图 1-11　检查轴承座与电机座的同轴度

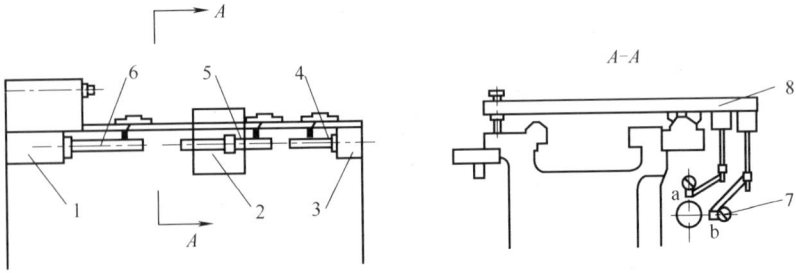

图 1-12　检测电机座、轴承座与丝杠螺母座的同轴度示意图

1-电机座；2-丝杠螺母座；3-轴承座；4、5、6-检棒；7-检验表及表座；8-桥尺及组件

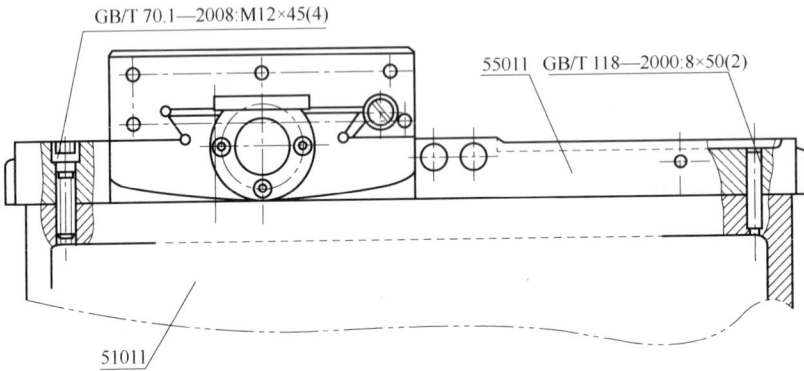

图 1-13　紧回溜板箱打入定位销

图 1-14　打表找正电机支架

图 1-15　打表找正轴承支架 10033

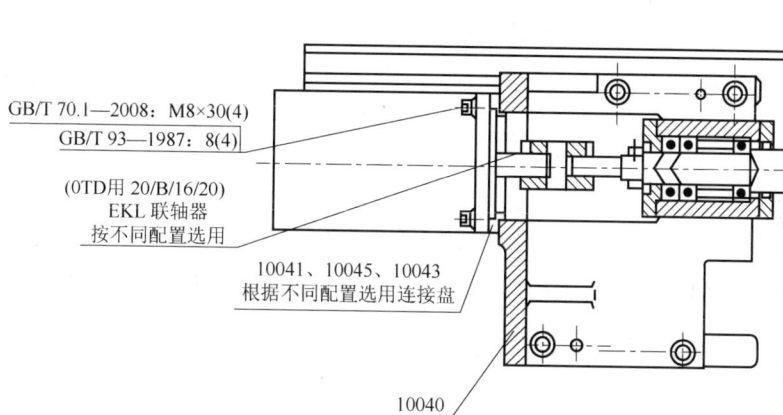

图 1-16　安装伺服电机

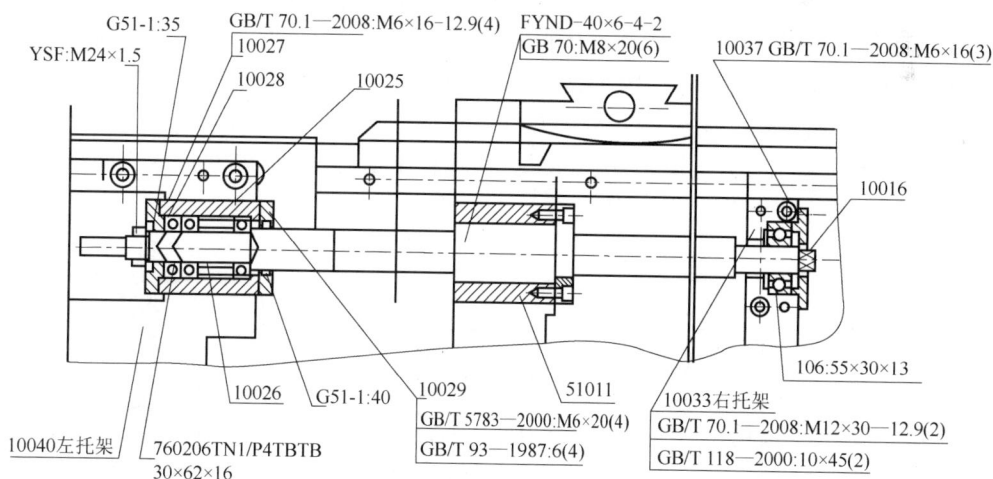

图 1-17　装配电机支架 10040

1.5.5　知识拓展：滚动轴承装配

1. 装配时若干工艺问题

螺纹连接件的装配和拆卸一样，不仅要使用合适和工具、设备，还要按技术文件的规定施加适当的拧紧力矩。表 1-3 列出的是拧紧碳素钢螺纹件的标准力矩。

表 1-3　拧紧碳素钢螺纹件的标准力矩(40 号钢)

螺纹尺寸/mm	M8	M10	M12	M14	M16	M18	M20	M22	M24
标准拧紧力矩/(N·m)	10	30	35	53	85	120	190	230	270

用扳手拧紧螺栓时，应视其直径来确定是否用套管加长扳手，尤其是螺栓直径在 20mm 以内时要注意用力的大小，以免损坏螺纹。

重要的螺纹连接件都有规定的拧紧力矩，安装时必须用扭矩扳手按规定拧紧螺栓；对成组螺纹连接的装配，施力要均匀，按一定次序轮流拧紧，如图 1-18 所示。有定位装置(销)时，应先从定位装置附近开始。

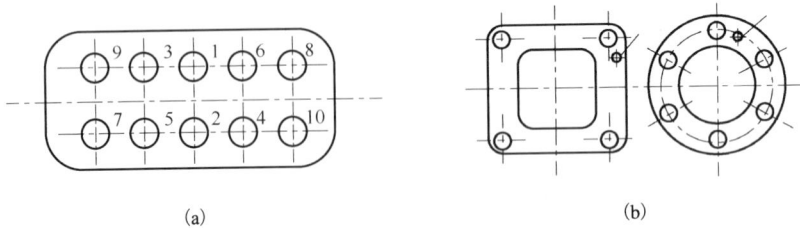

(a)　　　　　　　　　　　　　　　(b)

图 1-18　螺纹组拧紧顺序

螺纹连接中应考虑其防松问题。螺纹连接一旦出现松脱，轻者会影响机器的正常运转，重者会造成严重事故。因此，装配后采取有效的防松措施，才能防止连接松脱，保证连接安全可靠。

2. 滚动轴承装配

滚动轴承在装配前必须经过洗涤，以使新轴承上由制造厂涂在其上的防锈油被清除掉，同时也清除掉在储存和拆箱时落在轴承上的灰尘和泥沙。根据轴承的尺寸、轴承精度、装备要求和设备条件，可以采用手压床和液压机等装配方法。若无条件，可采用适当的套管，用手锤打入，但不能直接敲打轴承。图 1-19 为各种心轴安装滚动轴承的情况，根据轴承的不同特点，可以选用常温装配、加热装配等方法。

(1)常温装配。图 1-20 是用齿条手压床把轴承装在轴上。轴承与手压床之间垫以垫套，用手扳动手压床通过垫套将轴承压在轴上。

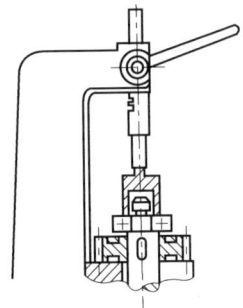

(a)内圈受力　　　　(b)外圈受力　　　　(c)内外圈受力

图 1-19　滚动轴承的安装　　　　　　图 1-20　手压床装配轴承

图 1-21 是用垫棒敲击进行装配的例子(垫棒一般可按黄铜制成)。

(2)加热装配。安装滚动轴承时，若过盈量较大，可利用热胀冷缩的原理装配，即用油浴加热等方法，把轴承预热到 80～100℃，然后进行装配。图 1-22 是用来加热轴承的特制油箱，轴承加热时放在槽内的格子上，格子与箱底有一定距离，以避免轴承接触到比油温高得多的箱底而形成局部过热，且使轴承不接触箱底沉淀的脏物。对有些小型轴承可以挂在吊钩上在油中加热(图 1-23)。

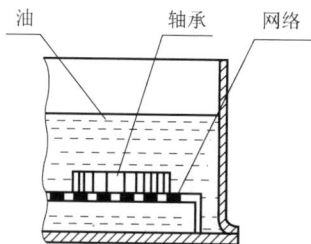

图 1-21　垫棒敲击装配轴承　　　图 1-22　轴承加热　　　图 1-23　吊挂轴承加热

任务 1.6　CAK3665 数控车床修理后的验收

1.6.1　任务描述

试车与验收是机械修理完成后投入使用前的一次全面的、系统的质量鉴定，是保证机械交付使用后具有良好的动力性能、经济性能、安全可靠性能及操纵性能的重要环节。熟悉和掌握试车与验收的内容及一般程序是本任务的主要目标。

1.6.2　任务分析

在机械设备大修理或项修过程中，专职检查人员要按步骤进行检查验收，凡有分总成不合格者不准进行总装，以保证维修质量。大修完工后，应由专职检查人员会同操作工人及使用车间技术员共同检查验收，这是机械修理完成后投入使用前的一次全面的、系统的质量鉴定，是保证机械交付使用后有良好的动力性能、经济性能、安全可靠性能及操纵性能的重要环节，而且要尽可能进行负荷试验，做出记录并办理验收手续。

1.6.3　知识准备

1. 验收程序及内容

1)试车验收前的准备

(1)对原机器及机修后修改的技术文件进行审核，为以后的修理工作提供技术依据做准备；

(2)对修理后的装配进行检查，特别是涉及安全等方面的装配，如螺纹的紧固、各部件之间的连接是否牢固等；

(3)检查机器设备的放置是否平稳，工作台面的位置精度是否在技术要求的范围以内；

(4)机器设备上的各种操作件是否装备完毕，使用是否灵活、可靠，按照机器使用说明书检查其润滑系统是否符合要求；

(5)对机器的各个系统进行验收，如液压系统、电气控制系统、调整体操作系统等；

(6)按机械使用说明书中的"精度检查标准"对其各项几何精度进行逐项检查,不合格者,必须重新调整至合格。

2)机械的空运转检查验收

在空运转检查时,应将机械的各种运动(如主运动、进给运动等)按其技术要求来进行检查验收,其间对电器元件及传动的声响及平稳性、轴承在规定时间内的温升等应特别注意,以防因疏漏而造成事故。

3)机械的负载试运转验收

机器负载试运转是机械修理完毕验收的主要步骤。通过负载试运转,可确定机械的工作精度、动力性能、运转状况,以及操纵、调整、控制和安全等装置的作用是否达到其应有的技术要求。不同的机械,其负载是不同的,因此验收的方式应有所不同。例如,机械加工的设备应在其上加工试件,以加工质量来检验机器设备的工作精度,依照机械技术文件中所规定的工作精度来判断修理的合格与否。

4)机械负载运转后的检查

机械经过负载运转后,对其各部分可能产生的松动、形变、过热,以及其他如密封性和摩擦面的接触情况等,必须进行详细检查,以确保机械投入正式运转后能正常工作。

2. 填写验收卡片

验收完毕,验收人员应在验收卡片上如实填写验收时的检查情况,然后签字盖章。验收卡片格式可参考表1-4。验收卡片应存入修理机械的技术档案中,以供以后备查。

表1-4　机械修理验收卡片

修理机械名称		修理机械型号		
验收程序		检查结果	验收时间	验收人签字
试车验收前的准备	1			
	2			
	3			
	⋮			
机械的空运转检查验收	1			
	2			
	3			
	⋮			
机械的负载运转验收	1			
	2			
	3			
	⋮			
机械负载运转后的检查	1			
	2			
	3			
	⋮			

1.6.4　任务实施

1. 试车验收前的准备

(1)检查工作台面的安装水平，调整机床底部垫铁，使工作台面的纵、横向水平精度在0.02/1000以内。

(2)按机床使用说明书规定，认真进行各摩擦面的润滑；检查导轨与丝杠润滑泵运转是否正常。

(3)检查机床上其他调整体是否正常，如尾座的调整等是否正常。

2. 几何精度检查

按机床使用说明书中"精度检验标准"对机床各项几何精度进行逐项检查，发现不合格者，必须重新调整至合格。

3. 机床空运转实验

进给运动的检查。操作机床在手动和手摇状态下，发出+Z和-Z运动指令，观察其运动方向是否正确，运行速率是否正常，利用百分表检测床鞍沿Z轴移动距离与指令位置是否一致，发现不合格必须调试到合格才能进入下一环节。

4. 机床运动精度检测

机床加工零件的运动精度检测如图1-24所示。

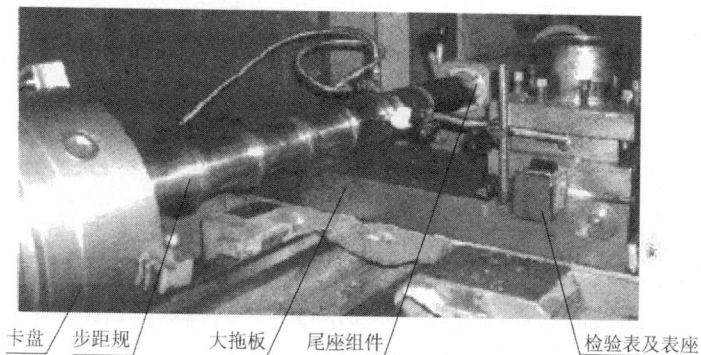

卡盘　步距规　　大拖板　尾座组件　　　检验表及表座

图1-24　运动精度的检测示意图

GB/T 16462.4—2007《数控车床和车削中心检验条件　第4部分：线性和回转轴线的定位精度及重复定位精度检验》检测机床运动精度，使定位精度和重复定位精度符合出厂要求。

5. 机床工作精度检验

试加工零件图如图1-25所示，检测其是否符合图纸要求。判断标准见表1-5。

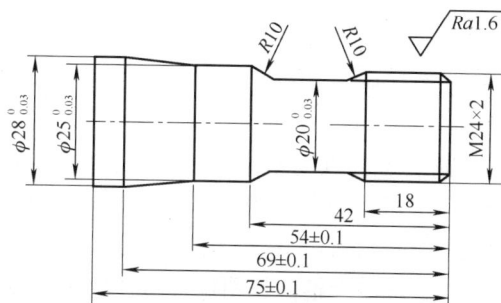

图1-25　试加工零件图(单位：mm)

表 1-5　判断标准

序号	检测精度		允差/mm	实测/mm
1	直径尺寸差	ϕ20mm	-0.03	
2		ϕ25mm	-0.03	
3		ϕ28mm	-0.03	
4	长度尺寸	75mm	±0.1	
5	螺纹尺寸	M24×2		

1.6.5　知识拓展：设备维修技术资料的管理

设备维修技术资料的积累和管理可以反映一个企业设备管理工作的水平，不仅为本企业管好、用好、修好、改好、造好设备服务，还可促进设备制造厂的更新换代，对提高我国工业产品设计、制造水平具有重要的作用。下面简单介绍维修技术资料管理的相关内容。

1. 资料来源

设备维修技术资料主要来源于以下几个方面：购置设备时随机提供的技术资料；使用中设备向制造厂、有关单位、科技书店等购置的资料；自行设计、测绘和编制的资料等。

2. 管理内容

维修技术资料的主要管理内容如下。

(1)规格标准，包括有关的国际标准、国家标准、部颁标准以及有关法令、规定等。

(2)图样资料，包括企业内机械/动力设备的说明书、部分设备制造图、维修装配图、备件图册以及有关技术资料。

(3)动力站房设备布置及动力管线网图。

(4)工艺资料，包括修理工艺、零件修复工艺、关键件制造工艺、专用工量夹具图样等。

(5)修理质量标准和设备试验规程。

(6)一般技术资料，包括设备说明书、研究报告书、实验数据、计算书、成本分析、索赔报告书、一般技术资料、专利资料、有关文献等。

(7)样本和图书，包括国内外样本、图书、刊物、照片和幻灯片等。

3. 管理程序

设备维修技术资料的管理程序，应从收集、整理、评价、分类、编号、复制(描绘)、保管、检索和资料供应的全过程来考虑。由于文件资料种类繁多，管理工作量很大，为了编列和查询方便，需建立资料的编码检索系统，并应用电子计算机来进行管理，使工作既省力又迅速。

4. 图样管理

图样管理除采用适当的分类代码方式外，还需注意搜集、测绘、审核、描图和保管等环节。

(1)搜集。各单位需要外购的资料以及本企业自行设计的设备图样，统一由设备处(科)和规划处负责管理。新设备进厂、开箱后，搜集随机带来的图样资料，由设备处(科)资料室负责编号、复制和供应。若是进口设备，尚需组织翻译工作。

(2)测绘。有些设备，特别是进口设备，其图样资料往往是在设备修理时进行测绘的，通过修理实践，再经过整理、核对、复制、存档，以备今后制造、维修和备件生产时使用。

(3)审核。对设备开箱时随机带来的图样资料、外购图样和测绘图样，应有审校手续。发现图样与实物有不符合之处，必须做好记录，并在图样上做修改。

(4)描图。收集、测绘并经审核后的图样，以及使用破损后的底图，须进行描绘和复印。

(5)保管。所有入库的蓝、底图必须经过整理、清点、编号、装订(指蓝图)，登账后上架(底图不得折叠，存放在特制的底图柜内)。图样资料借阅应按规定的借阅手续办理。图样应存放在设有严密防灾措施的安全场所。

近年来，许多单位的资料室都把图样资料拍摄成微缩胶卷存档。这种方法既节省存放面积，还便于很多人同时阅读。最近又研究出将微缩胶卷和电子计算机结合起来的图样管理方法，为技术资料的保管存档提供了更有效的方法。

学习小结

(1)机械设备检修工艺流程的制定与实施可以分为几个方面来进行：①技术准备；②初步判断设备或零件的故障位置及分析；③零件拆卸与清洗；④详细检查，准确判断故障位置及失效分析；⑤制定修理方案；⑥零件装配与调试；⑦设备试运行。

(2)技术准备主要是为维修提供技术依据。其内容包括准备现有的或需要编制的机械设备图册；确定维修工作类别和年度维修计划；整理机械设备在使用过程中的故障及其处理记录；调查维修前机械设备的技术状况；明确维修内容和方案；提出维修后要保障的各项技术性能要求；提供必备的有关技术文件等。

(3)机械系统的故障诊断包括识别现状和预测未来两个方面，其诊断过程分为状态监测、识别诊断和决策预防三个阶段。

(4)拆卸的主要目的是便于检查和修理机械零部件，包括拆卸前的准备工作、拆卸的一般原则、拆卸的合理顺序、正确使用拆卸工具和设备等。

(5)检查已拆卸零件的目的是识别零件的状态，确认机械故障，结合零件使用的工况条件，分析零件失效的原因，为制定合理的修理方案和使用、维护保养方案奠定基础。

(6)制定修理方案，应分析总结日常检修所发生的问题和故障，结合解体检查，以查出零件实际的磨损情况为重点，合理地选用修复工艺，这是提高修理质量、降低修理成本、加快修理速度的有效措施。

(7)装配前的准备工作包括研究并熟悉机器及各部件总成装配图和有关技术文件与技术资料；根据零件的结构特点、技术要求确定合适的装配工艺、方法和程序。准备好必备的工、量具及夹具和材料；按清单清理检测各装备零件的尺寸精度与制造或修复质量、核查技术要求；零件装配前必须进行清洗；装配时的顺序应与拆卸顺序相反。

(8)试车与验收是机械修理完成后投入使用前的一次全面的、系统的质量鉴定，是保证机械交付使用后有良好的动力性能、经济性能、安全可靠性能及操纵性能的重要环节。验收程序一般可按下列程序进行：试车验收前的准备；机械的空运转检查验收；机械的负载运转验收；机械负载运转后的检查；填写验收卡片。

评价标准

本学习情境的评价内容包括专业能力评价、方法能力评价及社会能力评价三个部分。其中自我评分占30%、组内评分占30%、教师评分占40%，总计为100%，见表1-6。

表 1-6　学习情境 1 综合评价表

类别	项目	内容	配分	考核要求	扣分标准	自我评分 30%	组内评分 30%	教师评分 40%
专业能力评价	任务实施计划	1. 实训的态度及积极性； 2. 实训方案制定及合理性； 3. 安全操作规程遵守情况； 4. 考勤遵守纪律情况； 5. 完成技能训练报告	30	实训目的明确，积极参加实训，遵守安全操作规程和劳动纪律，有良好的职业道德和敬业精神；技能训练报告符合要求	实训计划占 10 分；安全操作规程占 5 分；考勤及劳动纪律占 5 分；技能训练报告完整性占 10 分			
	任务实施情况	1. 拆装方案的拟定； 2. 机械零件的正确拆装； 3. 机械零件及系统的常见故障诊断与排除； 4. 机械零件装配后的调试； 5. 任务的实施规范化，安全操作	30	掌握机械零件的拆装方法与步骤以及注意事项，能正确分析机械零件及系统的常见故障及修理；能进行装配后的调试；任务实施符合安全操作规程并功能实现完整	正确选择工具占 5 分；正确拆装机械零件占 5 分；正确分析故障原因、拟定修理方案占 10 分；任务实施完整性占 10 分			
	任务完成情况	1. 相关工具的使用； 2. 相关知识点的掌握； 3. 任务的实施完整性	20	能正确使用相关工具；掌握相关的知识点；具有排除异常情况的能力并提交任务实施报告	工具的整理及使用 10 分；知识点的应用及任务实施完整性占 10 分			
方法能力评价		1. 计划能力； 2. 决策能力	10	能够查阅相关资料制定设施计划；能够独立完成任务	查阅相关资料能力占 5 分；选用方法合理性占 5 分			
社会能力评价		1. 团结协作； 2. 敬业精神； 3. 责任感	10	具有组内团结合作、协调能力；具有敬业精神及责任感	团结合作、协调能力占 5 分；敬业精神及责任感占 5 分			
合计			100					

年　　月　　日

教学策略

本学习情境按照行动导向教学法的教学理念实施教学过程，包括咨讯、计划、决策、执行、检查、评估六个步骤，同时贯彻手把手、放开手、育巧手、手脑并用，学中做、做中学、学会做、做学结合的职教理念。

1. 咨讯

(1) 教师首先播放一段有关机械设备检修工艺流程的视频，使学生对机械设备检修工艺流程有一个感性的认识，以提高学生的学习兴趣。

(2) 教师布置任务。

① 采用板书或电子课件展示任务 1.1 的任务内容和具体要求。

② 通过引导文问题让学生在规定时间内查阅资料，包括工具书、计算机或手机网络、电话咨询或同学讨论等多种方式，以获得问题的答案，目的是培养学生检索资料的能力。

③ 教师认真评阅学生的答案，重点和难点问题教师要加以解释。

对于任务 1.1，教师可播放与任务 1.1 有关的视频，包含任务 1.1 的整个执行过程；或教师进行示范操作，以达到手把手、学中做教会学生实际操作的目的。

对于任务 1.2，由于学生有了任务 1.1 的操作经验，教师可只播放与任务 1.2 有关的视频，不再进行示范操作，以达到放开手、做中学的教学目的。

对于任务 1.3，由于学生有了任务 1.1 和任务 1.2 的操作经验，教师既不播放视频，也不再进行示范操作，让学生独立思考，完成任务，以达到育巧手、学会做的教学目的。

对于其他任务，学生根据任务 1.3 的操作步骤完成各任务，可巩固和加深操作技能的熟练程度。

2. 计划

1) 学生分组

根据班级人数和设备的台套数，由班长或学习委员进行分组。分组可采取多种形式，如随机分组、搭配分组、团队分组等，小组一般以 4～6 人为宜，目的是培养学生的社会能力、与各类人员的交往能力，同时每个小组指定一个负责人。

2) 拟定方案

学生可以通过头脑风暴或集体讨论的方式拟定任务的实施计划，包括材料、工具的准备，具体的操作步骤等。

3. 决策

由学生和教师一起研讨，决定任务的实施方案，包括详细的过程实施步骤和检查方法。

4. 执行

学生根据实施方案按部就班地进行任务的实施。

5. 检查

学生在实施任务的过程中要不断检查操作过程和结果，以最终达到满意的操作效果。

6. 评估

学生在完成任务后，要写出整个学习过程的总结，并做 PPT 汇报。教师要制定各种评价表格，如专业能力评价表格、方法能力评价表格和社会能力评价表格，如表 1-6 所示，根据评价结果对学生进行点评，同时布置课下作业，作业一般选取同类知识迁移的类型。

学习情境 2　通用零件的故障诊断与修理

学习目标

本情境主要学习齿轮传动、轴承装配、钢架焊接、轴零件质量检查、润滑材料选择的基础知识和操作技能。齿轮传动技术中，掌握齿轮啮合接触质量的检查方法和间隙调整、齿轮各种故障的处理技术；轴承装配中，掌握轴承与轴配合精度的选择、轴承故障处理技术；钢架结构中，掌握焊接知识、防变形技术和故障处理技术；轴零件质量检查中，掌握轴磨损后的质量检测和裂纹检测技术；润滑材料选择中，掌握各种润滑材料的性质和实际选择润滑材料的性能。

1. 知识目标

(1) 掌握齿轮传动的类型及特点；

(2) 掌握齿轮传动中的运行精度要求，间隙调整方法，故障现象、原因及解决措施；

(3) 掌握轴零件磨损后的精度检查方法，轴磨损后的故障现象及解决措施；

(4) 掌握滚动轴承与轴配合性质，装配间隙调整，故障现象、原因及解决措施；

(5) 掌握钢架结构的焊接质量要求，故障现象、原因及解决措施；

(6) 掌握滑动轴承的间隙选择与确定、间隙测量、故障现象及解决措施。

2. 技能目标

(1) 会齿轮接触质量检查及间隙调整；

(2) 会测量轴磨损精度、进行轴裂纹的检查操作；

(3) 会选择滚动轴承与轴零件的配合精度；

(4) 会对钢架结构的重大故障，及时制定出解决预案；

(5) 会确定滑动轴承的运动间隙、间隙测量及调整；

(6) 会根据设备结构及运行要求选择润滑材料；

(7) 会对旋转零件进行平衡配重操作；

(8) 会对结构焊接零件的变形采取反变形措施。

3. 能力目标

(1) 具有通过工具查阅图纸资料、搜集相关知识信息的能力；

(2) 具有自主学习新知识、新技术和创新探索的能力；

(3) 具有合理地利用与支配资源的能力；

(4) 具有良好的协作工作能力；

(5) 具有主动性工作的自觉性。

学习引导

(1) 分析齿轮的失效形式及原因，重点是提出预防措施及应用。

(2) 论述齿轮的故障及诊断技术，重点是故障诊断与修理。

(3) 阐述滚动轴承的受力、配合要求，重点是滚动轴承的拆卸。

📖 **学习任务**

任务 2.1　齿轮传动装置的故障诊断与修理

2.1.1　任务描述

齿轮传动是机械设备应用中最广泛的一种传递形式，齿轮传动的质量直接影响设备的运行精度。通过理论实习和实际操作，掌握齿轮传动的失效方式、故障诊断方法、齿轮缺陷修理等实际应用技术。

2.1.2　任务分析

1. 功能分析

齿轮传动广泛地应用在机械动力传递系统中，齿轮运行质量直接影响机械的运行精度，直接影响生产。齿轮传动主要用来传递任意两轴间的运动和动力，其圆周速度可达 300m/s，传递功率可达 10^5kW，齿轮直径一般为 5mm～15m，有些可达 15m 以上，是现代机械中应用最广泛的一种机械传动。

齿轮传动与带传动相比主要有以下优点。

(1)传递动力大、效率高；

(2)寿命长，工作平稳，可靠性高；

(3)能保证恒定的传动比，能传递任意夹角两轴间的运动。

齿轮传动与带传动相比主要缺点如下。

(1)制造、安装精度要求高，因而成本也较高；

(2)不宜做远距离传动。

常用的齿轮传动装置有圆柱齿轮、圆锥齿轮和蜗轮蜗杆传动装置三种。根据齿轮传动的圆周速度可分为最低速($v<0.5$m/s)、低速($v=0.5$～3m/s)、中速($v=3$～15m/s)和高速($v>15$m/s)等传动。根据齿轮传动的工作条件又分为闭式传动、开式传动和半开式传动三种。

2. 齿轮传动的类型与应用

齿轮传动类型及性质如表 2-1 所示，传动特点如表 2-2 所示。

表 2-1　齿轮传动类型及性质

传动名称	传动类型	具体传动类型	传动特点分类
齿轮传动	平面齿轮运动（相对运动为平面运动，传递平行轴间的运动）	直齿圆柱齿轮传动（齿轮与轴平行）	外啮合
			内啮合
			齿轮齿条
		斜齿圆柱齿轮传动（齿轮与轴不平行）	外啮合
			内啮合
			齿轮齿条
		人字齿轮传动(齿轮呈人字形)	
	空间齿轮运动（相对运动为空间运动，传递不平衡轴间的运动）	传递相交轴运动（锥齿轮传动）	直齿
			斜齿
			曲线齿

续表

传动名称	传动类型	具体传动类型	传动特点分类
			交错轴斜齿轮传动
		传递交错轴运动	蜗轮蜗杆传动
			准双曲面齿轮传动

表 2-2　齿轮传动特点分类

外啮合直齿圆柱齿轮传动	内啮合直齿圆柱齿轮传动	齿轮齿条传动(直齿条)	外啮合斜齿圆柱齿轮传动
人字齿轮传动	齿轮齿条传动(斜齿条)	直齿圆锥齿轮传动	曲线齿圆锥齿轮传动
交错轴斜齿轮传动	蜗轮蜗杆传动	准双曲面齿轮传动	

2.1.3　知识准备

1. 齿轮传动的失效形式和防止措施

1)齿轮失效形式

常见的齿轮失效主要是齿轮的折断和齿面的损坏。齿面的损坏又有齿面的疲劳点蚀、磨粒磨损、胶合和塑形变形等。

(1)齿轮折断一般发生在齿根部,齿根处的弯曲应力最大且有应力集中。折断有两种方式:一种是在短时过载或受到冲击载荷时发生突然折断;另一种是多次重复弯曲引起的疲劳折断。

(2)齿面的疲劳点蚀多发生在润滑良好的闭式齿轮传动中,由于接触应力的反复作用,在齿面表层产生疲劳裂纹,导致甲壳状小片脱落,使齿面产生麻点,接触不良,引起振动和噪声,降低传动能力。

(3)齿面磨粒磨损主要是由于灰尘、杂质屑粒进入摩擦面引起的,主要发生在开式齿轮传动和润滑不良的闭式齿轮传动中。

(4)齿面的胶合分为冷胶合和热胶合。冷胶合发生在低速重载传动齿轮中,由于齿面间润滑油层不易形成,相啮合齿面的金属直接接触,在高压下发生啮合。热胶合发生在高速重载的齿轮传动中,常由于温度升高引起润滑失效而导致胶合。

(5)齿面的塑性变形,常发生在低速启动、过载频繁的齿轮传动中。主要发生在硬度较低的软齿面齿轮,当承受重载时,由于齿面压力过大,在摩擦力的作用下齿面金属产生塑性流动而失去正确的齿形。

2)防止齿轮传动失效的措施

(1)提高齿面硬度和表面粗糙度要求;

(2)用黏度较高的润滑油或采用适当的添加剂;

(3)应有足够的润滑油并保持高度清洁;

(4)提高装配质量,加强日常维护管理。

2. 齿轮传动的故障诊断

齿轮传动中,最常用耳听法和齿轮接触面观察法来判断齿轮传动的质量,从而决定设备是否该检修。

1)耳听法

设备正常运行时,有其正常的声音,当出现异常声音时,应及时停车检查。可用一根空心铝棒,一端放在耳旁,另一端试接触机械设备某部位,判断齿轮异常的位置。

2)齿轮接触面观察法

通过观察齿轮接触面的情况,判断齿轮故障的原因,并及时采取处理措施。通过大齿轮上的着色情况判断齿轮装配质量。

(1)圆柱齿轮、锥齿轮副、蜗轮与蜗杆接触检查操作,可用着色法检查具体步骤如下:

① 在小齿轮上涂上显示剂;

② 旋转小齿轮,驱动大齿轮 3～4 圈;

③ 检查大齿轮上的接触色剂。

(2)圆柱齿轮接触痕迹分析。圆柱齿轮接触痕迹如图 2-1 所示。齿轮啮合接触精度包含接触面积和接触位置,它是齿轮制造和装配质量的重要标志,可用着色法检查。

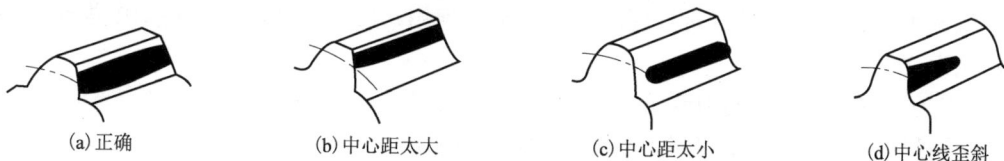

(a)正确　　　　(b)中心距太大　　　(c)中心距太小　　　(d)中心线歪斜

图 2-1　圆柱齿轮接触痕迹

(3)锥齿轮副接触痕迹分析。锥齿轮副接触痕迹如图 2-2 所示。通过观察大齿轮的着色情况来判断齿轮接触质量。

图 2-2(a)为两齿轮装配过紧,应按箭头方向调整,主动齿轮进,被动齿轮退。

图 2-2(b)为两齿轮装配过松,应按箭头方向调整,主动齿轮退,被动齿轮进。

图 2-2(c)为两齿轮接触不良,应按箭头方向调整,主动轮齿进,被动齿轮进。

图 2-2(d)为两齿轮装配稍紧,应按箭头方向调整,主动齿轮退,被动齿轮退。

图 2-2(e)为两齿轮装配准确,齿轮啮合情况良好,运转时磨损均匀,噪声小。

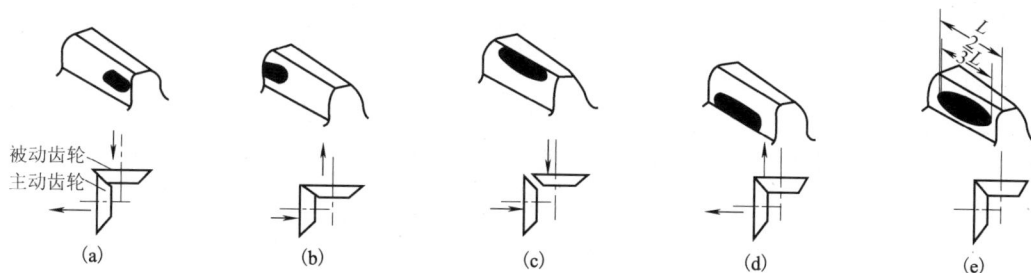

被动齿轮
主动齿轮

(a)　　　　　(b)　　　　　(c)　　　　　(d)　　　　　(e)

图 2-2　锥齿轮副接触痕迹

（4）蜗轮与蜗杆接触痕迹分析。蜗轮与蜗杆接触痕迹如图 2-3 所示。通过观察大齿轮的着色情况来判断齿轮接触质量。

正确的接触位置，应在中部稍偏于蜗杆旋转的方向，如图 2-3（c）所示。如图 2-3（a）和（b）所示偏离较大的情况，应调整蜗轮的轴向位置。接触斑点在常用的 7 级精度传动中，应分别不小于蜗轮齿长的 2/3 和齿高的 3/4；在 8 级精度传动中，应分别不小于蜗轮齿长的 1/2 和齿高的 2/3。

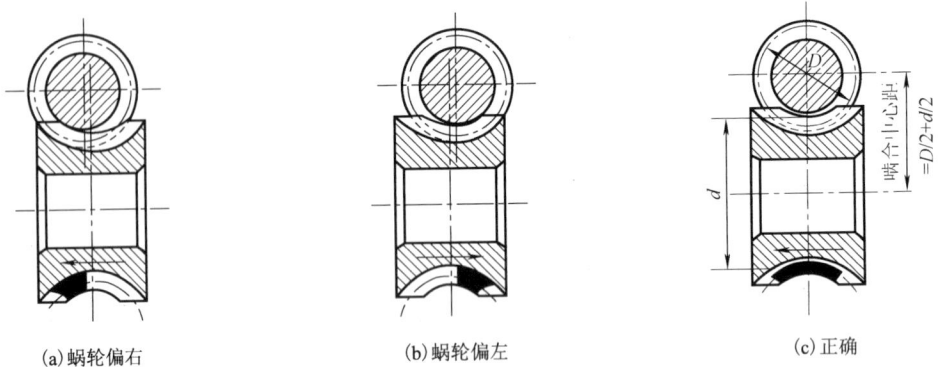

（a）蜗轮偏右　　　　　　　　　　（b）蜗轮偏左　　　　　　　　　　（c）正确

图 2-3　蜗轮与蜗杆接触痕迹

2.1.4　任务实施

1. 齿轮齿面磨损的修理

当齿轮磨损和损坏达到一定程度时，不能继续使用，应当更换。机械传动中齿轮磨损达到下述情况之一者必须更换。

（1）点蚀区宽度为齿高的 100%；

（2）点蚀区宽度为齿高的 30%、长度为齿长的 40%；

（3）点蚀区宽度为齿高的 70%、长度为齿长的 10%；

（4）齿面发生严重黏着，即胶合区达到齿高的 1/3、齿长的 1/2；

（5）硬齿面齿轮，齿轮磨损达到硬化层深度的 40%（绞车为 70%）；

（6）软齿面齿轮，齿面磨损达到原齿厚的 5%（绞车为 10%）；

（7）开式齿轮传动中，齿面磨损达到原齿厚的 10%（绞车为 15%）。

如果有必要和有经济条件时应成对更换。

对于载荷方向不变的齿轮，当原工作齿面出现损伤时，只要齿轮端面的安装尺寸对称，就可采取翻转齿轮、调换其工作齿面的方法。

2. 齿轮轮齿的修理

轮齿齿轮的修理方法有堆焊加工法、镶齿法和变位切削法三种。

1）堆焊加工法

当多个齿轮折断后，常采用手工堆焊法和机械堆焊法进行修复。堆焊前，必须了解齿轮的材质，选择合适电焊条，尽量选择低碳焊条，必须注意焊后增碳问题，并预先检查齿轮的样板，准备好焊接火花飞溅的挡板。堆焊时，应尽量采用较小的电流，用分段、对称等操作方法堆焊。

齿轮断齿的堆焊修复如图 2-4 所示，其工艺如下。

(1)清洗断齿周围的杂物；

(2)选择合适的电焊条；

(3)在断齿残根的适当位置装上螺钉桩；

(4)沿螺钉桩堆焊，注意齿形；

(5)进行齿形整理；

(6)对堆焊齿轮机械加工；

(7)对加工完的齿轮进行热处理。

2)镶齿法

当齿轮出现多个断齿后，可采用此法修复，如图 2-5 所示，镶齿工艺如下：

(1)在断齿的根部铣出合适的燕尾槽；

(2)铸造或堆焊一个与原齿相同的齿形，并带有镶块；

(3)将铸造或堆焊齿轮镶嵌在燕尾槽中；

(4)镶嵌齿轮的焊接；

(5)修整齿槽宽度及其他技术参数；

(6)对齿轮机械加工；

(7)对齿轮热处理。

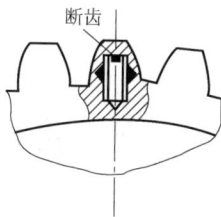

图 2-4　大模数齿轮断齿的堆焊修复

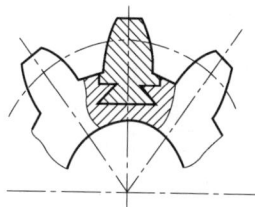

图 2-5　燕尾式镶齿法

3)变位切削法

对已磨损的大齿轮重新进行变位切削加工处理，并重新配置相应的小齿轮来恢复传动性能。

3. 齿轮轮缘、轮毂的修理

齿轮轮缘上的裂纹，用于较小负载时，可直接用固定夹板连接的方法修复，如图 2-6 所示。

当负载较大时，应采用焊接修理，对不易拆卸的齿轮，先整体或局部预热(300~700℃)，再进行焊接，焊后必须进行热处理，以消除内应力。轮毂上的裂纹，先整体或局部预热 300~700℃，再进行焊接，焊后必须进行热处理。

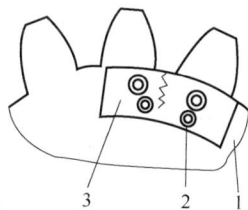

图 2-6　用夹板修理破裂的轮毂

1-齿轮；2-螺钉；3-夹板

2.1.5　知识拓展

1. 齿轮常用材料

重要的齿轮采用锻钢，大型齿轮采用铸钢，不重要的齿轮可采用轧钢、球墨铸铁、灰铸铁等制造。蜗轮一般由铸铁轮芯和青铜轮缘组成，蜗杆则用钢制成。

2. 齿轮运行精度的影响因素

齿轮和蜗轮蜗杆传动的稳定性、可靠性、承载能力和使用寿命，除受制造材质、加工工艺、加工质量、使用维护等因素影响外，更重要的取决于装配质量。基本装配要求为：装配位置正确，齿间间隙合适，齿面接触良好。

1)圆柱齿轮装配与调整

(1)装配前的检查。

① 齿轮的主要技术参数是否与要求相符，如齿形、模数、齿宽、压力角等。

② 齿轮内孔和轴的配合表面情况(尺寸精度、表面粗糙度)、配合公差大小是否合适，采用何种连接方式，如键、销等连接。

③ 齿轮的材质和加工质量，零件有无缺陷和伤痕。

④ 高速齿轮应做好平衡实验，保证齿轮旋转平稳。

(2)齿轮与轴装配。

① 装配要求。齿轮在轴上的连接有空转、滑移和固定三种。在轴上固定的齿轮与轴为间隙配合，装配后的精度主要取决于自身的加工精度，在轴上不能晃动。在轴上固定的齿轮与轴多为过渡配合，带有一定的过盈。在装配时，若过盈量不大，可用锤击法装配；过盈量较大时，应用压力机或加热装配。

② 齿轮装配轴上的缺陷有齿轮偏心、歪斜和端面未紧贴轴肩，如图 2-7 所示。

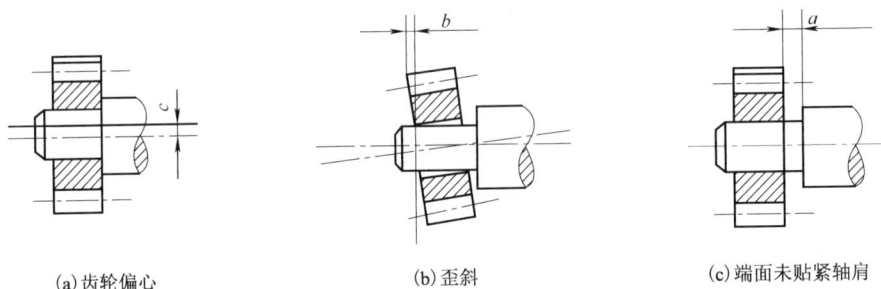

(a)齿轮偏心　　　　　　(b)歪斜　　　　　　(c)端面未贴紧轴肩

图 2-7　齿轮在轴上的装配缺陷

③ 精度高的齿轮传动机构，在装配后需要检验其径向和端面跳动，如图 2-8 所示。

(a)小型齿轮测量　　　　　　　　(b)大型齿轮测量

图 2-8　齿轮径向和端面跳动测量

1-轴；2-齿轮；3、5-千分表；4-量规；6-固定支架

将一圆柱形量规放在齿间，两个千分表分别置于齿轮的径向和端面位置，一边转动齿轮一边进行测量。

齿轮径向跳动允许偏差见表 2-3，端面跳动允许偏差值见表 2-4。

表 2-3　齿轮径向跳动允许偏差(IT8～IT9)

齿轮直径/m	允许偏差/mm	齿轮直径/m	允许偏差/mm
0.10～0.20	0.08～0.12	1.0～1.5	0.28～0.34
0.20～0.35	0.12～0.16	1.5～2.0	0.34～0.42
0.35～0.50	0.16～0.20	2.0～3.5	0.42～0.52
0.50～0.75	0.20～0.24	3.5～5.0	0.52～0.65
0.75～1.0	0.24～0.28	—	—

表 2-4　齿轮端面跳动允许偏差

齿轮宽度/mm	齿轮直径/mm	允许偏差值/mm	齿轮宽度/mm	齿轮直径/mm	允许偏差值/mm
50～100	100～200	0.05～0.09	150～250	1000～1500	0.20～0.30
50～100	200～400	0.08～0.16	150～250	1500～2000	0.30～0.40
50～100	400～600	0.15～0.24	150～250	2000～2500	0.40～0.50
100～150	500～700	0.15～0.24	250～450	2500～3000	0.30～0.45
100～150	700～1000	0.20～0.30	250～450	3000～4000	0.45～0.60
100～150	1000～1300	0.28～0.38	250～450	4000～5000	0.60～0.75

(3) 齿轮轴与箱体装配。将装配好的齿轮轴部件装入箱体，其装配方式应根据它们的结构特点而定，一对相互啮合的圆柱齿轮装配后，其轴线应相互平行，且保持适当的中心距，因此，在齿轮轴装入箱体前，应用特制的游标卡尺测量出箱体孔的中心距，如图 2-9 所示。

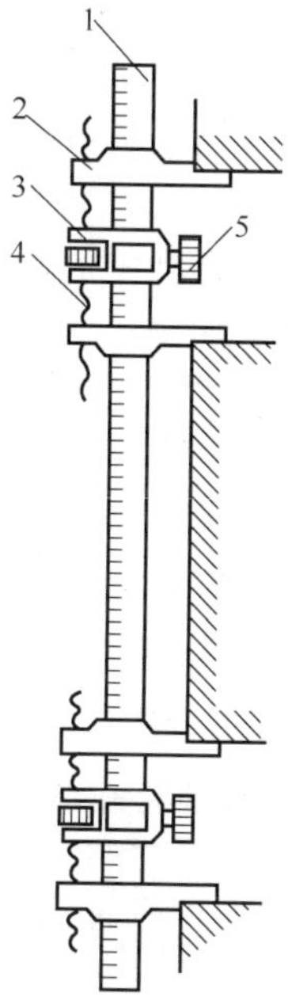

图 2-9　中心距精度检查

1-主尺；2-外卡；3-调节螺丝；4-内卡；5-固定螺母

渐开线圆柱齿轮中心距的极限偏差见表 2-5。外啮合齿轮的中心距取"+"值，内啮合齿轮的中心距取"-"值。

表 2-5　渐开线圆柱齿轮中心距的极限偏差　　　　　　　　　μm

精度等级 齿轮副中心距/mm	IT5～IT6	IT7～IT8	IT9～IT10
>80～120	±17.5	±27.0	±43.5
>120～180	±20.0	±31.5	±50.0
>180～250	±23.0	±36	±57.0
>250～315	±26.0	±40.5	±65.0
>315～400	±28.5	±44.5	±70.0
>400～500	±31.5	±48.5	±77.5
>500～630	±35.0	±55.0	±87.0
>630～800	±40.0	±62.0	±100.0
>800～1000	±45.0	±70.0	±115.0
>1000～1250	±52.0	±82.0	±130.0
>1250～1600	±62.0	±97.0	±155.0
>1600～2000	±75.0	±115.0	±185.0
>2000～2500	±87.0	±140.0	±220.0
>2500～3150	±105.0	±165.0	±270.0

(4) 齿轮啮合质量检查。

① 滑移齿轮应没有啃住和阻滞现象。变换机构应保证准确的定位，啮合齿轮的轴向错位不应超过下列数值。

当齿轮轮缘度 $b \leqslant 30mm$ 时，允许错位 $0.05b$；

当齿轮轮缘度 $b \geqslant 30mm$ 时，允许错位 $0.03b$。

若变换机构不能保证齿轮变速的准确位置，即啮合齿轮的轴向错位超差，则必须重新改变手柄所对应的定位基准，使变速盘数字、定位基准、齿轮的轴向滑移错位量三者统一。

② 齿轮啮合间隙。齿轮在正常啮合时，齿间必须保持一定的齿顶间隙和齿侧间隙。其主要作用是储存润滑油，减少磨损，补偿轮齿在负荷作用下的弹性变形和热膨胀变形，防止齿轮间发生干涉。

当齿顶间隙和齿侧间隙过小时，运转将产生很大的挤压应力，发出嗡嗡轧碾声。同时，润滑油被排挤，引起齿间缺油，齿面磨损加剧。当齿侧间隙过大时，产生齿间冲击，加快齿面的磨损，引起振动和噪声，并可能发生齿断事故。

齿侧间隙 C_n 可按模数 m 来确定。

7 级精度齿轮：　　　　　　　　$C_n = (0.05 \sim 0.08)m$

8、9 级精度齿轮：　　　　　　　$C_n = (0.06 \sim 0.10)m$

粗齿：　　　　　　　　　　　　$C_n = 0.16m$

装配后的圆柱齿轮，最小齿侧间隙见表 2-6。

表 2-6　圆柱齿轮副的最小齿轮间隙　　　　　　　　　μm

齿轮的装配条件 齿轮副中心距/mm	开式	闭式	齿轮的装配条件 齿轮副中心距/mm	开式	闭式
>125～180	160	250	>800～1000	360	550
>180～250	185	290	>1000～1250	420	660
>250～315	210	320	>1250～1600	500	780
>315～400	230	360	>1600～2000	600	920
>400～500	250	400	>2000～2500	700	1100
>500～630	280	440	>2500～4000	950	1500
>630～800	320	500			

齿轮在工作中，由于齿面的磨损，齿侧间隙将不断增大，而齿顶间隙不变。矿山机械中的齿轮，当齿侧间隙达到下列数值后，应立即更换。

7 级精度齿轮：　　　　　　　　　　$C_n = (0.15 \sim 0.25)m$

8、9 级精度齿轮：　　　　　　　　$C_n = (0.25 \sim 0.40)m$

特殊情况下，慢速齿轮传动可允许 $C_{nmax} = 0.5m$。

齿顶间隙 C_0 的确定：压力角 $\alpha = 20°$；标准齿 $C_0 = 0.25m$；短齿 $C_0 = 0.2m$。

③ 齿轮啮合间隙的检查方法。齿轮啮合间隙的检查方法有塞尺法、千分尺法、压铅丝法。

塞尺法：可直接测出齿顶间隙和齿侧间隙。

千分尺法：如图 2-10 所示，将一个齿轮固定，在另一个齿轮上安装拨杆，由于有齿侧间隙，装有拨杆的齿轮可转动一定的角度，从而推动千分表的测头，得到表针摆动的读数差 Δc、分度圆半径 R、圆心到测点的距离 L，便可计算出齿侧间隙 C_n：

$$C_n = \Delta c \frac{R}{L}$$

压铅丝法：如图 2-11 所示，先将铅丝过火变软，再将铅丝弯曲成齿形并放在齿轮上，然后使齿轮啮合滚压，用卡尺或千分尺测量压扁后的铅丝，最后部分的厚度值为齿顶间隙 C_0，相邻较薄部分值之和为齿侧间隙 C_n。

$$C_n = C_n' + C_n''$$

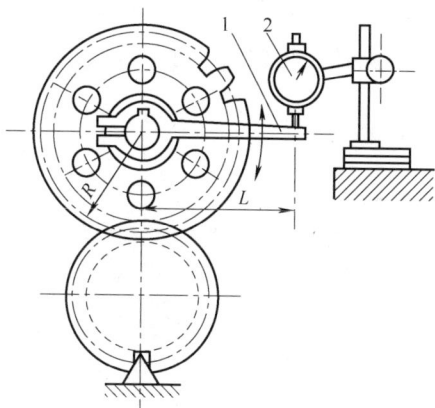

图 2-10　用千分尺测量齿侧间隙

1-拨杆；2-千分尺

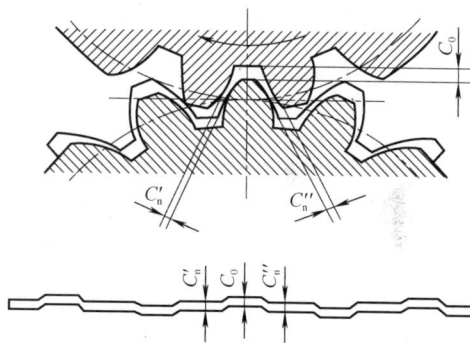

图 2-11　压铅丝法测量齿轮啮合的齿顶间隙和齿侧间隙

2)圆锥齿轮装配与调整

圆锥齿轮传动装置的装置方法和步骤基本上与圆柱齿轮相同，但质量要求不同。装配圆锥齿轮时，必须使两齿轮的轴心线夹角正确，且两轴轴心线位于同一平面内。因此，在装配时，必须检查轴承孔中心线的夹角和偏移量，检查啮合间隙和接触精度。

(1)轴心线夹角的检查。如图 2-12 所示，用塞尺检查 A、B 处的间隙，如果间隙为零或相等，则表明两轴线垂直。否则，两轴线的夹角有偏差，其极限偏差值见表 2-7。

表 2-7　圆锥齿轮轴中心线夹角的极限偏差

节圆锥母线长度/mm	0~50	50~80	80~120	120~200	200~320	320~500	500~800	800~1250
轴线夹角的极限偏差/μm	+45	+58	+70	+80	+95	+110	+130	+160

(2) 中心线偏移量的检查。如图 2-13 所示，两根检验心轴槽口平面间的间隙 a，即两轴中心线的偏移量，可用塞尺测出。其值应符合表 2-8 中规定。

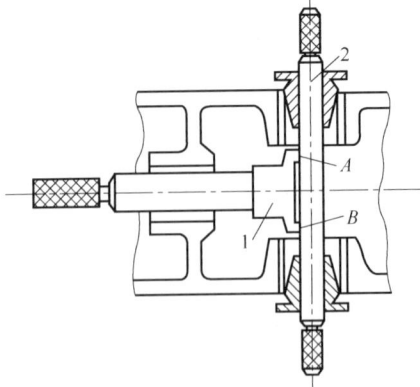

图 2-12　中心线夹角检查
1-检验叉子；2-检验心轴

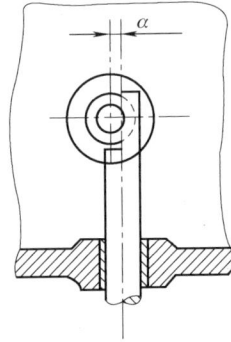

图 2-13　中心线偏移量检查

表 2-8　圆锥齿轮中心线的允许偏移量

节圆锥母线长度/mm	0～200	200～320	320～500	500～800	800～1250
轴线夹角的极限偏差/μm	25	30	40	50	60

(3) 啮合间隙的检查。圆锥齿轮啮合间隙的检查方法与圆柱齿轮相同，可用塞尺、千分尺和压铅丝等方法检查，现场常用压铅丝法。

顶间隙 $C_0=0.2m$（m 为模数），侧间隙 C_n 的标准值见表 2-9。

表 2-9　圆锥齿轮的标准保证间隙　　　　　　　　　　　　　　　　　　　　μm

传动形式 \ 锥距/mm	0～50	50～80	80～120	120～200	200～320	320～500	500～800	800～1250
闭式	85	100	120	170	210	260	340	420
开式	170	210	260	340	420	580	670	850

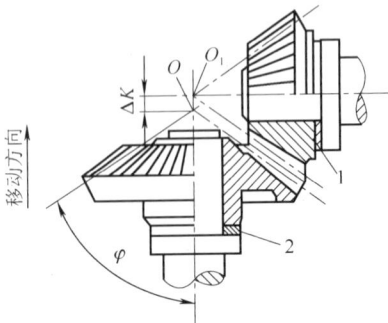

图 2-14　圆锥齿侧间隙的调整方法
1-锥齿轮；2-锥齿轮

侧间隙的大小可利用加减垫片法产生轴向移动来进行调整，如图 2-14 所示。

(4) 圆锥齿轮啮合接触精度检查。圆锥齿轮的啮合情况可用着色法检查，根据齿面着色情况，判断出误差情况，从而进行针对性的调整，如图 2-14 所示。

3) 蜗轮蜗杆副装配与调整

装配蜗轮蜗杆副的主要技术要求是：保证蜗轮上齿顶圆的圆弧中心与蜗杆的轴线在同一个垂直于蜗轮轴线的平面内；要具有正确啮合的中心距 a，并要求有适当的啮合侧间隙和正确的啮合接触精度。图 2-15 是蜗轮蜗杆副的传动机构的几种不正确啮合情况。

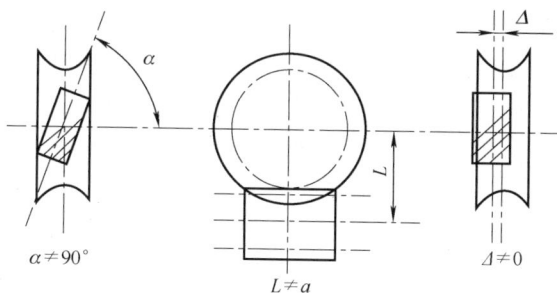

图 2-15　蜗轮蜗杆副的传动机构的几种不正确啮合情况

任务 2.2　滚动轴承的故障诊断与修理

2.2.1　任务描述

　　滚动轴承与滑动轴承相比具有较多的优点,在现代机器中获得广泛的应用,滚动轴承不仅可以提高机器的运行效率,显著减小劳动强度,降低维修费用,而且可以节约大量的金属。本任务要求掌握滚动轴承检修时常用的检查、间隙调整、更换和装配等实用技术。

2.2.2　任务分析

1. 功能分析

　　滚动轴承应用在中小载荷的机器中,由内圈、外圈、滚动体和保持架组成,是机器中的精密标准件,各个尺寸及要求都已标准化。应用在机器中,使机器零件高效运行。

　　正确安装,可以减少滚动轴承的磨损,延长使用寿命,提高机器的工作效率;反之滚动轴承磨损加大,甚至高温咬死,机器停机致使生产中断。

2. 滚动轴承的种类与应用

　　按轴承承受载荷方向可分为以下三种。

　　(1)向心轴承,只承受径向载荷。

　　(2)向心推力轴承,既能承受径向载荷,又能承受轴向载荷。

　　(3)推力轴承,只承受轴向载荷。

　　按结构类型可分为以下八种(图 2-16)。

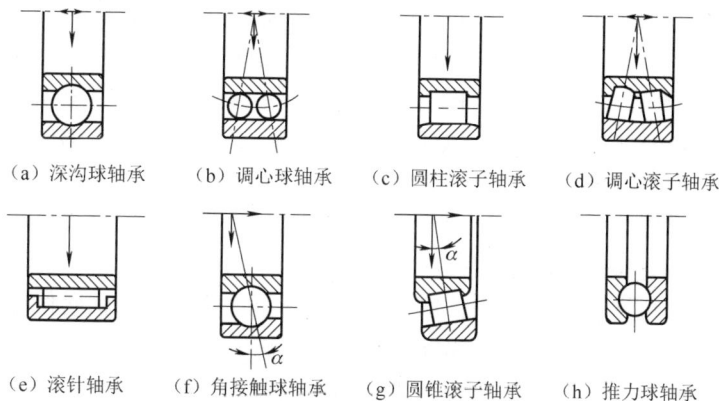

(a) 深沟球轴承　　(b) 调心球轴承　　(c) 圆柱滚子轴承　　(d) 调心滚子轴承

(e) 滚针轴承　　(f) 角接触球轴承　　(g) 圆锥滚子轴承　　(h) 推力球轴承

图 2-16　滚动轴承的主要类型

(1) 深沟球轴承(0000 型)，间隙不可调整。

(2) 调心球轴承(1000 型)，间隙不可调整，应用于轴承不能精确对中的场合。

(3) 圆柱滚子轴承(2000 型)，间隙不可调整。

(4) 调心滚子轴承(3000 型)，间隙不可调整。

(5) 滚针轴承(4000 型)，间隙不可调整。

(6) 角接触球轴承(6000 型)，间隙可调整，一般成对使用。

(7) 圆锥滚子轴承(7000 型)，内外圈可分离，安装时易于调整间隙。

(8) 推力球轴承(8000 型)，该轴承有两个套圈，其内径与孔径配合要求不同，一紧一松，松环比紧环的内径大 0.2mm 以上。

2.2.3　知识准备

1. 滚动轴承的配合选择

滚动轴承是互换性的标准件，当与轴孔配合时均以滚动轴承为基准件，即滚动轴承的内圈内径与轴配合时为基孔制，外圈外径与外壳孔配合时为基轴制。要获得不同性质的配合，只能采取不同极限的外壳的孔和轴来实现。

由于滚动轴承配合的特殊要求和结构特点，滚动轴承的配合一般按所承受的负荷类型、大小和方向、轴承的类型来选择。

机器运转时，根据作用在轴承上的负荷相对于套圈的旋转情况，可将套圈所承受的负荷分为局部负荷、循环负荷和摆动负荷三种，如图 2-17 所示。

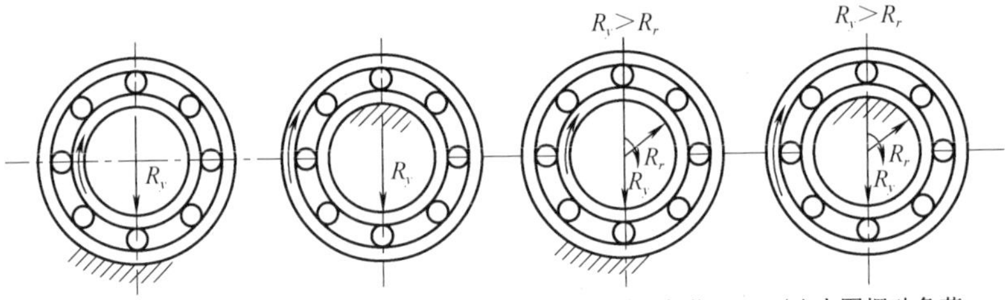

(a) 内圈循环负荷，外圈局部负荷　　(b) 内圈局部负荷，外圈循环负荷　　(c) 内圈循环负荷，外圈摆动负荷　　(d) 内圈摆动负荷，外圈循环负荷

图 2-17　轴承承受的负荷类型

局部负荷的特点为作用于轴承上的合成径向的负荷始终不变地作用在套圈的局部滚道上；循环负荷的特点为作用在轴承上的合成径向负荷顺次作用在套圈的整个圆周滚道上；摆动负荷的特点为作用于轴承上的合成径向负荷连续摆动地作用在套圈的局部滚道上。

受循环负荷的套圈与轴(或孔)的配合应紧一些，一般选用过盈配合，配合公差为 n6(N6)/m6(M6)、k5(K5)、k6(K6)，以保证整个滚道上的每个接触点都能依次地通过受力最大点使受循环负荷的套圈磨损均匀。

受局部载荷的套圈与轴(或孔)的配合应松一些，一般为间隙配合或过渡配合，配合公差为 J7(j7)、H7(h7)、G6(g6)，以防止受力点固定停留在套圈的某一位置，使滚道受力不均匀，磨损太快。配合较松可使套圈在滚动体摩擦力的带动下产生微小的轴向位移，消除轴承圈滚动的局部磨损，改变滚道受力最大点的位置，从而延长了受局部负荷的套圈的寿命。

摆动负荷的套圈与孔(或轴)的配合一般与循环负荷的套圈相同或稍松，应避免间隙配合或内外圈同时使用较大的过盈配合。

2. 滚动轴承的拆卸、清洗、检查

1) 轴承的拆卸

滚动轴承的拆卸，以不损坏轴承及其配合精度为原则，拆卸力不应直接或间接地作用在滚动体上。

滚动轴承的拆卸常用锤击法、压卸法、拉拔法、温差法。应用时操作要求如下。

(1) 锤击法、压卸法、拉拔法拆卸时拆卸力应均匀作用于配合较紧的座圈上，即应作用在承受循环载荷的座圈上。

(2) 当轴承座圈承受摆动载荷时，作用应力应同时作用在内外圈上，以防损坏轴承。

(3) 当遇到与轴颈锈死或配合较紧的情况时，可预先用煤油浸渍配合处，然后加热，再用锤击法或压卸法拆卸。

2) 轴承的清洗和检查

拆卸下的轴承先用清洗液清洗，将座圈、滚道和保持架上的污垢全部除掉，清洗干净后擦干，准备检查。

(1) 正常破坏形式是滚动体或内圈滚道上的点蚀，还有由于润滑不足造成的烧伤；滚动体和滚动间的磨损造成的间隙增大；装配不当造成的轴承卡死、胀破内圈、敲碎内外圈和保持架变形等形式。

(2) 如果发现轴承旋转时声音太大或出现卡紧现象，说明质量不好。当发现轴承间隙因磨损超过规定值、滚动体或内外圈有裂纹、滚道有明显斑点、变色疲劳脱皮、保持架变形等现象时，轴承就不能继续使用。

(3) 根据不同的结构进行滚动轴承间隙的检查。间隙可调整类轴承拆卸后不需要检查，而在装配时进行调整；不可调整类滚动轴承在清洗后，可用塞尺法或经验检查法进行径向间隙的检查，以定取舍，标准见表 2-10。

表 2-10　滚动轴承的径向间隙及磨损极限间隙　　　　　　　　mm

轴承间隙	径向间隙		磨损极限间隙
	新球轴承	新滚子轴承	
20～30	0.01～0.02	0.03～0.05	0.1
35～50	0.01～0.02	0.05～0.07	0.2
55～80	0.01～0.02	0.06～0.08	0.2
80～120	0.02～0.03	0.08～0.10	0.3
130～150	0.02～0.04	0.10～0.12	0.3

2.2.4　任务实施

1. 滚动轴承的装配

滚动轴承装配前应保持清洁，注意检查其与轴颈或轴承座的配合尺寸、几何精度、表面粗糙度是否符合要求。零件表面的碰伤、毛刺、腐蚀等局部缺陷应及时修整，装配时有字样的断面朝外，便于下次维修和查询。

滚动轴承的装配过程应根据不同类型的轴承和配合性质而定。

1) 圆柱孔轴承的装配

(1) 当过盈量不大，而内圈与轴配合紧、外圈与外壳孔配合较松时，可用锤击法或压卸法先将轴承压装到轴上，然后将轴同轴承一起装入外壳孔内。

（2）当过盈量不大，而外圈与外壳孔配合紧、内圈与轴配合较松时，可用锤击法或压卸法先将轴承压装到外壳孔内，然后将轴装入轴承。

（3）对于可分离型轴承，其内外圈应分别装配。

（4）当过盈量较大时，采用加热法。将轴承或套圈放在油箱中加热至80～120℃，然后从油中取出装到轴上。对于内径在100mm以上的可分离型滚子轴承，采用电感应加热的方法，将内圈加热到100℃时取出，进行装配。

2）圆锥孔轴承的装配

圆锥孔轴承可以直接装在有锥度的轴颈上或装在紧定套或退却套的锥面上。当轴承进入锥形轴颈或轴套时，内圈膨胀使轴颈径向游隙减小，故可通过控制轴承压进锥形配合面的距离，调整径向游隙。通过紧定套或退却套装配的圆锥孔轴承，一般采用锁紧螺母装配，如图2-18所示。

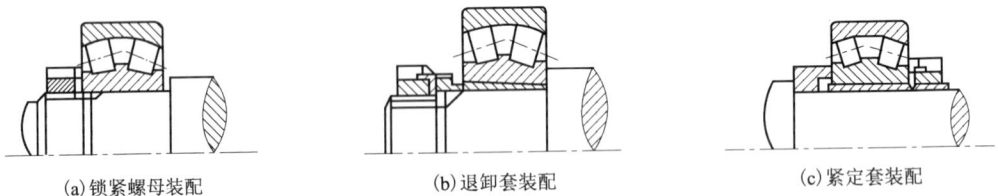

(a)锁紧螺母装配　　　　　　(b)退卸套装配　　　　　　(c)紧定套装配

图2-18　圆锥孔轴承装配

3）角接触轴承的装配

对于角接触轴承，可采用圆柱孔轴承的装配方法。角接触轴承要注意"正装"和"反装"的配置方式。圆锥滚子轴承内外圈应分别安装，然后进行间隙调整。

4）推力轴承的装配

首先保证松环和紧环的位置正确。紧环端面应与旋转零件的端面相接触，保证紧环与旋转中心重合；松环端面应与固定零件的端面相接触，松环的径向位置是靠紧环通过滚动体确定的，只有这样才能保证松环、紧环和滚动体运转时轴线一致。轴承外圈应与座孔保留间隙C，如图2-19所示。

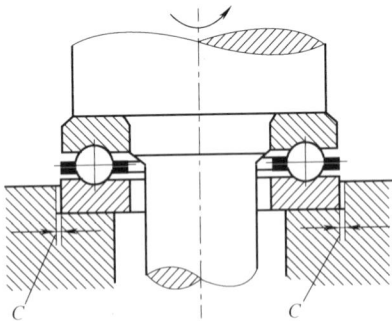

图2-19　推力轴承装配

5）轴承的固定

为防止滚动轴承在轴上和外壳孔内发生不必要的轴向移动，轴承内圈或外圈应做轴向固定。轴向固定包括轴向定位和轴向紧固。

轴向定位是保证轴承在轴中占有正确的位置，轴向紧固是保证轴承不发生轴向移动。当轴向很小或无轴向力，且配合较紧时，可不采取任何紧固方法。

6）滚动轴承座的装配

装配同一轴上两个或多个滚动轴承时，必须保证中心线重合并在一条线上。轴承座的装配要求与滑动轴承相同。

轴承内外圈的轴向定位，一般靠轴和外壳孔的挡肩或弹性挡圈。轴承内圈与轴的固定，常采用锁紧螺母及止动垫圈、弹性挡圈、双螺母、紧定套和退却套等。轴承外圈的固定常采用弹性挡圈、轴承压盖。轴向紧固方式如图2-20所示。用轴承压盖式不能压得太紧，以防轴承间隙减小，运转时发热。

（a）轴承内圈的轴向固定方式

（b）轴承外圈的轴向固定方式

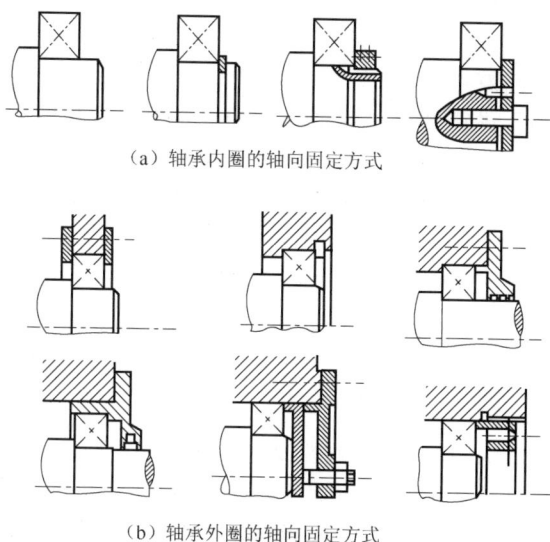

图 2-20　轴承内外圈的轴向固定方式

2. 滚动轴承装配间隙的调整

1）滚动轴承的间隙

滚动轴承的间隙分为径向间隙和轴向间隙。径向间隙是轴承一个套圈固定不变，另一个套圈在垂直于轴承轴线方向的移动量；轴向间隙是指在轴线方向的移动量，如图 2-21 所示。轴承的径向间隙和轴向间隙之间有着密切的关系，一般径向间隙越大，则轴向间隙越大。装配时轴承应具有必要的间隙，以弥补制造和装配偏差及受热膨胀量，同时保证润滑，保证轴承的均匀和灵活运动。

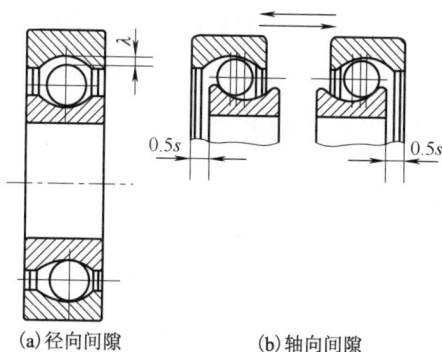

(a)径向间隙　　　　(b)轴向间隙

图 2-21　滚动轴承的间隙

根据滚动轴承在装配前、后和运转时所处的状态不同，轴承的径向间隙又分为原始间隙、配合间隙和工作间隙。

（1）原始间隙是指轴承在未装配前的间隙，制造厂家按国家标准保证。

（2）配合间隙是指轴承装配到轴上和轴承内孔后，所具有的间隙。由于受配合过盈量的影响，装配后内圈胀大、外圈压缩，故过盈量越大，受其影响越大。因此配合间隙永远小于原始间隙。

（3）工作间隙是指轴承在工作状态下的间隙，它受内外圈配合和温差的影响使配合间隙减小，又因工作负荷的作用，使滚动体与套圈产生弹性变形而增大间隙，一般情况下，工作间隙大于配合间隙。

2)不可调滚动轴承的间隙

此类轴承装配后间隙不进行调整，圆锥孔的轴承安装时可利用在锥度轴颈上的移动量，改变其内圈的配合松紧程度，达到微量调整径向间隙的目的。

轴承的轴向间隙很小，在温度升高时可使滚动体有一定的游动量，一般为 0.20～0.5mm。

3. 滚动轴承装配的预紧

滚动轴承的预紧，是指在安装时使轴承内部滚动体与套圈间保持一定的初始压力和弹性变形，以减小在工作负荷下轴承的实际变形量，改善轴承的支撑刚度，提高旋转精度。轴承预紧量应适当，过小将达不到预紧的目的，过大又会使轴承中接触应力和摩擦阻力增大，从而导致轴承寿命的降低。

(1)定位预紧：装配时将一对轴承的外圈或内圈磨去一定厚度或在其间加装垫片，以使轴承在一定的轴向负荷作用下产生变形，达到预紧，如图 2-22 所示。

(2)定压预紧：装配时利用在套圈上的弹簧力，使轴承受一定的轴向负荷产生预变形，达到预紧，如图 2-23 所示。

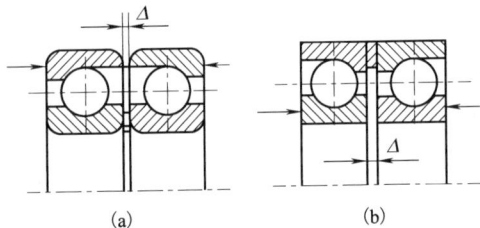

图 2-22　轴承的定位预紧

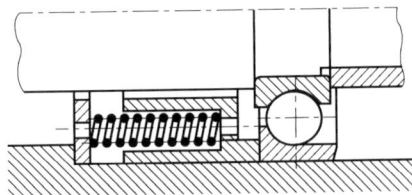

图 2-23　轴承的定压预紧

(3)径向预紧：装配时利用轴承和轴颈的过盈配合，使轴承内圈膨胀(如锥孔轴承)，消除径向间隙，减小预变形，达到预紧。

2.2.5　知识拓展：可调型滚动轴承的间隙调整

此类轴承装配后的间隙都是通过调整轴承座圈之间的相互位置而满足要求的，以圆锥滚子轴承为例，如图 2-24 所示。

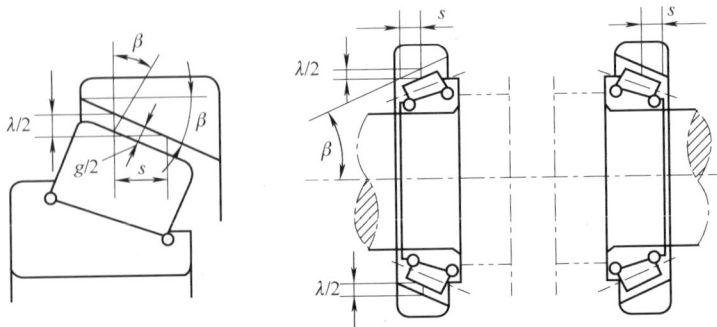

图 2-24　圆锥滚子轴承(7000 型)间隙的几何关系

轴承的径向间隙λ主要由外圈的相对移动所得到轴向间隙 s 来确定。常用的调整方法有箱体与轴承盖间加垫片调整、螺纹调整、调整环调整等。

1. 箱体与轴承盖间加垫片调整

通过改变垫片的厚度 δ 调整滚动轴承的间隙 s，如图 2-25(a)所示。间隙测量常用压铅丝法、千分尺法、塞尺法。

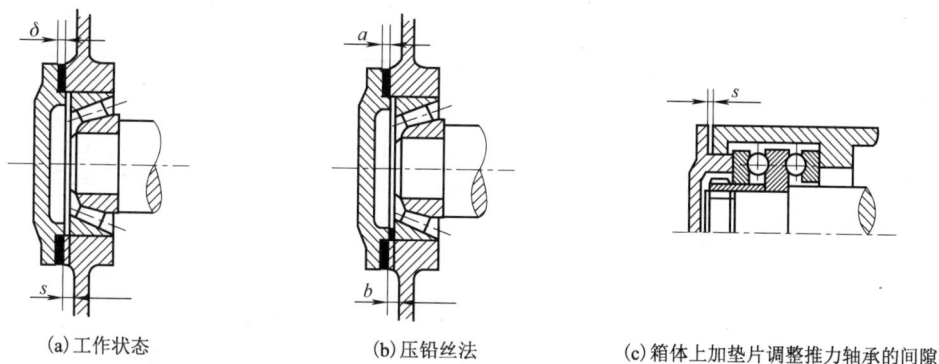

(a)工作状态　　　　　　　　(b)压铅丝法　　　　　(c)箱体上加垫片调整推力轴承的间隙

图 2-25　箱体与轴承盖间加垫片调整轴承间隙

用压铅丝法测量时，将铅丝分成 3～4 段，用润滑脂均匀涂抹在轴承盖和轴承外圈及轴承盖凸缘与机座之间，如图 2-25(b)所示。拧紧轴承盖后再拆下，用千分尺测量被压扁铅丝的厚度 a 与 b，算出 a 与 b 的平均值，由 $\delta=a-b+s$ 确定垫片厚度 δ。

如果轴承盖与轴承外圈间的距离太大，可加一个垫片来解决，如图 2-25(c)所示。不可调整的向心轴承，考虑到受热膨胀应留有轴向间隙，也可以用此法测量和调整。

2. 螺纹调整

用旋转轴上的螺纹调整时(图 2-26)，先旋转螺母将轴承内圈压紧，直到转动轴感到发紧，再根据技术要求的轴向间隙，将调整螺母逆时针旋转一个角度 α，然后用锁紧螺母锁紧，以防止在旋转时松动。α 角的计算公式为

$$\alpha = \frac{s}{t} \times 360°$$

式中，s 为轴承要求的间隙；t 为调整螺母的螺距。

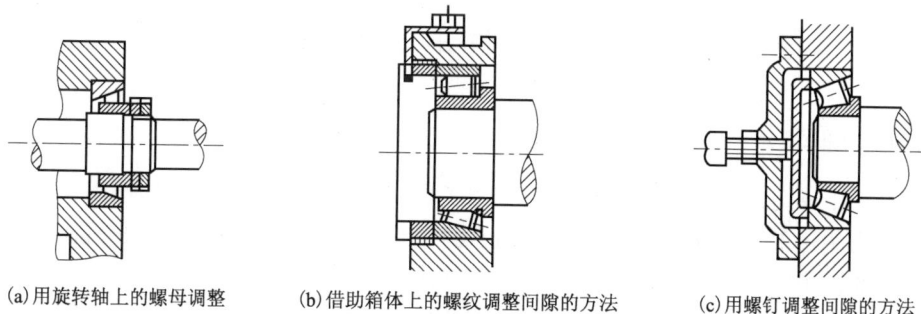

(a)用旋转轴上的螺母调整　　　(b)借助箱体上的螺纹调整间隙的方法　　　(c)用螺钉调整间隙的方法

图 2-26　用螺纹调整轴承间隙

3. 调整环调整

用调整环调整时，必须将轴承从轴上取下，在平台或专用台具上进行测量，然后改变内调整环和外调整环的宽度，获得要求的间隙，此法优点为在装配前进行调整，装配比较便利，同时利用精密仪器测量，可得到较高的精确度。

调整步骤如图 2-27 所示。δ_1、δ_2、δ_3、δ_4 为轴承间隙等于零时内外套错开的尺寸，H 表示外环宽度，B 表示内环宽度。

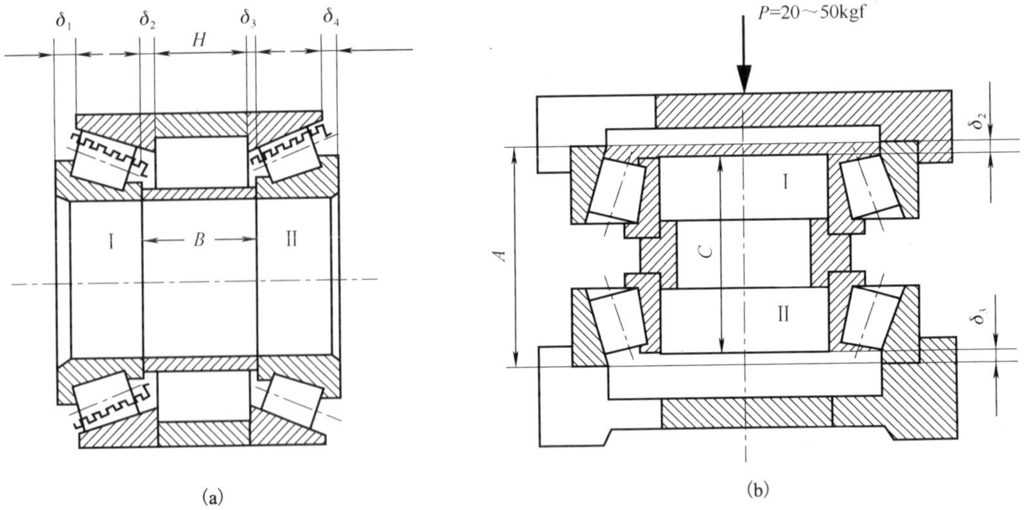

(a)　　　　　　　　　　　　　　　(b)

图 2-27　用调整环调整轴承间隙（1kgf=9.8N）

(1) 当轴向间隙为零时，有

$$H=B-(\delta_2+\delta_3)$$

(2) 当轴向间隙为所要求的 s 时，

$$H=B-(\delta_2+\delta_3)-s$$

(3) 为测量 $\delta_2+\delta_3$ 的值，将轴承置于专用工具中，如图 2-27（b）所示，工具的底座和上盖每隔 120° 开一个缺口，以便测量 A 与 C 的尺寸，测得后取平均值，以减少误差。两套轴承之间有定心套，以防止在测量时发生移动。为消除间隙，在上盖加一载荷 P。用千分尺测量 A、C 的尺寸，则 $A-C=\delta_1+\delta_2$。

当结构形式只有内调整环或外调整环时，可以认为 B 或 H 等于零。

任务 2.3　轴类零件的故障诊断与修理

2.3.1　任务描述

轴是机械中不可缺少的重要零件，在维修工作中经常受到冲击载荷的作用。轴广泛地应用到机械动力传递的系统中，无论是工程机械还是运输机械，以及其他行业机械，其多级齿轮传动都需要轴类零件。

轴的失效方式有弯曲变形、扭转变形、疲劳破坏、裂纹、磨损、断裂等。因此在轴的修配中，应合理地选材、设计，正确地加工、修理和装配，这都将直接影响轴的工作性能和使用性能。

2.3.2　知识准备

1. 轴的选材

轴的材料应有足够的抗疲劳性能，足够的耐磨性，且对应力集中的敏感性小，有良好的加工性和热处理性。轴类材料大多采用低、中碳钢和合金钢。

（1）优质的碳素结构钢。优质的碳素结构钢对应力集中的敏感性小，经过热处理能明显改善其综合力学性能，且价格低廉，应用广泛。一般机械轴采用 30 号、35 号、40 号、45 号和 50 号钢，其中最常用的是 45 号钢，为保证其力学性能，应进行调质处理或正火处理。不重要或较小的轴也常用 Q235、Q255 和 Q275 等普通碳素钢。

（2）合金钢。合金钢具有较好的力学性能和良好的淬透性，常用于传递大功率并要求减轻重量和提高耐磨性，但对应力集中比较敏感，且价格高。常用的合金钢有 12CrNi2、12CrNi3、20Cr、40Cr、35CrMo 和 18Cr2Ni4WA 等。形状复杂的曲轴和凸轮轴常用球墨铸铁。

2. 新轴的配置

1）配置新轴时应注意的技术问题

（1）为方便轴上零件定位、装配、拆卸和节约材料，一般常用阶梯轴且轴端具有倒角。

（2）为减小应力集中，提高轴的抗疲劳强度，应尽量减缓轴截面的变径尺寸。在不同直径的过渡处应采用圆角，其内圆角尺寸不宜过小。如果受轴上零件的圆角或倒角的限制，则可采用凹切圆角（图 2-28）或肩环圆角（图 2-29）以保证圆角尺寸。

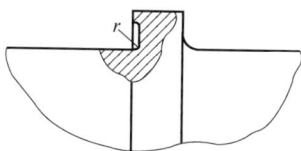

图 2-28　凹切圆角　　　　　　　　　图 2-29　肩环圆角

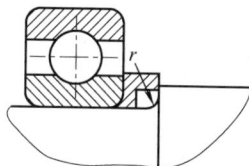

（3）由于过盈配合会产生应力集中，降低轴的抗疲劳强度，除选择合适的过盈量外，在结构上应采取增大配合处的轴颈、在轴上或轮毂上开卸荷槽等办法来减小应力集中，如图 2-30 所示。

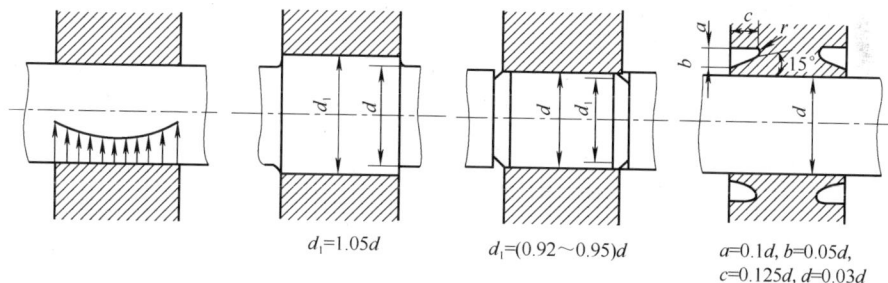

$d_1=1.05d$　　　　$d_1=(0.92～0.95)d$　　　　$a=0.1d, b=0.05d,$
$c=0.125d, d=0.03d$

图 2-30　降低过盈配合处应力集中的措施

（4）表面质量对轴的疲劳强度有很大的影响，疲劳裂纹经常发生在表面最粗糙的地方。因此，提高加工质量，控制表面粗糙度，可采用表面强化处理，如滚压、喷火、氮化、渗碳、高频或火焰表面淬火等，以提高轴的承载能力，延长轴的使用寿命。

2）心轴的加工工艺路线

（1）常见阶梯轴的一般加工路线如下。

下料→锻造→正火→粗加工→调制→精加工→铣键槽

（2）齿轮轴的一般加工路线如下。

下料→锻造→退火→粗加工→调制→半精加工→齿形加工→表面淬火→精加工→铣键槽

3. 轴类零件的拆卸方法

轴类零件的拆卸应采用根据其结构特点，并配合相应工具的方法。常用的拆卸方法有击卸法、拉卸法、压力机法、千斤顶法、温差法和破坏法等。

(1)击卸法。击卸法只适用于配合力不大的轴件，一般的轴类零件可以用锤击法拆卸。锤击时必须对击卸的零件采取保护措施。通常用铜棒、铅块、胶木棒、硬木块或专用垫铁保护被击部位，切勿直接锤击轴头，以免轴头变形损坏。

锤击时，首先对被拆卸零件试击，如果听到坚实的声音，要停止击卸，着手进行检查，查看是不是由于拆出方向相反或紧固件未拆下引起的。拆除方向总是朝向轴孔大端方向。

(2)拉卸法。利用拉出器、拉拔工具来拉卸轴类零件。利用拉卸法时注意拉卸器各接触点应紧密接触，防止打滑和拉伤零件表面。

(3)其他拆卸法。压力机法适用于过盈量较大的轴类零件；温差法也适用于过盈量较大的轴类零件，一般采用浇热油或喷灯加热等方式进行。

4. 轴拆卸后的清洗与检查

1)清洗

拆卸后轴件，一般用手工清洗，使用煤油、金属清洗剂等清洗。清洗完的零件用碱性溶液再清洗冲刷，之后放置干燥、干净的环境中，并用包布盖罩。

2)检查

轴的磨损主要表现为轴颈表面擦伤、磨损、裂纹、圆度和圆柱度的变化等情况，常用的检查工具有游标卡尺、千分尺、千分表、磁粉探伤仪等。

(1)圆度 α 的检查。通常采用顶尖测量法、V 形块测量法、游标卡尺和千分尺测量法。主要检查轴颈的磨损。

用顶尖和千分表检查，如图 2-31 所示，将轴放置在车床上，轴支撑在两个同轴顶尖之间；用 V 形块和千分表测量法，如图 2-32 所示，将轴放置在同标高的 V 形块上或将鞍式 V 形块倒放于轴上；用游标卡尺或千分尺测量，如图 2-33 所示，将轴放置在平台上。

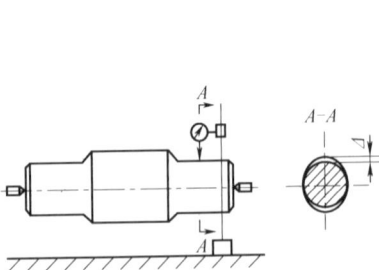

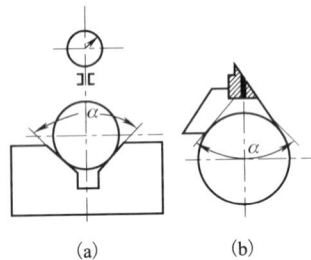

图 2-31 利用顶尖和千分表测量圆度误差　　图 2-32 用 V 形块和千分表测量圆度误差　　图 2-33 用游标卡尺或千分尺测量圆度误差

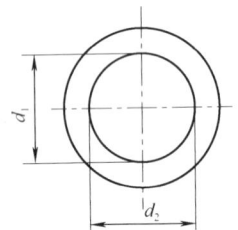

测量步骤如下。

① 将要测磨损轴段分为左、中、右三处截面。

② 每个截面旋转一周，要测量 8 个以上的位置，即有 8 个值，并做记录。取该截面最大值与最小值的差的 1/2 作为这个截面的圆度，三个截面即有三个值 α_1、α_2、α_3。

③ 取这三个截面中 α_1、α_2、α_3 的最大值作为这段轴的圆度。

(2)裂纹的检查。轴产生裂纹后，将会产生机械事故，甚至伤害人的生命。因此，每次大修设备时都要检查轴的裂纹故障。通常用磁粉探伤仪和超声波探伤仪，磁粉探伤仪体积小，操作方便，现场应用广泛，所以着重介绍。超声波探伤仪多应用于铁轨探伤。

磁粉探伤原理如下：由于磁性材料置于磁场中被磁化，将某一材质和其截面不变的铁磁性材料置于均匀的磁场中，则材料内部产生的磁力线也是均匀不变的。当材料内部失去均匀性和连续性时，即存在裂纹或出现非磁性夹杂物等情况时，这些地方的磁阻便增大，磁力线便发生偏转而失去分布的均匀性，如图 2-34 所示。

当磁力线出现"尖状"（横向或竖向）时，即表示缺陷处是裂纹；当磁力线出现"圆弧状"时，即表示缺陷是凹坑。

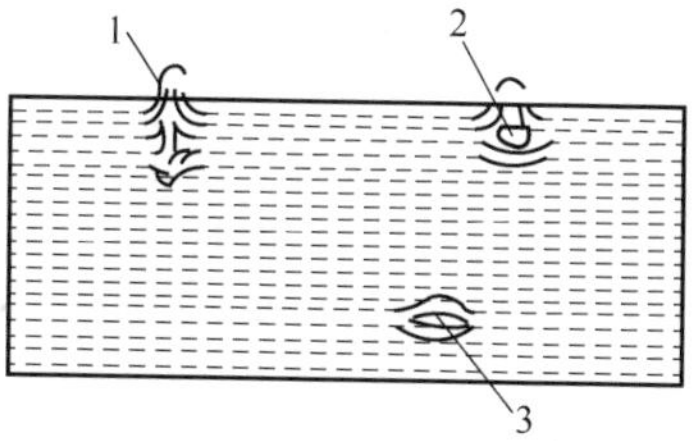

操作步骤如下。

① 将清洗后晾干的轴磁化。

② 在视觉范围内给轴撒铁粉，均匀细密，继而产生磁力线分布。

图 2-34　铁磁物质中磁力线分布情况
1-裂纹缺陷；2-裂纹与凹坑缺陷；3-凹坑缺陷

③ 分析磁力线分布情况及判断缺陷性质。

④ 将轴旋转一定弧度，重复上述操作，直至将整个轴的圆弧都测完。

5. 轴的故障修复

轴常见故障与修理措施如下。

(1)轴上有毛刺。用细油石轻轻研磨。

(2)轴弯曲。理论上可以用矫正的方法矫直，实际上难以矫直，所以采取更换处理。

(3)轴上裂纹。采取更换，切忌用焊接修理。因为焊接后增碳，应力集中，抗疲劳强度下降，甚至出现机械事故夺去职工的生命。

(4)轴上磨损。可采用电镀、喷涂等方法修复。

6. 轴的装配

1)轴装配前的检查

装配前，应对轴及其包容件孔的尺寸精度进行校对，确认无误后，方可进行装配。

(1)应在配合表面涂一层清洁润滑油，以减小配合表面的摩擦力。

(2)装配时应注意对正，不要倾斜，然后逐步施加压力，避免压入时刮伤轴及孔。

(3)已装好的轴部件，应均匀地支撑在轴承上，并且用手转动时感到轻快。

(4)检查装配件的平行度、垂直度、同轴度，应均满足要求。

2)平行度、垂直度、同轴度的检查

(1)轴间平行度的检查。轴间平行度有以下两种检查方法。

方法一：用弯针配合挂线检查，如图 2-35 所示。

① 调整钢丝线 1 与弯针 4 之间的间隙 a，使其与转动 180° 后形成的间隙 a' 相等，此时，轴 2 垂直于挂线。

② 测量轴 3 与挂线之间的间隙 b 与 b'，若平行，则 b 与 b' 相等(误差越小越好)。

方法二：内径千分尺法检查，如图 2-36 所示。

用内径千分尺测量轴间距离，要测两处，其距离应尽量远些。测得两处轴间距离如果相等，则说明两轴平行。

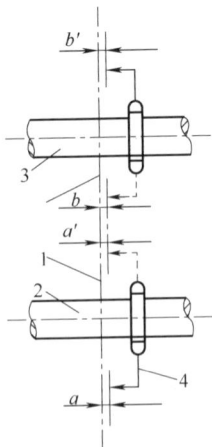

图 2-35　检查轴的平行度

1-钢丝线；2、3-轴 3；4-弯针

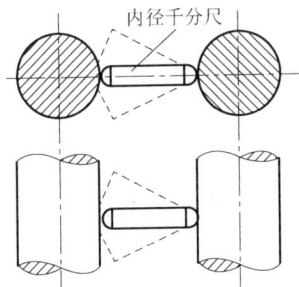

图 2-36　用内径千分尺检查轴的平行度

(2)轴间垂直度的检查。可用直角尺或弯针进行检查，如图 2-37 所示，a 与 b 差值越小，说明两轴的垂直度越好。

(3)同轴度的检查。如图 2-38 所示，用塞规量得的间隙 a 不变，则说明两轴是同轴的。

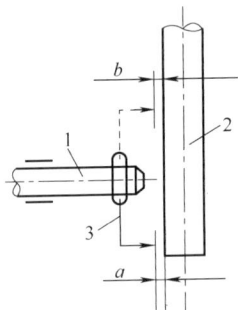

图 2-37　轴间垂直度检查

1、2-轴 2；3-弯针

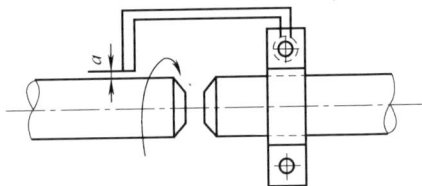

图 2-38　同轴度的检查

2.3.3　任务实施

1. 测量轴的磨损圆度

(1)地点。机械设备故障检修实训室或实训基地。

(2)设备工具。轴、千分表、游标卡尺、千分尺等。

(3)分组。5 人为一组，指定组长。

(4)检查环境安全条件。

(5)实施步骤：

① 介绍实训内容、操作技术要求和安全操作规程；

② 指导教师演示圆度测量方法及其过程，然后学生亲自动手测量；

③ 观察轴磨损故障现象，分析故障原因；

④ 记录有关实训内容及测量数据，并计算轴的圆度；

⑤ 总结操作技术程序和技术要领，整理实用测量技术；

⑥ 学生提出问题，教师答疑并引导学生归纳总结；

⑦ 教师对学生的动手操作情况给予评价。

2. 测量轴的平行度、垂直度、同轴度

(1)地点。机械设备故障检修实训室或实训基地。

(2)设备工具。轴、钢丝线、指针、卡子、内径千分尺、游标卡尺、直角尺等。

(3)分组。5 人为一组，指定组长。

(4)检查环境安全条件。

(5)实施步骤：

① 介绍实训内容、操作技术要求和安全操作规程；

② 指导教师演示轴平行度、垂直度、同轴度等的测量方法及过程，然后学生亲自动手测量；

③ 观察测量过程及其操作要领；

④ 记录有关实训内容、测量数据及分析；

⑤ 总结和整理实用测量技术；

⑥ 学生提出问题，教师答疑并引导学生归纳总结；

⑦ 教师对学生的动手操作情况给予评价。

2.3.4　知识拓展：工件磁化方法

工件磁化时，磁化方向应尽可能与缺陷方向垂直，才能清晰地显示其缺陷。但是工件的缺陷可能有各种取向，而且难以预计。为了发现所有缺陷故发展了各种不同的磁化方法。

1. 纵向磁化

使磁力线沿着工件轴向通过，它适合于探测工件的横向裂纹。常用的磁化方法有闭合磁路法和线圈法，如图 2-39 所示。

2. 周向磁化

使工件上产生一个绕其轴线的周向磁场，主要查出工件轴向的裂纹。如图 2-40(a)所示，电流沿着工件轴向流动，因此产生一个环绕工件轴心线的磁场，该磁场磁力垂直于工件上的纵向裂纹，因此使裂纹可以被探测出来。这种方法，工件为导线，需要的电流很大，容易引起电路系统发热，所以要尽可能采用剩磁检验。中碳钢以上的钢材，剩磁强度较强，完全可以用剩磁检验；对于铸铁和低碳钢，剩磁较弱，检验效果不佳，还需带电连续检验。

当工件为空心结构时，可用中心孔通电法，如图 2-40(b)所示，而且可用导线代替图中的芯杆，并可使导线多次通过，这样可以降低导线中通过的电流。

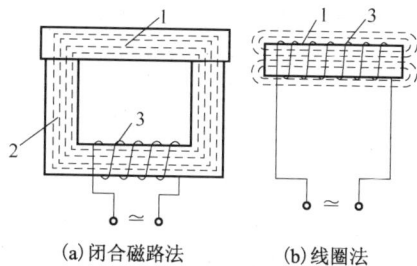

(a)闭合磁路法　　(b)线圈法

图 2-39　纵向磁化方法

1-工件；2-磁力线；3-线圈

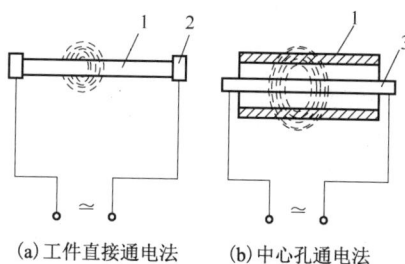

(a)工件直接通电法　　(b)中心孔通电法

图 2-40　周向磁化方法

1-工件；2-接线柱；3-芯杆

任务 2.4　滑动轴承的故障诊断与修理

2.4.1　任务描述

　　滑动轴承应用在负荷大、有冲击载荷、工作转速较高或回转精度特别高的机械设备上。滑动轴承(轴瓦)构造简单，成本低，便于维修。滑动轴承的装配质量和维修质量直接影响机器设备运转的质量，影响设备的使用寿命。装配不当或间隙不合适，可能导致"烧瓦"，造成设备严重损坏。因此，学习滑动轴承的维修基础知识，掌握滑动轴承的安装和维修技术很必要。本任务主要介绍动压液体润滑对开式向心滑动轴承的修理与装配。

2.4.2　任务分析

1. 功能分析

　　轴在滑动轴承中旋转时，如果没有润滑油润滑就会导致轴与轴瓦之间的干摩擦，造成轴承的迅速磨损，使轴承急剧发热而导致轴承合金熔化与轴胶结，增大电动机负荷而发生严重事故。因此，在重要场合，滑动轴承必须在完全液体摩擦条件下工作。

　　动压向心滑动轴承完全液体摩擦的建立过程有三个阶段。

　　(1)静止阶段，如图 2-41(a)所示。此时轴颈与轴瓦之间存在配合间隙，轴颈和轴瓦在 A 点接触形成一个自然楔形间隙，满足了产生液体摩擦的主要条件。因轴颈还未旋转，故不发生摩擦和磨损。

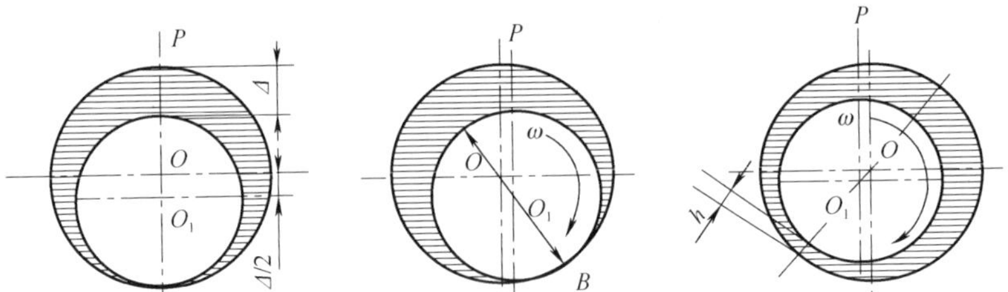

图 2-41　油层的形成过程

　　(2)启动阶段，如图 2-41(b)所示。当轴颈开始旋转时，速度极低，这时轴与轴瓦完全是金属相接触，产生直接摩擦，轴颈对轴瓦的摩擦力方向与轴颈圆周速度方向相反，迫使轴向右滚动偏移，随着转速的增大，被带入油楔内的油量逐步增多，将轴与轴瓦分开，轴颈爬行最高点为 B 点，以后轴颈开始向左下方移动。此阶段中，轴颈与轴瓦间发生的摩擦是干摩擦和界限摩擦，并产生了一定的磨损，这也是滑动轴承磨损的主要原因。

　　(3)稳定阶段，如图 2-41(c)所示。转速增加到一定值，并在一定流速的润滑油的充分供应下，油被带入油楔中，油在油楔中流动而产生的压力随间隙的减小而增大，使油流产生一定的压力，将油颈向旋转方向(向左)推动，当油流在楔形内的总压力能支撑轴颈上外载时，轴颈被悬浮在油面上旋转，使轴承处于液体摩擦状态。此时轴颈与轴瓦间形成油楔油层，其厚度为 h。

轴颈中心的位置将随着转速与载荷的不同而不断地变化。

2. 滑动轴承的种类

（1）按受力情况分，有向心轴承和推力轴承；

（2）按润滑分，有不完全润滑轴承、动压液体润滑轴承和静压液体润滑轴承；

（3）按结构分，有整体(轴套)式轴承、对开式轴承、油环轴承、多瓦轴承和薄壁弹性变形轴承等，如图 2-42 和图 2-43 所示。

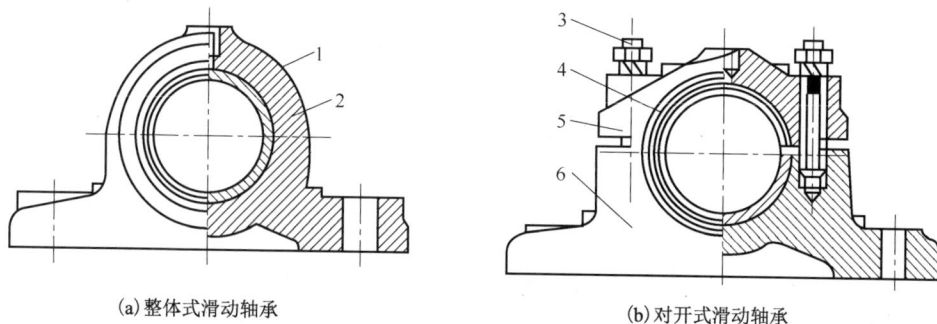

(a)整体式滑动轴承　　　　　　　(b)对开式滑动轴承

图 2-42　整体式滑动轴承和对开式滑动轴承

1-轴孔；2、6-轴承座；3-双头螺柱；4-轴瓦；5-轴承盖

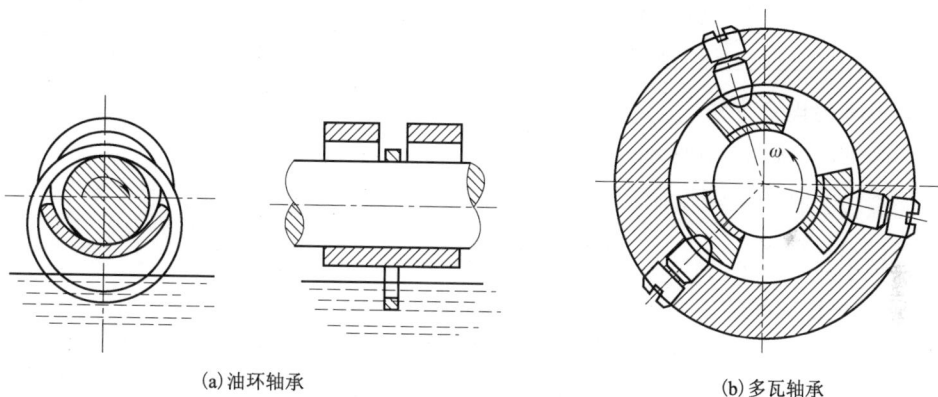

(a)油环轴承　　　　　　　　　　(b)多瓦轴承

图 2-43　油环轴承和多瓦轴承

2.4.3　知识准备

1. 滑动轴承径向间隙的确定与调整

滑动轴承的间隙是指轴颈与轴瓦之间的空隙，轴承间隙有径向间隙和轴向间隙两种，径向间隙又分为顶间隙 Δ 和侧间隙 b，如图 2-44 所示。

顶间隙是为了控制轴承的运转精度；侧间隙是使轴承获得一个楔形间隙，以使轴承与轴瓦间形成润滑油层而达到液体摩擦，起到散热作用；轴向间隙是为了保证由于运转导致温度升高，而发生长度方向变化时，留有自由伸缩的余地。

径向间隙既不能太大，也不能太小。径向间隙太大，会使轴

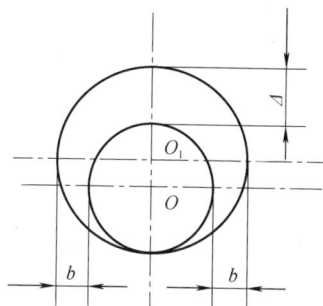

图 2-44　滑动轴承径向间隙

承产生冲击和振动，使磨损加快，精度降低；径向间隙太小，轴承运转精度高，但不利于润滑油层的形成，使轴承与轴瓦间摩擦而发热，甚至烧瓦。

1) 顶间隙确定

合理地选择滑动轴承的间隙，不仅可以保证轴承的正常运转，还可以指导轴承的检查、修理和装配工作。间隙确定方法有以下几种。

(1) 配合性质法：轴颈与轴瓦属于间隙配合，从配合性质上知道最大间隙 X_{max} 和最小间隙 X_{min}，则顶间隙 Δ 为

$$\Delta = \frac{1}{2}\left[\frac{1}{2}(X_{max} + X_{min}) + X_{max}\right]$$

(2) 经验法：

$$\Delta = Kd$$

式中，Δ 为轴颈顶间隙，mm；d 为轴颈直径，mm；K 为经验系数，见表 2-11。

表 2-11　滑动轴承的径向间隙经验系数表

编号	类别	K 值
1	一般精密机床轴承和一级精度配合的轴承	>0.0005
2	二级精度配合的轴承，如电动机	0.001
3	一般冶金设备轴承	0.002～0.003
4	粗糙机械	0.0035
5	透平机类轴承	0.002

2) 侧间隙 b 的确定方法

当顶间隙为一般值时，$b=\Delta$；

当顶间隙较大时，$b = \frac{1}{2}\Delta$；

当间隙较小时，$b=2\Delta$。

2. 滑动轴承轴向间隙的确定与调整

滑动轴承轴向间隙，应按轴的结构形式选择。如图 2-45(a) 和 (b) 所示，间隙值 $\delta=\delta_1+\delta_2=0.5\sim1.5$mm。如图 2-45(c) 所示，固定端轴承与轴肩的轴向间隙总和 $(a+b)$ 以及自由端轴承与轴肩的间隙 c 和 d 应符合设备技术规定，当无规定时，$a+b$ 不得大于 0.2mm，c 不得小于轴的热膨胀伸长量，d 约为 $L/2000$。

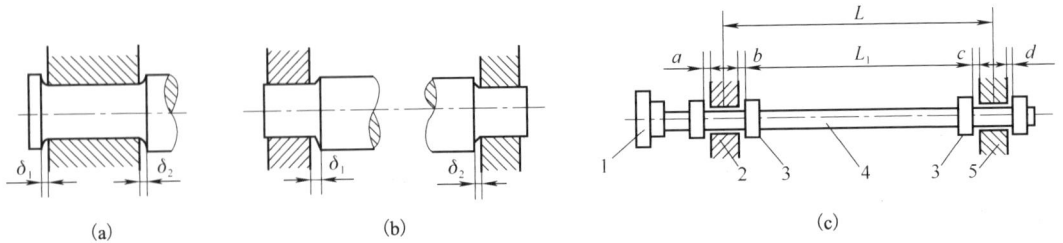

图 2-45　轴向间隙示意图

1-联轴器；2-固定端滑动轴承；3-轴肩；4-轴；5-自由端滑动轴承

2.4.4　任务实施

1. 滑动轴承的故障修理

1)滑动轴承的损坏、损伤类型

滑动轴承的损坏原因主要来自新轴承的金相组织缺陷和安装不良。金相组织包括滑动轴承的衬层和背层结合不良、气孔、晶粒粗大、铜铅合金轴承的铅分布不均匀。安装和运转造成的因素有装配不良、外来颗粒、腐蚀、润滑剂黏度和油量不足、磨损造成的间隙、接触角增大。

滑动轴承的损伤类型可分为轴颈和轴瓦结合面的刮伤、颗粒磨损、咬伤和疲劳磨损,轴承衬剥离,润滑剂对轴承材料的腐蚀、各种侵蚀(气蚀、流体侵蚀、电侵蚀、微动磨损)等种类。

2)滑动轴承的故障修理

滑动轴承的主要缺陷集中在两点:一是轴颈与轴瓦接触面磨损,造成间隙增大,通常采用刮研修理;二是润滑通道被破坏,通常采用修整润滑通道。

(1)轴瓦或轴套刮研。轴瓦刮研是在轴承座安装完毕后,在轴承座上进行刮研。刮研是利用刮刀、基准表面、测量工具及显示剂,以手工操作方式,边刮削加工,边沿点测量,使工件达到工艺上规定尺寸、几何形状、表面粗糙度和密合性等要求的精密加工工艺。轴瓦与轴套刮研时常使用三棱刮刀,以轴为基准研点,进行圆周刮削,使轴颈与轴瓦接触点细密、均匀,又能保证轴承具有一定的间隙和角接触,还能纠正轴承孔内的圆度或轴承的同轴度误差,使轴运转平稳,不易发热。

刮研分为粗刮、细刮、精刮等步骤。粗刮主要针对加工后的表面或磨损拉毛严重的表面。粗刮时,刮削量大,容易刮出较深的凹坑,轴与轴颈的接触点较大。粗刮到整个接触面都有接触时,即可进行细刮。细刮是在粗刮的基础上进一步增加接触点和纠正误差的过程。细刮时,刮削的金属层较薄,能把较大的接触点变小或刮去,并研磨出更多的新接触点。精刮的目的在于进一步提高工件表面质量,对尺寸的影响甚微。

轴瓦刮研时应保证轴承的间隙,同时接触点都符合要求。

① 接触角。接触角是指轴瓦与轴颈接触面所对应的圆心角,如图 2-46(a)所示。接触角不应太大或过小,若接触角过小,轴瓦上所受的单位压力增大,使轴瓦磨损较大,就破坏了轴承的楔形间隙,当接触角超过 120°时,液体摩擦将无法实现,这将使轴迅速磨损,甚至带来事故。

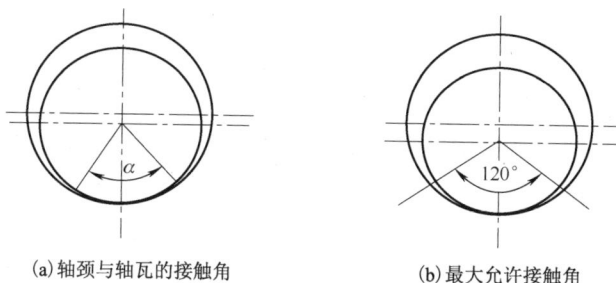

(a)轴颈与轴瓦的接触角　　　　　　　(b)最大允许接触角

图 2-46　接触角

一般接触角控制在 $60°\sim90°$。当载荷大、转速低时,取较大的接触角;当载荷小、速度高时，取较小的接触角。根据实践经验，转速在 3000r/min 以上时，接触角可以小于 60°，甚至可达到 35°；低速重载时，接触角可大于 90°，甚至可达到 120°。接触角应均匀分布在负载作用中心两侧。

② 接触点。接触点是指在接触角范围内单位面积(一般为 25mm×25mm 的面积)上的接触点数量。接触点是用来支撑轴作用给轴瓦的载荷，防止集中分布而损坏轴瓦，同时其小凹坑可以存储润滑油，及时补充润滑效果，防止干摩擦产生。

接触点的数量，主要根据轴的旋转精度和转速来确定。精度越高、转速越快，接触点应越多，见表 2-12。

表 2-12　轴承的接触(25mm×25mm)

二级精度		三级精度	
转速/(r/min)	接触点	转速/(r/min)	接触点
100 以下	3～5	100～300	2～3
100～500	10～15	300～500	3～5
500～1000	15～20	500～1000	5～8
1000～2000	20～25	1000 以上	8～10
2000 以上	25 以上		

刮削时要注意，既要使接触点满足要求，也要使侧间隙、顶间隙达到允许值；轴承接触部分与非接触部分不应该有明显的界线，应光滑地过渡；刮削时一定要刮大点留小点，刮亮点留暗点，保证接触点分布均匀；不得用锉刀或砂布抹擦。刮研轴瓦的好坏程度如图 2-47 所示。

(2)油槽的开设与修整。滑动轴承要保证在润滑条件下工作，必须有足够的润滑油供应到摩擦面间，所以需要在轴瓦上开凿合理的油槽和油孔。

油槽的种类一般有轴向直线形油槽、斜向十字形油槽、径向王字形油槽，如图 2-48 所示。为改进润滑效果，通常在上瓦上开凿十字形或王字形的油槽。油槽的尺寸参考机械设计手册的有关内容。

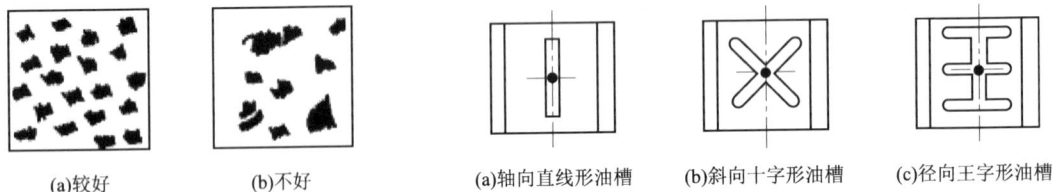

(a)较好　　　　　　(b)不好

图 2-47　刮研轴瓦的好坏程度

(a)轴向直线形油槽　　(b)斜向十字形油槽　　(c)径向王字形油槽

图 2-48　油槽的形式

油槽开设的原则如下。

① 润滑油应保证从无负荷部位进入，即轴瓦受力部位不能开设油槽，否则会破坏油层的完整性，降低油层的承载能力。

② 轴瓦内的油槽绝不能直通到轴瓦之外，否则润滑油就会流失而降低润滑效果。

③ 在上、下瓦的结合处必须开油槽，用于储油，如图 2-49 所示。如果供油发生断续，它能暂时供给润滑油，同时轴颈与轴衬相互摩擦所产生的金属末，也可积存在这里，以减小对轴衬的磨伤。大型轴套的旁侧必须开凿油槽。

④ 尽可能避免开轴向油槽，以防轴颈与轴衬发生金属摩擦。

⑤ 较长的轴套供油较难，可开设螺旋油槽，如图 2-50 所示。但螺旋的方向应与油流方向一致，确保当轴转时，将油带入轴套内。

⑥ 负荷方向随转向而变化时，在轴瓦端部开环形油槽，将油引进轴颈的纵向油槽里，如图 2-51 所示。曲轴在轴颈上钻孔，通过轴颈引进润滑油，如图 2-52 所示。

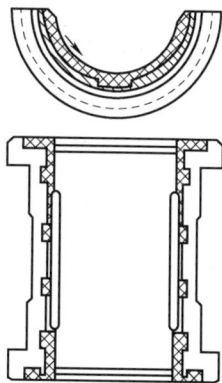

图 2-49　上下瓦结合处的油槽　　　　图 2-50　螺旋油槽　　　　图 2-51　进油孔的位置选择

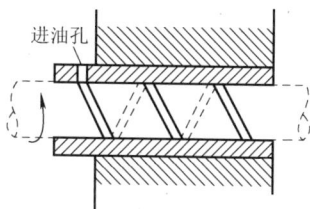

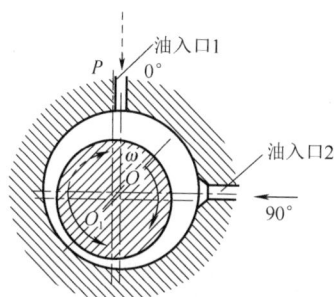

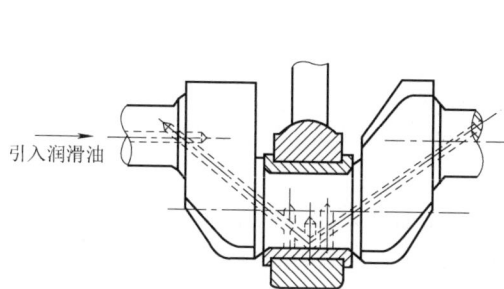

（a）润滑油从轴颈引入　　　　　　　　　　（b）润滑油从环形槽引入

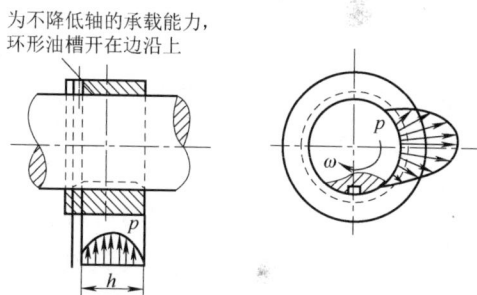

图 2-52　负荷方向变化时润滑油的引入

⑦ 在垂直轴承中，油槽的位置应开在轴套的上端并成环形。

⑧ 轴承的进油孔，一般应开在轴颈旋转的前方(图 2-51)，以利于向楔形间隙内带油。

2. 滑动轴承的装配

(1)滑动轴承与轴承座(或轴承盖)的装配。轴瓦与轴承座的配合一般采用 H7/k6、H8/k7，要求配合紧密，不得有较大的过盈或较大的间隙。有较大过盈时，轴瓦将产生变形，使轴承与轴之间必要的间隙不能得到保证，甚至烧瓦；有较大的间隙时，运转时轴瓦就会在轴承座内振动，使传动精度降低，还可能产生轴瓦等机件的破裂事故。

轴瓦瓦背与轴承座孔的接触面积不得小于整个面积的 40%～50%，上瓦、下瓦与轴承座的接触面圆心角不应小于90°和120°，可用着色法进行检查，用刮研法修整。

为防止轴瓦在轴承座内产生移动，一般轴瓦的瓦胎均有翻边或止口，并应与轴承座配合十分严密，不得有间隙；为使轴承在运转中不发生颤动，应有定位销，如图 2-53 所示。

上、下瓦合并后，接触面不许有漏隙，以防润滑油泄漏，大多数轴瓦都需在上、下瓦结合面上装配定位销，使轴瓦不致错位，也可防止瓦口垫被轴带入轴承内，如图 2-54 所示。

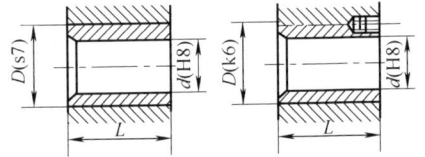

（2）轴套与轴承座的装配。轴套在轴承座内的装配和固定方式如图 2-55 所示。轴套在压装时，易于变形，在装配时应引起重视。若出现轴套内孔尺寸、形状变化，应立即进行刮研或整修，恢复轴套的精度。为防止轴套发生轴向窜动，端面应用螺钉固定。

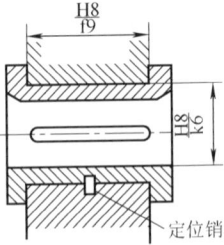

图 2-53 轴瓦与轴承座配合方式　　图 2-54 轴瓦的定位销　　图 2-55 轴套与轴承座的装配和固定方式

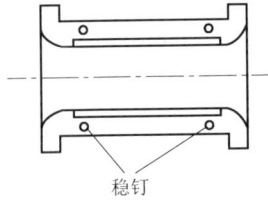

（3）轴承座的装配与调整。在多支撑的轴上，各轴承座之间应保持同心度和水平度，可用拉线法、高精度水准仪法及对研法检查。

1）拉线法操作程序

① 用画线法划出轴瓦的中心线，如图 2-56 所示。

a. 沿形状较好的边缘，向内量取 100mm 画线，分别得出交点 O_1、O_2、O_3、O_4；

b. 分别以 O_1、O_2、O_3、O_4 为圆心，以大于轴瓦半径为半径画弧，分别得出点 A、B、C、D（有个别点是虚点）；

c. 连接 A、B、C、D 点中的实点，如图 2-56 所示 A、B 点连线即轴瓦中心线。

② 在轴承座的一端，固定一条直径为 0.25～0.5mm 的钢丝线，另一端拉紧，并用水平尺调整为水平。

③ 从钢丝线上吊下线锤，移动轴承座把各轴瓦的中心线调整在一条直线上。

④ 用卡钳、卡尺测量钢丝线到轴瓦表面中心线的距离，调整各轴承座的高度，如图 2-57 所示。此法测量的精度较高，精度可达到 0.07～0.15mm。

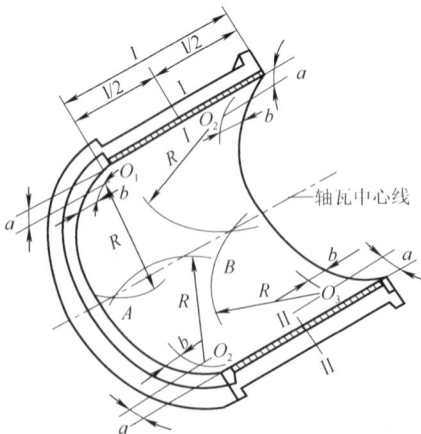

图 2-56 找轴瓦中心线的方法

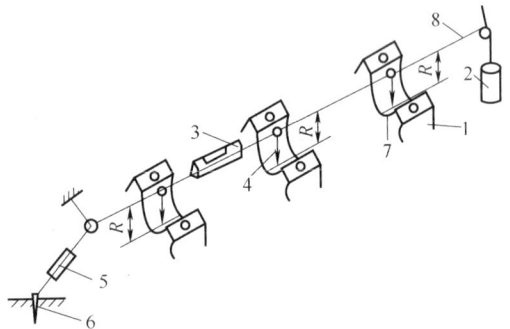

图 2-57 拉线法装配轴承座

1-轴承座；2-拉线重锤；3-水平尺；4-线锤；
5-紧线器；6-地锚；7-轴瓦中心线；8-拉线

2）高精度水准仪法操作程序

① 用方水平尺放置轴瓦中心线上，分别靠上钢板尺，如图 2-58 所示；

② 找一个视觉方便的轴承座，测量钢板尺底端水平 a，再测量钢板尺上端某一标高位置 b；

③ 测量其他钢板尺与标高 b 位置相同的标高，读值 c，c 与 b 的差值就是轴承座底端 a 的误差。此法精度较高，可达到 0.001～0.01mm。

3）对研法操作程序

对研法是在拉线法或高精度水准仪法之后进行的进一步检查。

① 将显示剂均匀地涂在轴瓦上；

② 将轴放置在轴瓦上旋转数转；

③ 抬出轴，观察瓦面的接触情况，直至调整到合格。轴承座的安装接触情况如图 2-59 所示。

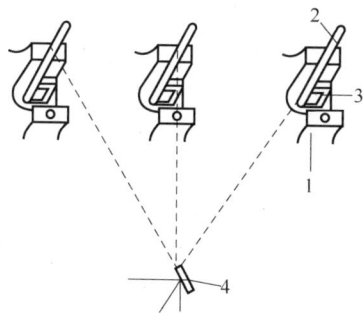

图 2-58　高精度水准仪法

1-轴承座；2-钢板尺；3-轴瓦；4-方水平尺

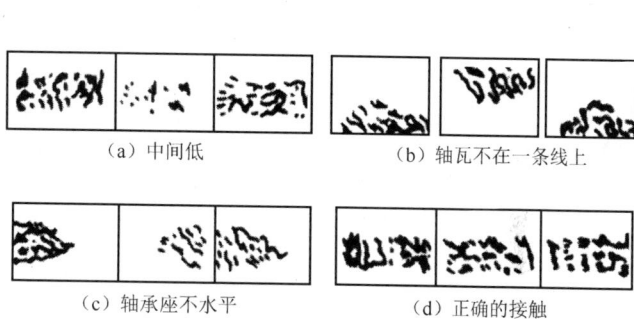

（a）中间低　　　（b）轴瓦不在一条线上

（c）轴承座不水平　　　（d）正确的接触

图 2-59　轴承座的安装接触情况

4）轴承盖与轴承座的装配

在轴承盖与轴承座装配前，将选择好的垫片穿在瓦口上的稳钉上，以防止在运行中因振动垫片可能向轴心移动，盖住润滑间隙，破坏润滑，然后将轴承盖盖在轴承座上。

轴承盖常用的定位方式有销钉、止口或榫槽，如图 2-60 所示。

轴承座及轴承盖上的螺栓必须牢固。在拧紧各螺栓时，应注意对称拧紧，不应依次拧紧。用力大小均匀、逐步增大，以保证轴承座与机座、轴承座与限位块之间加上楔块，如图 2-61 所示。

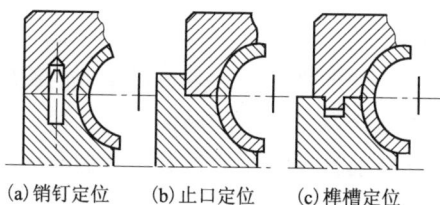

（a）销钉定位　　（b）止口定位　　（c）榫槽定位

图 2-60　轴承座的定位方式

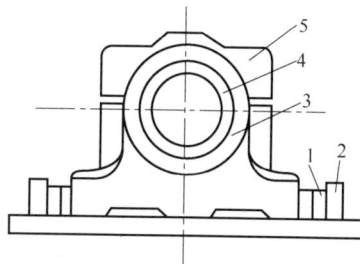

图 2-61　限位块固定方法

1-楔块；2-带限位的机座；3-轴承座；4-轴瓦；5-轴承盖

2.4.5　知识拓展：滑动轴承间隙的测量

滑动轴承装配后，配合间隙要满足要求。其测量方法常用塞尺法、压铅丝法、百分表法等。其中塞尺测量速度快，压铅丝测量较准确。

1. 塞尺法测量

用于顶间隙、侧间隙和轴向间隙的测量，如图 2-62 所示。测量时应注意塞入间隙的长度，不应小于轴瓦长度的 2/3。

2. 压铅丝法测量

测量时选用的铅丝直径是规定间隙的 1.5 倍，长度为 30~100mm。铅丝要柔软，操作程序如下。

(1)将轴承盖打开，将一小段铅丝涂上一点润滑脂，放在轴承上部及两侧上、下瓦结合处，如图 2-63 所示。

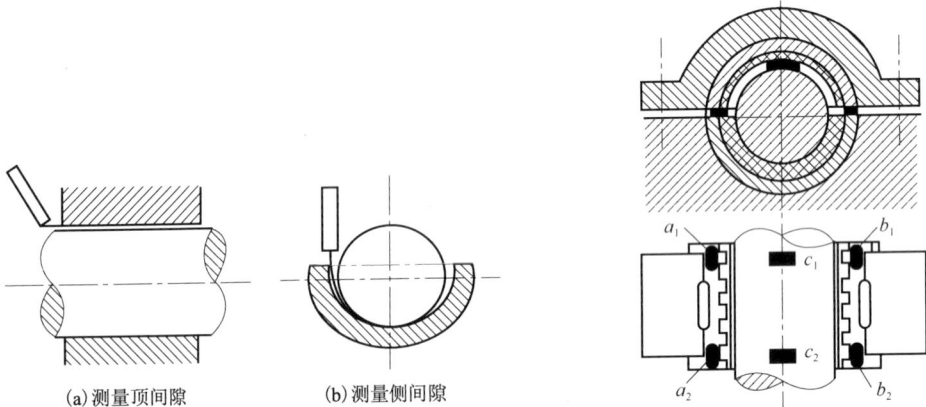

图 2-62　塞尺法检查轴承间隙

图 2-63　压铅丝法测量轴承间隙

(2)盖上轴承盖并拧紧螺栓，稍会儿再松开螺栓，取下轴承盖。

(3)用游标卡尺测量各节铅块的厚度，按公式求出轴承的顶间隙Δ值。

$$\Delta = \frac{(c_1 - A_1) + (c_2 - A_2)}{2}$$

式中，$A_1 = (a_1 + b_1)/2$；$A_2 = (a_2 + b_2)/2$。

任务 2.5　旋转零件的故障诊断与平衡配重操作

2.5.1　任务描述

通常只有少数设备利用不平衡原理为人们工作服务，如地夯。绝大多数设备上的旋转零件在工作时要求旋转平衡，否则支撑这些零件的滚动轴承会发生严重的局部磨损，使设备产生振动、噪声、加工零件为次品等。因此旋转零件在安装前都要做平衡试验。掌握和应用平衡配重技术尤为重要。

2.5.2　任务分析

1. 功能分析

在旋转机器中，常由于旋转零件(如曲轴、汽轮、水轮、蜗轮、皮带轮毂、离合器、联轴器、离合器、传动轴等)材质不均匀、结构不对称、加工和装配误差等而产生质量偏心，使其处于不平衡状态下工作。零件不平衡将给零件本身和轴承造成附加载荷，使其在工作中产生振动，从而加速零件的磨损和损伤。因此，旋转零件装配前要进行平衡试验。若发现不平衡要进行配重，达到旋转平衡。这是非常重要的实际应用技术。

2. 旋转零件不平衡种类

平衡试验有静平衡和动平衡两种，工程机械传动系统大多是短轴，采用静平衡试验检测；运输机械使用的长轴采用动平衡试验检验。

做静平衡检验时，会出现两种状态：一是明显的不平衡，即旋转零件质量偏心所形成的转动力矩大于滚动摩擦力矩，旋转零件在导轨上能转动一个角度；二是不明显的不平衡，即旋转零件质量偏心所形成的转动力矩小于滚动摩擦力矩，旋转零件在导轨上不能转动。

2.5.3　知识准备

1. 静平衡试验原理

找静平衡时，如图 2-64 所示，应该先测出零件不平衡质体ΔG 的方位，然后在其相反方向上，选择一个适当位置加一定重量的平衡重 Q_0，或在不平衡超重一侧去除一部分金属ΔG，即可达到平衡。

2. 静平衡检验装置

转子的静平衡检验在一个专门的检验台架上进行，如图 2-65 所示。在检验前，应先调节螺钉 4，使支架 2 上的导轨 1 处于水平位置，并调整好宽度，

图 2-64　零件的静平衡

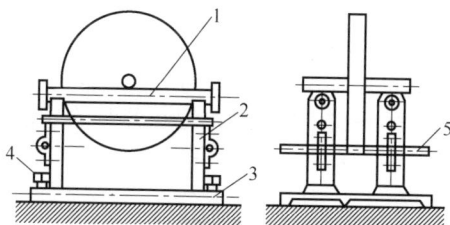

然后将装在被检验转子上的心轴水平置于两导轨上，即进行检验。平行导轨的端面有平行刀、棱柱形、梯形和圆形四种，可检验不同重量的转子。

对于平衡两端轴颈不相等的旋转零件，需要采用滚动式平衡架，如图 2-66 所示。它由两支架组成，每个支架上部装有两套滚动轴承 8，找平衡时，将转子放在滚动轴承上，并通过调节螺杆 2 使升降台 4 起落，把转子 9 调整到水平。转盘 5 可改善转子轴颈与轴表面接触情况，以减小转动阻力。弹簧 6 可在吊装转子时起缓冲作用。

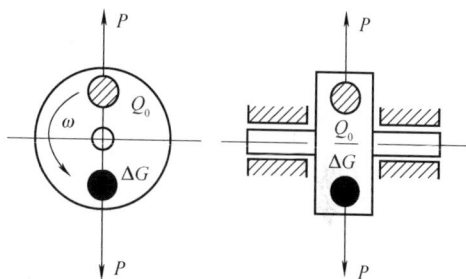

图 2-65　平衡台式静平衡检验台

1-导轨；2-支架；3-支座；4-调节螺钉；5-牵制杆

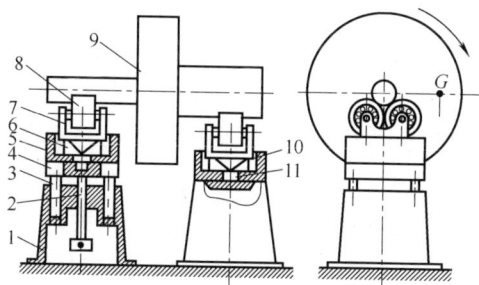

图 2-66　滚动式静平衡检验台架

1-支座；2-调节螺杆；3-导向杆；4-升降台；5-转盘；6-弹簧；
7-滚动轴承座；8-滚动轴承；9-被检转子；10-三角支架；11-转动轴

2.5.4　任务实施

如图 2-67 所示，明显不平衡转子置于导轨上，首先确定转子偏心的方向(实际上做完配

重才知道偏心位置），其次确定平衡重量。

操作步骤如下。

（1）令转子顺时针转动，待其转动静止，找到垂直线上最低点，并做标记 a，如图 2-68（a）所示。

（2）令转子逆时针转动，待其转动静止，找到垂直线上最低点，并做标记 b，此时的 a 点应在 b 的左侧，如图 2-68（b）所示。

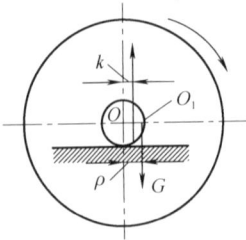

图 2-67　明显不平衡转子

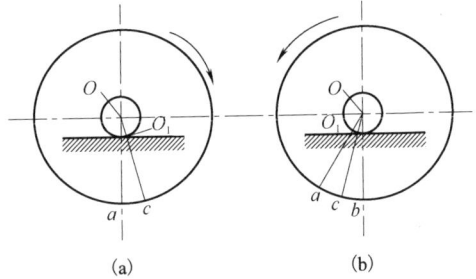

图 2-68　偏重方位的测定方法

（3）分析 $\angle aOb$，转子的重心一定在角平分线上，角平分线交 ab 圆弧段于 c 点，延长 cO 线交圆周于 d 点。目前还不知道重心 G 的位置，可以假设在 cO 线上某一点。

（4）令 c 点转到 x^+ 轴向水平上（此时 c 点有顺时针运动趋势），如图 2-68（a）所示。在 d 点上加适当的试重 Q，使转子在偏重作用下能逆时针转动很小（$3°\sim5°$）的角度，记录此时的 Q 值。

分析图 2-69（a）的受力，存在如下关系：

$$M_1 = G_\rho - QR - Gk$$

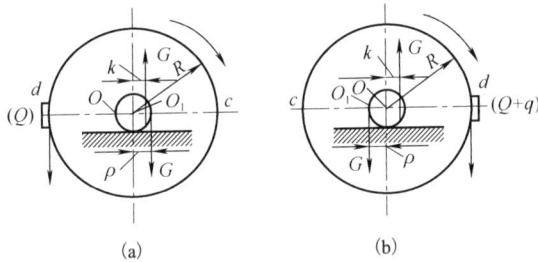

图 2-69　找明显不平衡

（5）令 c 点转到 x^- 轴向水平（此时 c 点有逆时针运动趋势），如图 2-69（b）所示。在 d 点上再加适当的试重 q，使转子在偏重作用下能顺时针转动很小（$3°\sim5°$）的角度，记录此时的 q 值。

分析图 2-69（b）的受力，存在如下关系：

$$M_2 = (Q+q)R - G_\rho - Gk$$

（6）分析以上两式，M_1、M_2 等效，即 $M_1 = M_2$，整理得

$$G_\rho = \left(Q + \frac{q}{2}\right)R$$

如果要使转子达到平稳，在平衡重 Q_0 加在转子后，必须满足下面的力矩平衡方程式：

$$Q_0 R = G_\rho$$

所以

$$Q_0 R = \left(Q + \frac{q}{2}\right)R$$

即
$$Q_0 = Q + \frac{q}{2}$$

在找平衡时，试重 Q_0 和 q 用小磁或黄泥，平衡工作完成后，把它们称一下，即可计算出 Q_0。用焊接方法焊在零件上（从 Q_0 中减去焊条的质量），或从 c 点处挖去 Q_0 重的孔。

2.5.5　知识拓展：不明显不平衡的检验与配重操作方法

如图 2-70 所示，不明显不平衡的转子可用下列方法平衡，操作步骤如下。

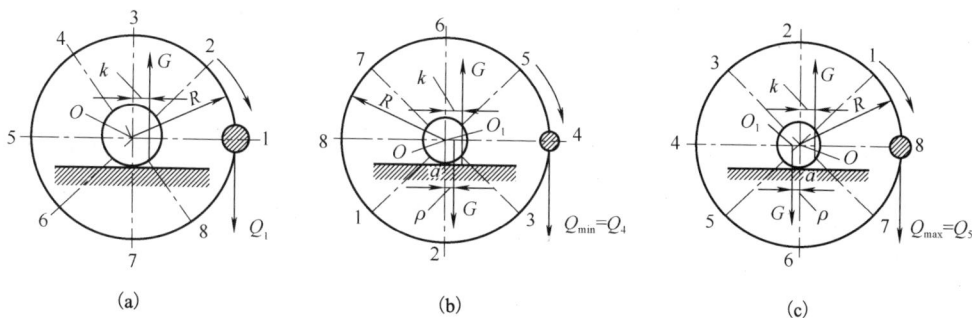

图 2-70　八点试重周移法找不明显不平衡

（1）用八点试重周移试验测定转子的偏移方位。将转子圆周分八等份，并依次编号，如图 2-70(a)所示，然后轮流让每一分点转到水平位置，并在该点加一个试重，使转子刚好顺时针转动一个小角度（3°～5°）。把各分点所加的不同试重分别记录在表 2-13 中（试重值可以为零）。

表 2-13　八点试重周移试验法记录表

分点位置	1	2	3	4	5	6	7	8
试重代号	Q_1	Q_2	Q_3	Q_4	Q_5	Q_6	Q_7	Q_8
试重/g	560	400	240	200	240	400	560	600

（2）分析表 2-15 中的数据。当中必有一个最大值 Q_{max}，也必有一个最小值 Q_{min}，则平衡配重 Q_0 为
$$Q_0 = \frac{Q_{max} - Q_{min}}{2}$$

配重重量确定后，需要在试重最大值处加上配重 Q_0，或在试重最小处挖去 Q_0 重的孔。上例中，
$$Q_0 = \frac{Q_{max} - Q_{min}}{2} = \frac{600 - 200}{2} = 200(\text{g})$$

在点 8 处加 200g 或在点 4 处挖去 200g 的孔。

教学策略

本学习情境按照行动导向教学法的教学理念实施教学过程，包括咨讯、计划、决策、执行、检查、评估六个步骤，同时贯彻手把手、放开手、育巧手、手脑并用；学中做、做中学、学会做、做学结合的职教理念。

1. 咨讯

（1）教师首先播放一段有关通用零件的故障诊断与修理的视频，使学生对通用零件的故障

诊断与修理有一个感性的认识，以提高学生的学习兴趣。

(2) 教师布置任务。

① 采用板书或电子课件展示任务 2.1 的任务内容和具体要求。

② 通过引导文问题让学生在规定时间内查阅资料，包括工具书、计算机或手机网络、电话咨询或同学讨论等多种方式，以获得问题的答案，目的是培养学生检索资料的能力。

③ 教师认真评阅学生的答案，重点和难点问题教师要加以解释。

对于任务 2.1，教师可播放与任务 2.1 有关的视频，包含任务 2.1 的整个执行过程；或教师进行示范操作，以达到手把手、学中做教会学生实际操作的目的。

对于任务 2.2，由于学生有了任务 2.1 的操作经验，教师可只播放与任务 2.2 有关的视频，不再进行示范操作，以达到放开手、做中学的教学目的。

对于任务 2.3，由于学生有了任务 2.1 和任务 2.2 的操作经验，教师既不播放视频，也不再进行示范操作，让学生独立思考，完成任务，以达到育巧手、学会做的教学目的。

对于其他任务，学生根据任务 2.3 的操作步骤完成各任务，可巩固和加深操作技能的熟练程度。

2. 计划

1) 学生分组

根据班级人数和设备的台套数，由班长或学习委员进行分组。分组可采取多种形式，如随机分组、搭配分组、团队分组等，小组一般以 4～6 人为宜，目的是培养学生的社会能力、与各类人员的交往能力，同时每个小组指定一个负责人。

2) 拟定方案

学生可以通过头脑风暴或集体讨论的方式拟定任务的实施计划，包括材料、工具的准备，具体的操作步骤等。

3. 决策

由学生和教师一起研讨，决定任务的实施方案，包括详细的过程实施步骤和检查方法。

4. 执行

学生根据实施方案按部就班地进行任务的实施。

5. 检查

学生在实施任务的过程中要不断检查操作过程和结果，以最终达到满意的操作效果。

6. 评估

学生在完成任务后，要写出整个学习过程的总结，并做 PPT 汇报。教师要制定各种评价表格，如专业能力评价表格、方法能力评价表格和社会能力评价表格，根据评价结果对学生进行点评，同时布置课下作业，作业一般选取同类知识迁移的类型。

学习情境 3　流体设备的故障诊断与修理

📖 学习目标

本情境主要介绍通风机、空压机、排水泵等设备的故障现象及分析，引出通风机、空压机、排水泵等设备的主要零部件的修理技能，通过学习和实训，掌握现场维修技能，为工作奠定一定的基础。

1. 知识目标

(1)掌握轴流式通风机、空压机、排水泵等设备常见故障现象及分析；
(2)掌握轴流式通风机、空压机、排水泵等设备的主要零部件的维修技能；
(3)掌握轴流式通风机、空压机、排水泵等设备的安全运行维护技能。

2. 技能目标

(1)能正确使用维修工具；
(2)能通过设备的故障现象，对故障进行正确的分析和判断；
(3)能确定维修方案，并对设备进行必要的维修。

3. 能力目标

(1)具有查阅图纸资料、搜集相关知识信息的能力；
(2)具有自主学习新知识、新技术和创新探索的能力；
(3)具有合理地利用与支配资源的能力；
(4)具有良好的协作工作能力。

📖 学习引导

(1)试述风机按结构不同分为哪几种类型。
(2)试述凉水塔轴流式通风机的拆装程序。
(3)试述凉水塔轴流式通风机主轴的检修内容及要求。
(4)试述离心式通风机的拆装程序。
(5)试述离心式通风机机壳检修内容及要求。
(6)试分析空压机排气量达不到设计要求的故障原因及处理办法。
(7)试分析空压机级间压力超过正常值的故障原因及处理办法。
(8)试分析空压机吸、排气时有敲击声的故障原因及处理办法。
(9)试分析空压机气缸内发出异常声音的故障原因及处理办法。
(10)试分析空压机曲轴箱振动并有异常声音的故障原因及处理办法。
(11)试述安装空压机曲轴时需注意的事项。
(12)试述空压机连杆大头和小头轴瓦的修理方法。
(13)试述空压机十字头的修理方法。
(14)试述离心式排水泵的拆卸程序。
(15)试述离心式排水泵试车前检查内容及试车步骤。
(16)试分析离心式排水泵不出水的故障原因及处理办法。

(17)试分析离心式排水泵输出压力不足的故障原因及处理办法。

(18)试分析离心式排水泵消耗功率过大的故障原因及处理办法。

📖学习任务

任务 3.1　轴流式通风机的故障诊断与修理

3.1.1　任务描述

对风机的分类、组成和性能进行概括性介绍；重点介绍轴流式通风机的主轴、传动装置、风叶组件以及减速箱等主要零部件的修理技术；对离心式通风机的机壳、叶轮及主轴等主要零部件的修理技术也进行比较详细的介绍，要求学生掌握通风机常见故障的诊断与维修技术。

3.1.2　任务分析

风机广泛应用于国民经济生产的各工业部门，在工业过程中，主要用于排气、冷却、输送、鼓气等操作单元，相对于其他机电设备来说，风机的结构比较简单，故障诊断维修也比较容易。

3.1.3　知识准备

1. 通风机的类型

风机按结构分类如图 3-1 所示。

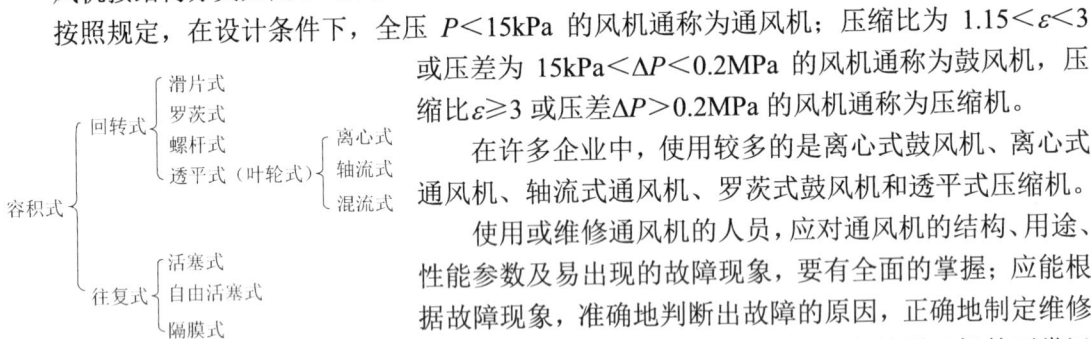

按照规定，在设计条件下，全压 $P<15kPa$ 的风机通称为通风机；压缩比为 $1.15<\varepsilon<3$ 或压差为 $15kPa<\Delta P<0.2MPa$ 的风机通称为鼓风机，压缩比 $\varepsilon\geq3$ 或压差 $\Delta P>0.2MPa$ 的风机通称为压缩机。

在许多企业中，使用较多的是离心式鼓风机、离心式通风机、轴流式通风机、罗茨式鼓风机和透平式压缩机。

使用或维修通风机的人员，应对通风机的结构、用途、性能参数及易出现的故障现象，要有全面的掌握；应能根据故障现象，准确地判断出故障的原因，正确地制定维修方案；应及时地对故障进行排除，以保持通风机的正常运转，维持生产的正常进行。

图 3-1　风机按结构分类

2. 风机的组成

不管是哪种形式的风机，均由机壳、转子、定子、轴承、密封、润滑冷却装置等组成。转子上包括主轴、叶轮、联轴器、轴套、平衡盘。定子上包括隔板、密封、进气室；隔板由扩压器、流道、回流器组成。有的在风机的叶轮入口前设有气体导流装置。

3. 风机的形式

1)离心式通风机

根据使用要求，离心式通风机有各种不同的结构形式。离心式通风机外形如图 3-2 所示。

(1)旋转方向不同的结构形式。离心式通风机可以做成右旋或左旋两种；从电动机一端正视，叶轮旋转为顺时针方向的称为右旋，用"右"表示，反之，则为左旋，用"左"表示。

（2）进气方向不同的结构形式。离心式通风机的进气方式有单侧进气（单吸）和双侧进气（双吸）两种。单吸通风机又分单侧单级叶轮和单侧双级叶轮两种。在同样情况下，双级叶轮产生的风压是单级叶轮的两倍。

（3）传动方式不同的结构形式。根据使用情况的不同，离心式通风机的传动方式有多种。如果风机转速与电机转速相同，大型风机可以用联轴器将风机和电机直联传动，小型风机可将叶轮直接装在电机轴上；如果转速不同，则可采用带轮变速传动。另外还有其他多种传动方式。

2）轴流式通风机

轴流式通风机按结构形式可分为简式、简易筒式和风扇式轴流通风机；按轴的配置方向又可分为立式和卧式轴流通风机。

目前，我国的轴流式通风机根据压力高低分为低压和高压两大类。低压轴流通风机全压小于或等于 490Pa；高压轴流通风机全压大于 490Pa 而小于 4900Pa。轴流式通风机外形如图 3-3 所示。

图 3-2　离心式通风机外形图　　　　图 3-3　轴流式通风机外形图

轴流式通风机按用途不同又可分为一般轴流通风机、矿井轴流通风机、冷却轴流通风机、锅炉轴流通风机、隧道轴流通风机、纺织轴流通风机、化工气体排送轴流通风机、矿井局部轴流通风机、降温凉风用轴流通风机和其他用途的轴流通风机。

3）罗茨式鼓风机

根据使用要求，罗茨式鼓风机有各种不同的结构形式。

（1）按结构形式分。

① L 式（立式）：鼓风机两转子中心线在同一垂直面内，气流为水平流向，进、出风口分别在鼓风机的两侧。

② W 式（卧式）：鼓风机两转子中心线在同一水平面内，气流为垂直流向，进风口在机壳下部的一侧。出风口在风机顶部或者相反。卧式结构的进、排气方向，若从强度考虑，以上进下排为好。

根据需要，罗茨式鼓风机既可按顺时针也可按逆时针方向旋转。

（2）按冷却方式分。

① 风冷式：当出口压力小于 49.0kPa（5000mmH$_2$O）时采用风冷结构，风冷式鼓风机运行中的热量采用自然空气冷却的方式。为增大散热面积，机壳表面制成翅片式的结构。

② 水冷式：当出口压力大于或等于 49.0kPa（5000mmH$_2$O）时采用水冷结构，水冷式鼓风

机机壳的热量用冷却水强制冷却，在机壳表面制成夹套层，使冷却水在夹套中循环。

(3)按连接方式分。罗茨式鼓风机采用联轴器与电动机连接，即直接驱动，也可采用带轮驱动，但因带轮传动效率不高，且轴承容易损坏，一般较少采用。

3.1.4　任务实施

现以凉水塔所使用的轴流式通风机的故障诊断与修理为例，对轴流式通风机的主要部位的维修技术进行阐述。

1. 拆装程序

(1)拆除联轴器，使电机、传动轴齿轮箱分离，同时拆除外围影响检修的螺栓等。

(2)拆除传动轴支架，吊下电机，并取出传动轴。

(3)拆除风筒的上部拉筋，整体吊出齿轮箱及风叶组件。

(4)组装程序与上述程序相反。

2. 检修技术

1)主轴的检修

主轴是轴流式通风机的关键部件，必须进行全面检测和检查。

(1)检查主轴的表面应光滑，无划伤、划痕、腐蚀、弯曲等缺陷。

(2)检查主轴颈，其圆度和圆柱度公差应不大于 0.03mm。

(3)主轴轴心线的直线度公差应不大于 0.05mm/m；弯曲度过大，应进行矫正或换轴。

(4)检查主轴键连接部分，配合后不能有松动现象，以防造成滚键事故。

(5) 主轴安装后，窜动量应在 0.06～0.08mm。

2)传动装置的检修

(1)齿轮箱在径向、轴向内的水平平面误差应不大 0.10mm/m。

(2)齿轮箱轴与电机轴的同轴度公差应不大于 0.10mm。

(3)传动主轴法兰面与半联轴器端面平行度公差应不大于 0.12mm。

3)风叶组件的检修

(1)风叶组件形式如图 3-4 所示，检查叶片角度，并调整校正，紧固各部螺栓。

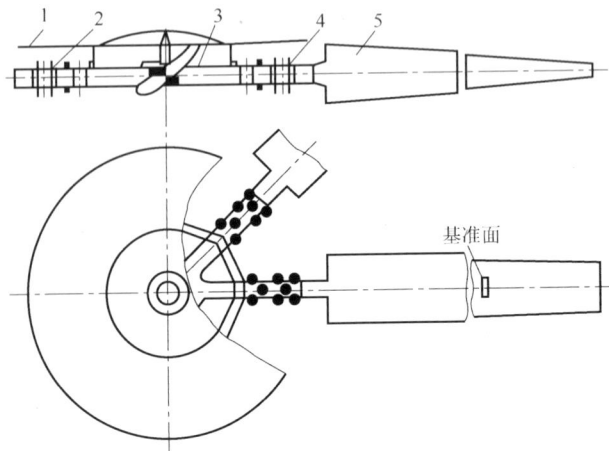

图 3-4　风叶组件形式图

1-轮毂；2-弹簧；3-球面支承及座；4-弹簧；5-叶片

(2)拆下各叶片、轮毂进行检查，应无裂纹、腐蚀、锈蚀、变形等缺陷并进行无损探伤。

(3)每相邻风机风叶的倾角允差不大于 0.5°。

(4)凉水塔风机风叶的技术要求如表 3-1 所示。

表 3-1　凉水塔风机风叶的技术要求

叶轮直径 /mm	轮毂径向 跳动/mm	轮毂端面 跳动/mm	叶轮外缘径向 跳动/mm	叶轮缘端面 跳动/mm	叶片安装角度 允差/(°)	叶片尖与风筒 间隙/mm
≤600	≤1.0	≤1.0	≤1.0	≤2.0	±1	1～2
600～800	≤1.5	≤1.5	≤1.5	≤3.0	±1	1～3
800～1200	≤2.0	≤2.0	≤2.0	≤4.0	±1	1.5～4.0
1200～2000	≤3.0	≤3.0	≤3.0	≤5.0	±1	2～6
2000～3000	≤4.0	≤4.0	≤4.0	≤6.0	±1	3～8
3000～5000	≤5.0	≤5.0	≤5.0	≤10	±1	4～12
5000～8000	≤6.0	≤6.0	≤6.0	≤15	±1	5～16
>8000	≤8.0	≤8.0	≤8.0	≤20	±1	6～20

(5)叶片组装后进行叶轮的静平衡试验，叶轮直径较大，一般在工厂检修车间内的导轨上进行平衡，如图 3-5 所示。

① 将平衡装置放在水平台上，用水平仪找出水平。

② 球面支承座固定在轮毂轴上。

③ 风叶组件平稳放在平衡装置上。

④ 用水平仪可读出偏重的刻度。

⑤ 逐试配重，达到完全平衡为止，并将配置牢固固定在轮毂上。

⑥ 配重件固定后再次校验风叶组件的最终平衡状态。

传动轴的平衡可在平衡试验机上进行，也可在现场进行。

(6)叶片检查后应及时进行回装，回装时，关键是调整叶片角度，一般调整的方法步骤如图 3-6 所示。

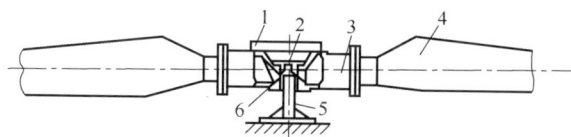

图 3-5　凉水塔风机叶轮静平衡试验

1-水平仪；2-球面支承及座；3-轮毂；4-叶片；5-平面装置；6-平衡垫片

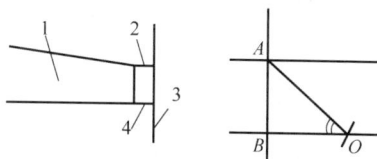

图 3-6　凉水塔风机叶片角度的测量

1-叶片；2、4-记号笔；3-风筒

① 将记号笔固定在叶片的端部。

② 转动叶轮，使叶片在风筒上划两条基准线。

③ 作两条基准线的垂直线，交于 A、B 两点，以 A 点为圆心，叶片端弦长为半径画圆，交另一基准线于 O 点。

④ 测量 $\angle AOB$ 的角度，则可作为风机叶片的组装角。

4)轴承的检修

不管是滑动轴承还是滚动轴承，必须无裂纹，表面应光滑无缺陷，内表面、内外圈转动灵活，轴承架无变形等。

5)减速箱的检修

(1)箱体应无裂纹、无渗油现象,每次检修应清洗干净。

(2)箱体上下盖应刮研干净,纵横两方向的水平度公差均不大于 0.1mm。

(3)减速箱齿轮表面不应有划伤、毛刺、裂纹,啮合工作面无啃咬现象,用红丹油检测齿面接触,沿齿宽方向不少于 60%,沿齿高方向不少于 50%。

(4)对蜗杆蜗轮传动的减速箱,蜗杆轴心的直线度允差为 0.002mm/m,齿面粗糙度不应超过 $Ra3.2$,蜗轮蜗杆的齿顶间隙为 $(0.2\sim0.3)m$(m 为法向模数),齿侧间隙为 0.2mm。

(5)对于圆柱斜齿轮,啮合间隙为 0.26mm,啮合顶隙为 1.2～1.8mm。

(6)对圆锥齿轮,啮合间隙为 0.17mm,啮合顶隙为 1.8～2.7mm。

6)联轴器的检修

(1)对于弹性柱销联轴器应检查更换弹性圈。

(2)对于调心滚珠弹性联轴器,应检查和更换弹性圈及滚珠。

(3)对于万向联轴器,应检查万向节有无裂纹、扭曲、变形等缺陷。

7)对中找正

随着对中找正技术的智能化,可使用激光找正仪实施对加长轴的对中找正。它的一般实施步骤和方法如图 3-7 所示。

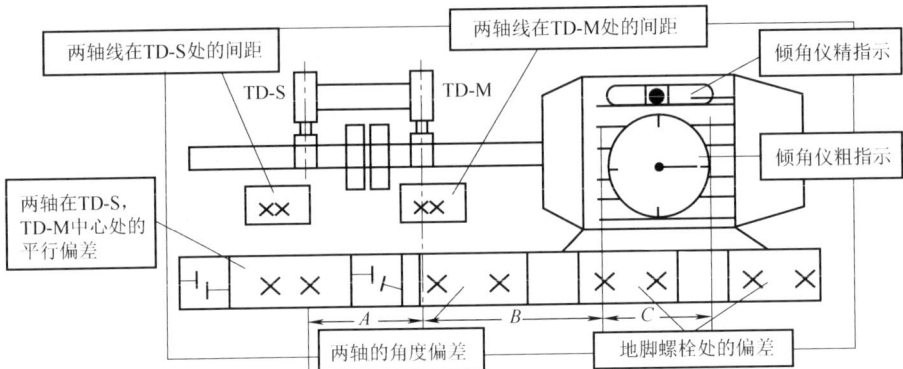

图 3-7　对中找正仪

(1)将 TD-S 安装在基准轴上,将 TD-M 安装在调整轴上,测量 A、B、C 之间的距离并输入找正仪中,作为计算的已知量。

(2)根据 TD-M 中的倾角指示,将轴旋转置于 TD-S、TD-M 两单元的 9:00 位置上,手动调节激光发射器,使激光束射进安装在对面单元的激光传感器中央,按下水平标记键,找正仪则显示为"0",开始测量工作。

(3)在 TD-S 中水准仪和水准泡的指示下,再将两轴旋转到 3:00 位置,即得到 TD-S 激光束在 TD-M 传感器上的位移和 TD-M 激光束在 TD-S 传感器上的位移。

(4)按下水平标记键,找正仪就会根据已输入的 A、B、C 之间的距离及步骤(3)中得到的数据迅速计算出:

① 两轴的空间偏差是上开口还是下开口等角度差。

② 平轴平行的偏差。

③ 底座须加垫、减垫的偏差。

　　(5)根据 TD-M 倾角仪指示，将两轴旋转到 12:00 位置上，按下垂直键，内置计算机就会计算出垂直方向的对中位置。

　　风机传动轴和电机轴的对中找正，也可用传统的办法进行。其方法步骤如下。

　　(1)用 V 形架(图 3-8)支承传动轴，并将其就位。

　　(2)检查测量传动轴和减速器输入轴，中心线平行后，再把两轴对中，以此为基准线找正电机。

　　(3)对传动轴较短的风机可直接用水平仪对中找正。

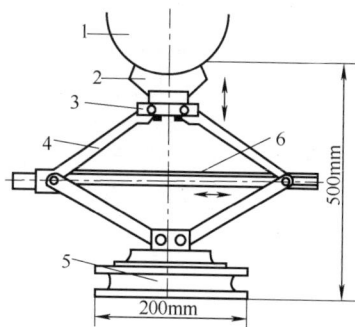

图 3-8　传动轴找正专用工具(V 形架)

1-传动轴；2-支托；3-铰销；4-调节架；5-底座；6-调节螺杆

3.1.5　知识拓展：离心式通风机的检修技术

1. 拆装程序

(1)拆除与通风机连接的部件、管道和其他部件。

(2)拆除风机的护罩和电气、仪表接线。

(3)拆除集流器。

(4)拆除轴承座上半压盖。

(5)拆下联轴器或带轮。

(6)吊出叶轮放在支承上。

(7)取下轴瓦。

(8)组装程序与上述程序相反。

2. 检修技术

1)机壳

(1)铸造式机壳应无裂纹、气孔，焊接机壳不应有开焊、变形等缺陷。

(2)机壳上、下结合面应贴合紧密，两端平行度公差不大于 3mm。

(3)机壳内表面应平整、光滑、无毛刺。

2)叶轮

(1)清洗和检查叶轮，应无裂纹、磨损、腐蚀等缺陷。

(2)叶轮应进行无损探伤。

(3)叶轮铆钉应无松动、变形、缺帽等现象。

(4)叶轮侧板平面度、圆度应符合技术要求。

(5)叶片应均布、无变形、无扭曲。

(6)叶轮组装好应进行低速度平衡试验，转速为 1500r/min 以下的质量偏差应不大于 10g，转速为 1500～300r/min 的质量偏差应不大于 5g。

3)主轴

(1)主轴不应有裂纹、凹痕，轴颈表面粗糙度应不超过 $Ra0.8～Ra1.6$。

(2)主轴直线度公差如表 3-2 所示。

表 3-2　主轴直线度公差

转速/(r/min)	公差/mm	转速/(r/min)	公差/mm
<500	0.07	1500~3000	0.03
500~1500	0.05		

(3)主轴、叶轮等传动部件组装应进行静平衡试验,转速较高者须做动平衡试验。技术要求如表 3-3 所示。

表 3-3　转子组装后技术要求

名称	部位	数值/mm	名称	部位	数值/mm
径向跳动公差	叶轮外缘	≤$0.7D^{1/2}$	侧间隙允差	机壳与叶轮	8~12
	联轴器外缘	≤0.05	顶间隙允差	机壳与叶轮	≤15
	主轴轴颈	≤0.01	间隙允差	机壳与主轴	1~2
端面跳动公差	叶轮外缘两侧	≤$0.1D^{1/2}$	倾斜度允差	机壳与机座	≤0.05
	联轴器外缘端面	≤0.05			

注:D 为叶轮外径,单位为 mm。

4)轴承

(1)对安装滑动轴承的应检查内衬巴氏合金,不应有裂纹、砂眼、脱壳、脱落等缺陷。

(2)滑动轴承轴瓦与轴颈的接合角度应为 60°~90°,用红丹研磨每平方厘米不少于 3 个点。

(3)轴瓦瓦背应与轴承座均匀贴合,上瓦、下瓦和上瓦座、下瓦座的接触面积不少于 40%~50%。

(4)轴瓦最大间隙的要求如表 3-4 所示。

(5)滚动轴承内外圈应转动灵活,支撑架无裂纹、无变形、无倾斜,滚珠完好。

表 3-4　轴瓦最大间隙

轴颈/mm	间隙/mm	轴颈/mm	间隙/mm
50~80	0.10~0.18	120~180	0.23~0.34
80~120	0.15~0.25	180~250	0.34~0.40

5)联轴器

(1)一般采用柱销弹性圈联轴器。

(2)弹性圈和柱销配合应无间隙,弹性圈外径与孔配合应有 0.4~0.6mm 间隙。

(3)带胶圈的半边联轴器应装于从动轴。

6)密封

离心式通风机的轴封一般采用毛毡密封,但也有用迷宫式密封的,一般密封与机壳的配合为间隙配合。对于胀圈密封的胀圈应能沉入密封槽内,其侧向间隙应在 0.05~0.08mm,其内表面与槽底应有 0.20~0.30mm。

任务 3.2　空压机的故障诊断与修理

3.2.1　任务描述

空气压缩机简称压缩机或空压机,是用来提高气体压力和输送气体的机械设备。从能量的观点来看，压缩机属于将电动机的动力能转变为气体压力能的机器。随着科学技术的发展，压力能的应用日益广泛，使得压缩机在国民经济建设的许多部门中成为必不可少的关键设备之一。压缩机在运转过程中，难免会出现出现一些故障，甚至事故。故障是指压缩机在运行中出现的影响排气的不正常情况，一经排除，压缩机就能恢复正常工作；而事故则是指出现了破坏性情况，如果不进行修复，压缩机就不能正常工作。两者是关联的，如果发现故障不及时排除，有可能会造成重大事故。因此，掌握空压机常见故障及修理具有重要意义。

3.2.2　任务分析

空压机是由各零部件组成的统一的整体，在故障诊断与修理时，如果有一个零件不符合质量要求，则会造成某一部分的返工，或造成一部分零件的事故磨损。故障诊断与修理工作的好坏，还直接影响空压机运转的平稳性和可靠性。在故障诊断与修理工作的过程中，对于故障的原因要作出正确的判断，确定合理的维修方案，对各零件的配合都要认真对待，发现问题应立即进行消除。

3.2.3　知识准备

往复活塞式压缩机结构如图 3-9 所示。空压机发生故障的原因常常是复杂的，因此必须经过细心的观察研究，甚至要经过多方面的试验，并依靠丰富的实践经验，才能判断出产生故障的真正原因。空压机运转中常见故障和消除方法见表 3-5。

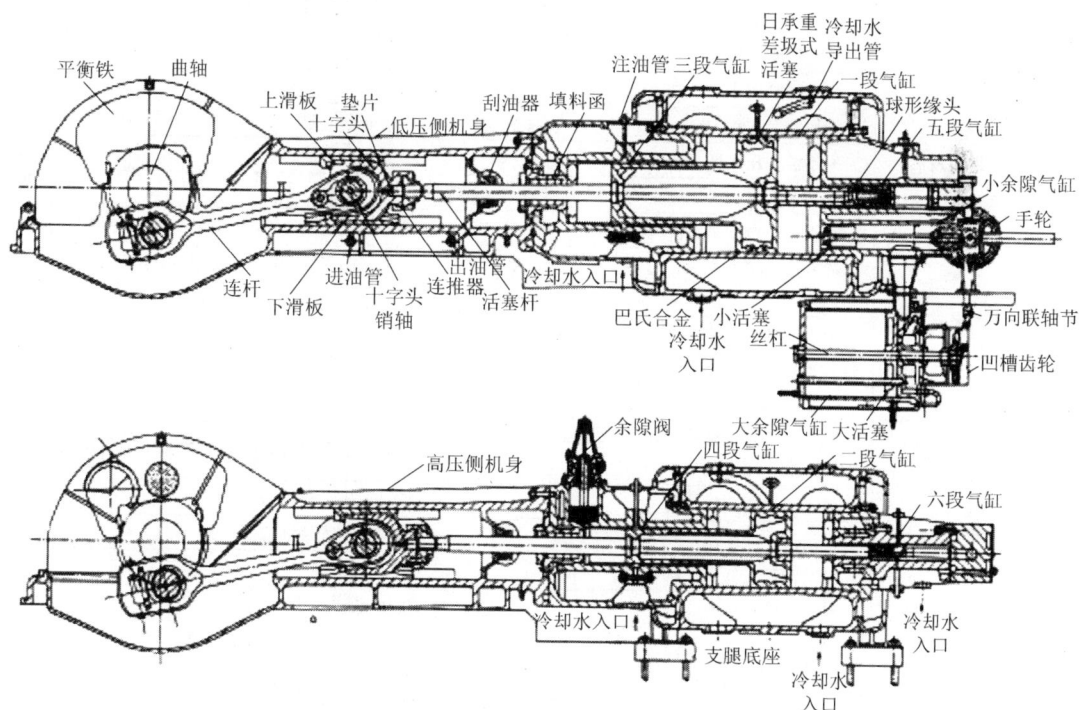

图 3-9　某往复活塞式压缩机结构图

表 3-5　空压机运转中的故障及处理

序号	发现的问题	故障原因	处理方法
1	排气量达不到设计的要求	气阀泄漏，特别是低压级气阀泄漏	检查低压级气阀，并采取相应措施
		活塞杆与填料函处泄漏	先拧紧填料函盖螺栓，待泄漏时则修理或更换
		气缸余隙过大，特别是一级气缸余隙大	调节气缸余隙容积
		一级进口阀门未开足	开足一级进口阀门，注意压力表读数
		活塞环漏气严重	检查活塞环
2	功率消耗超过设计规定	气阀阻力大	检查气阀弹簧力是否恰当，通道面积是否足够大
		吸气压力过低	检查管道和冷却器，若阻力太大，应采取相应措施
		排气压力过高	降低系统压力
3	级间压力超过正常压力	后一级的吸、排气阀泄漏	检查气阀，更换损坏元件
		第一级吸入压力过高	检查并消除
		前一级冷却器的冷却能力不足	检查冷却器
		后一级活塞环泄漏引起排出量不足	更换活塞环
		到后一级间的管路阻力增大	检查管路使之畅通
4	级间压力低于正常压力	第一级吸、排气阀不良，引起排气不足	检查气阀，更换损坏元件
		第一级活塞环泄漏过大	检查活塞环，予以更换
		前一级排出后，或后一级吸入前的机外泄漏	检查泄漏处，并消除泄漏
		吸入管道阻力太大	检查管路，使之畅通
5	吸、排气时有敲击声	气阀阀片切断	更换新阀片
		气阀弹簧松软	更换合适的弹簧
		气阀松动	检查拧紧螺栓
6	飞轮有敲击声	配合不正确	适当进行调整
		连接键配合松弛	注意使键的两侧紧密地贴合在键槽上
7	十字头滑履发热	配合间隙过小	调整间隙
		滑履接触不均匀	重新研刮滑履
		润滑油油压太低或断油	检查油泵、油路情况
		润滑油太脏	更换润滑油
8	气缸发热	润滑油质量低劣或供应中断	选择适当的润滑油，注意润滑油供油情况
		冷却水供应不充分，或在气缸过热后进行强烈的冷却引起气缸急剧收缩，因而使活塞咬住	适当地供应冷却水，禁止对过热的气缸进行强烈的冷却
		曲轴连杆机构偏斜，使个别活塞摩擦不正常，过分发热而咬住	调整曲轴-连杆机构的同心性
		气缸与活塞的装配间隙过小	调整装配间隙
9	轴承发热	轴瓦与轴颈贴合不均匀，或接触面小，单位面积上的比压过大	用着色法刮研，或改善单位面积上的比压
		轴承偏斜或曲轴弯曲	检查原因，设法消除
		润滑油少或断油	检查油泵或输油管
		润滑油质量低劣、肮脏	更换润滑油
		轴瓦间隙过小	调整其配合间隙
10	吸、排气阀发热	阀座、阀片密封不严，形成漏气	分别检查吸、排气阀，若吸气盖发热，则吸气阀故障，不然故障可能在排气阀
		阀座与阀孔接触不严，形成漏气	研刮接触面或更新垫片
		吸、排气阀弹簧刚性差	检查刚性，调整或更换适当的弹簧
		吸、排气阀弹簧折损	更换折损的弹簧
		气缸冷却不良	检查冷却水流量及流道，清理流道或加大水流量

续表

序号	发现的问题	故障原因	处理方法
11	气缸内发出异常声音	气缸余隙过小	适当加大余隙容积
		油太多或气体含水分多，造成水击	适当减少润滑油，提高油水分离效率
		异物掉入气缸内	清除异物
		缸套松动或断裂	消除松动或更换
		活塞杆螺母松动，或活塞杆弯曲	紧固螺母，或校正、更换活塞杆
		支撑不良	调节支撑
		曲轴-连杆机构与气缸的中心线不一致	检查并调整同心度
12	曲轴箱振动并有异常声音	连杆螺栓、轴承盖螺栓、十字头螺母松动或断裂	紧固或更换损坏件
		主轴承、连杆大小头轴瓦、十字头滑道等间隙过大	检查并调整间隙
		各轴瓦与轴承座接触不良，有间隙	刮研轴瓦瓦背
		曲轴与联轴器配合松动	检查并采取相应措施
13	活塞杆过热	活塞杆与填料函配合间隙不合适	调整配合间隙
		活塞杆与填料函装配时产生偏斜	重新进行装配
		活塞杆与填料函的润滑油脏或供应不足	更换润滑油或调整供油量
		填料函的回气管不通	疏通回气管
		填料的材质不符合要求	更换合格材料
		活塞杆与填料之间有异物，将活塞杆拉毛	清除异物，研磨或更换活塞杆
14	循环油油压降低	油压表故障	更换或修理油压表
		油管破裂	更换或焊补油管
		油安全阀故障	修理或更换安全阀
		油泵间隙大	检查并进行修理
		油箱量不足	增加润滑油量
		油过滤器阻塞	清洗或更换过滤器
		油冷却器阻塞	清洗油冷却器
		润滑油黏度下降	更换新的润滑油
		管路系统连接处漏油	紧固泄漏处
		油泵或油系统内有空气	排出空气
		吸油阀有故障或吸油管堵塞	修理故障阀门，清理堵塞的管路
15	注油泵及系统故障	注油泵磨损	修理或更换
		注油管路堵塞	疏通油管
		止回阀漏、倒气	修理或更换
		注油泵或油管内有空气	排出空气
16	管道发生不正常的振动	管卡太松或断裂	紧固或更换管卡，应考虑管子热胀间隙
		支撑刚性不够	加固支撑
		气流脉动引起管路共振	用预流孔改变其共振面
		配管架子振动大	加固配管架子

3.2.4　任务实施

1. 曲轴的故障修理

曲轴受到活塞力、往复惯性力、曲轴旋转惯性力等的作用，使之发生横向、轴向、切向的变形，所受力通过轴承传到机体上。

曲轴在运转中的故障，只有极少数是因制造质量问题引起的，大多则是由安装、检修不佳所致。

1) 曲轴的拆卸、清理、检查、修理

(1) 曲轴的拆卸。曲轴拆卸前必须移开电机定子和拆移转子，否则不能起吊。皮带传动的压缩机与联轴器传动的压缩机除外。

① 电机定子拆除。拆除定子防护罩及定子支座的地脚螺栓和稳钉，松开定子底座的顶丝。用钢管穿过定子支座的圆孔，把钢丝绳两头分别套在钢管两端，吊起定子的一个支座。起吊时总起升高度不得超过定子与转子的间隙。定子离开底座后，抽出支座垫片，换上 ϕ5mm 的圆钢棒或光焊条，使棒和轴垂直，作为定子平移滚动用。放下吊钩，用同样的方法在另一个支座下换上圆钢棒。然后在高压侧挂两个倒链，分别钩在两个支座上平移定子。在移动时，应注意转子与定子不能相碰，圆钢棒不能脱落。

② 电机转子拆移。定子移开后，盘车使转子上、下两部分的分界线处于水平位置，用两个 20 工字钢制的横梁或 8 根枕木(每两根叠在一起)，分别穿过下半部转子的轮辐，架在两边的基础上。用钢丝绳扣挂在转子的上半部，吊住转子，再用气焊迅速把 8 个固定环烤热取下，然后拆卸连接上、下两部分转子的螺栓，同时隔断电机线圈连接导线，这时可吊出上半个转子。

③ 曲轴拆卸。用钢丝绳环绕主轴一周，一端扣在靠高压侧转子旁边的曲轴上，另一端挂在天车大钩上。为了便于拆卸，并弥补起吊时起重钩的作用线与曲轴中心的偏差，以及曲轴的窜动，需把高压侧拐臂上的平衡铁拆掉。在天车大梁上挂一个 5 号倒链，吊住低压侧拐轴(起吊时需用麻袋等包扎物把拐垫好，以免擦伤曲柄销)，以调节曲轴平衡。然后起吊，使曲轴向上及向低压侧移动吊出。

主轴在大修时一般不拆卸，只在特殊情况下，如机座找正、主轴光刀或更换时才进行。

(2) 曲轴的清理及检查。

① 测量曲轴的摆动差。主轴的摆动差是曲轴在瓦内旋转 360° 时的摆动数值之差。把磁性千分表架放在曲轴主轴承座的平面上，触针顶在主轴颈上方位置，盘车使曲柄销停在某一位置时，调节千分表，使指针指在零。然后盘车，盘转 90° 记下千分表读数，要求主轴摆动差在 0.05mm 以内。

② 测量曲轴的主轴颈水平。用高精密度水平仪测量。曲轴旋转 360°，每转 90° 测量一次，每次测轴颈两端的两个点。为防止水平仪有误差，测量时必须把水平仪转180°，反复测量两次，取平均值。

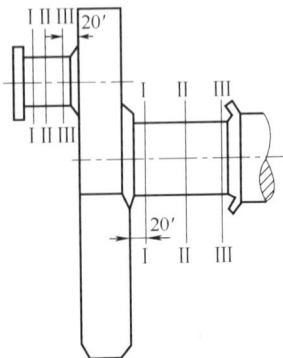

图 3-10　主轴颈、曲柄销测量点位置

③ 测量曲轴在轴承座孔内的位置。用内径千分尺在主轴中心的水平位置测量主轴与两侧轴承座孔的三条筋的距离。每一对数值应该相等。测量的目的，一方面是在修换低瓦时作为参考，另一方面是检查曲轴有无歪斜情况。

④ 检查测量主轴颈与曲柄销表面粗糙度、圆度和圆柱度。圆度和圆柱度公差都要求小于 0.05mm，表面粗糙度不能满足要求的，应该用油石磨光。

主轴颈与曲柄销必须进行超声波探伤，检查有无缺陷，以及缺陷发展情况，尤其是在主轴颈与拐臂连接的根部。图 3-10 为测量主轴颈与曲柄销圆度和圆柱度的位置。

当主轴颈与曲柄销的圆度、圆柱度公差大于或接近表 3-6 规定的最大值时应进行修圆。

表 3-6　主轴颈与曲柄销的圆度、圆柱度公差

直径/mm	主轴颈/mm	曲柄销/mm
500～600	0.06(0.30)	0.07(0.30)
360～500	0.05(0.25)	0.06(0.25)
260～360	0.04(0.20)	0.05(0.20)
180～260	0.03(0.15)	0.04(0.15)

注：括号中为最大公差值，括号外为标准公差值。

2) 曲轴的修理

（1）曲轴颈部"咬毛"、轻微疤痕的修复。主轴颈和曲柄销一般就地修复。用 00 号砂布或金相砂纸在销颈上绕一周，拉住砂布两端做往复运动。有时把宽度与轴颈长度相等的砂布用皮带或绳包住绕在轴颈上，拉动皮带或麻绳频频旋转，直至疤痕、疵痕等消除后，再用布面按同样的方法拉动，可改善表面粗糙度。有沟纹的地方用油石修光。

（2）磨损曲轴的修复。

①　曲轴销与主轴颈磨损后的圆度或圆柱度公差值不大于表 3-6 中有关规定的最大公差时，可用油石、手锉或抛光用的木夹具中间夹细砂布进行研磨修正。

②　圆度或圆柱度公差大于表 3-6 中规定的最大公差时，用车床或磨床等机床光磨成统一尺寸。在车削或光磨轴颈时，必须严格保持圆角半径。

③　光磨后，可在木夹具内衬以 00 号砂布或细磨膏把轴颈进一步抛光。

④　圆角上的擦伤用手工修整或机械加工方法消除。

⑤　凹陷的圆角或轴肩最好用焊补的方法进行修复。

（3）手工修复。手工修复时，必须先做胎具锉研，步骤如下。

①　将轴颈圆柱分成 8 等份，沿轴颈长度分三处。

②　按等份及各截面测量轴颈尺寸。

③　按测得的十几个直径数值，计算应锉削量。

④　在最外端的截面锉出标准直径，再沿整个轴颈进行。修理时用千分尺、平尺校对，直至合格。

⑤　锉研自制胎具由铸铁材料制成，取其 1/3 圆弧(此内径尺寸比修理的轴颈尺寸要精确)进行修复。

⑥　轴颈磨损较大或已经几次修磨、轴颈尺寸已达到极限值时，可采用电喷镀，使轴颈表面形成金属喷镀层。为使金属喷镀层厚薄均匀，喷镀前应将轴颈按其圆柱度公差精车，喷镀层的半径厚度在 0.5～1.2mm 为宜，过厚或过薄易引起脱层或强度不够。喷镀后的轴颈需经机械加工恢复到原来尺寸。

车削、研磨后的轴颈减小量应不大于原来轴颈的 5%。

（4）曲轴裂纹的修理。轴颈上有轻微的轴向裂纹时，若修磨后能消除，则可继续使用。径向裂纹一般不加修理，因为在使用过程中受应力作用裂纹会逐渐扩大，甚至发生严重的折断事故。

（5）曲轴弯曲和扭转变形的校正。

①　弯曲变形较大的曲轴，可采用热压法校正。把曲轴放在 V 形铁上，先用氧乙炔或喷灯

对弯曲的凸面进行局部加热，温度控制在 500～550℃，即呈暗红色。然后对弯曲凸面施加机械压力。在加压过程中，继续对曲轴弯曲部位进行缓慢加热，加热应均匀。用热压法校正曲轴的弯曲，一般需要重复多次，直至稍有相反方向的弯曲。

② 曲轴的弯曲和扭转变形较小时，用车削和研磨方法消除。车削和研磨后的轴颈减少量应不大于原来轴颈的 5%，同时还必须相应地更换轴瓦。对较大的弯曲变形，校直时的反向压弯量以不大于原弯曲量的 1.5 倍为宜，还应使校直后的曲轴具有微量的反向弯曲。校直时应根据变形的方向和程度，用小锤或其他风动工具沿曲轴进行"冷作"，以消除集中的塑性变形。

③ 弯曲变形的第二种校正方法如图 3-11 所示。曲轴的弯曲和扭转变形可借助千分表来发现。将千分表安置在轴颈上，而轴颈分成 4 等份或更多的等份，缓慢地转动曲轴，分别测量出读数，做好记录。

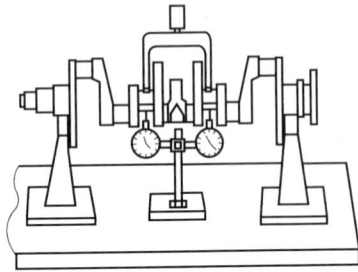

图 3-11　弯曲变形的千分表校正法

将曲轴架在平台上的 V 形铁架上，在中间一道曲轴轴颈或曲轴拐轴颈拟加压部位的下面立好千分表(最好将千分表触点立在加压轴颈的径向端部，这个部位的磨损量较小，数字较准)。然后分段缓慢地增加压力，最后一次压下量不能过大，以避免曲轴发生弹性变形。另外，曲轴校直时的反向压弯量要比原弯曲量大一些，以不超过原弯曲量的 1.5 倍为宜，这样使校直后的曲轴具有微量的反向弯曲。

(6) 擦伤或刮痕的修理。曲轴轴颈出现深达 0.1mm 的擦伤或刮痕，若用研磨的方法不能消除，则必须予以车削和光磨。

(7) 曲轴现场更换。在个别情况下，若在制造和安装方面有特殊要求，也可把曲轴分成若干部分分别制造，然后用热压法校正，再通过法兰、键、销等永久或可拆的零件连接组装成一个整体。

(8) 曲柄安装注意事项。从打开加热炉门到曲柄安装在主轴上，顺利时可在 20min 或更短的时间内完成。但在曲柄冷缩到主轴温度之前，应有专人定时观察冷却情况，尤其当主轴与曲柄温差在 150℃ 左右时要进一步检查主轴和曲柄的相对位置，一旦发现问题应立刻采取纠正措施。

曲柄在受热后，不仅孔径增大，而且长、宽、厚等尺寸均有胀大，所以在安装前主轴端要留有足够的尺寸，以防止曲柄安装不到位。

在固定曲柄时，不允许有限制曲柄自由收缩的约束力。

安装环境风力过大且保温不好时，会使曲柄各部分在冷却过程中产生较大的温差。因此，在环境较差时，宜采用一定的保温和防风措施。

2. 连杆的故障修理

1) 连杆的常见故障

连杆组合如图 3-12 所示。

(1) 材质的化学成分不对、力学性能不符合要求；锻件未经正火处理，正火后未进行回火处理，有白点、裂纹等。

(2) 加工不良，常见的如杆身表面粗糙度不好、有粗的尖沟状刀痕、杆身与头部的圆角过渡面不符合要求等。

(3) 装配时，曲轴中心线与机身滑道中心线不垂直，连杆歪斜，使轴承歪偏磨损；轴瓦间隙不当，引起烧瓦、抱轴、严重敲击、连杆损坏等。

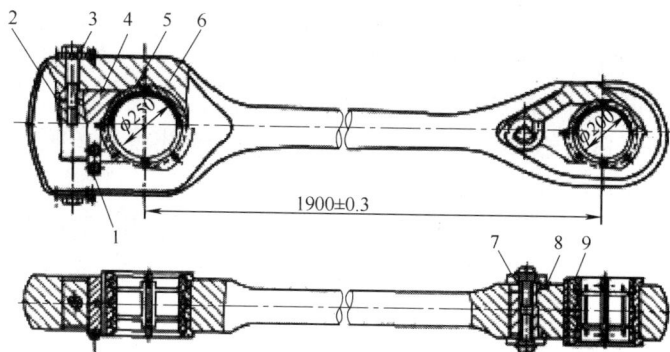

图 3-12 连杆组合图

1-挡板；2、7-斜铁；3-带齿拉紧螺栓；4、8-斜瓦座；5-轴瓦；6-连杆；9-十字头小轴瓦

(4)润滑油量少、油压低、温度高、污物堵塞油路，引起轴承烧熔，甚至连杆损坏等。

(5)机身、气缸、连杆螺栓断裂，以及液击引起连杆损坏等。

2)连杆的检查

(1)拆卸时要仔细检查大、小头的磨损状况，杆身须做无损探伤，检查是否有内部缺陷。

(2)仔细检查大、小头轴承间隙，轴承内外表面情况及轴承合金与钢壳贴合情况等。

(3)拆卸前检查连杆螺栓有无松动，拆卸后仔细检查连杆螺栓螺纹，并做磁粉探伤检查。

(4)连杆大、小头中心线的平行度公差在 100mm 上不超过 0.02mm。

3)连杆的修复

(1)大头分解面磨损的修复。连杆大头的分解面磨损或破坏较轻时，可用研磨法磨平或者用砂纸打光。修整后的分解面不允许有偏斜，并应保持相互平行。可用着色法进行检查，接触点应均匀分配，且不少于总面积的 70%。

若分解面的磨损或破坏较严重，可用电焊修补，再用机械加工的方法满足原来的要求。焊补作业应分次进行，每次的焊补厚度不得超过 1.5mm。每焊完一层后，应冷却到与周围空气温度相等时再焊下一层。否则，温度过高容易使连杆变形。另外，在焊下一层时，应彻底消除前一焊层上的氧化物、熔渣及溅斑。焊补时，焊层的总厚度最好在 5mm 左右。

(2)大头变形的修复。连杆大头变形是由于轴承突出过高。因此，装配时应保证轴承的突出高度最好不超过 0.05mm。修理的方法，是先在平板上检查其变形，再进行车削加工，一直到分解面恢复到原来的水平。

(3)弯曲变形的校正。连杆的弯曲和扭转变形，可用连杆校正器进行检查，并在虎钳或特种扳钳上敲击校正。弯曲时，可用压床或手动螺杆顶使之扳直，也可用火焰校正法进行校正。

(4)连杆螺栓的更换。使用过程中发现下列情况之一时，应予以更换(连杆螺栓一般不进行修理)。

① 连杆螺栓的螺纹损坏或配合松弛。

② 连杆螺栓出现裂纹。

③ 连杆螺栓产生过大的残余变形。

连杆螺栓的螺纹损坏或配合松弛，一般是装配时拧紧连杆螺栓用力不当引起的。螺栓拧得过紧，螺纹损坏；拧得过松，配合松弛。最好用测力扳手拧紧连杆螺栓，这样可以防止上述情况发生。

(5)连杆螺栓裂纹的检查。连杆螺栓的裂纹,可用 5 倍以上的放大镜对螺纹和其圆角、过渡面等处进行检查,也可用浸油法进行检查。先将连杆螺栓浸入煤油中,然后取出拭擦干净,再涂上一层薄薄的掺了白粉的溶液,待白粉干后,裂纹处会出现一条明显的黑线。必要时还可用磁粉、着色剂或超声波检查。

(6)连杆螺栓的装配。连杆螺栓装配时,可用测微卡规、专用卡规或厚薄规测量其弹性伸长度,不应超过连杆螺栓长度的 1/1000。使用中如果发现连杆螺栓的残余变形量大于 2/1000,应予以更换。

3. 连杆大头和小头轴瓦的故障修理

1)使用曲柄轴时接触面检查

大型压缩机用的曲轴结构如图 3-13 所示。

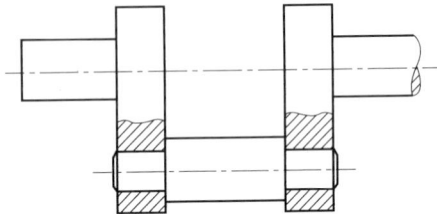

图 3-13　组合结构的曲轴

用曲柄轴时,连杆常采用闭式结构。先检查瓦背与连杆、斜瓦座的接触面,最后是斜铁和连杆的接触面。若接触不好,需进行刮研,使各接触面都均匀接触。用红丹油检查,接触面达到 60%以上。

研刮旧瓦时,按修理前测得的轴瓦间隙与垫片厚度来调节垫片,使轴瓦比轴颈小 0.05mm 左右。在轴上涂红丹油,将连杆装在曲柄销上,拧紧斜铁螺丝,用塞尺检查大头瓦及斜铁有无间隙,若有,则需分别调节垫片或刮削斜铁来消除。连杆组装后,盘车研磨轴瓦;如果不组装研磨,容易发生偏斜。拆下连杆,根据接触情况进行刮削,并反复研刮,随时调整轴瓦垫片,使垫片始终保持压紧状态而轴瓦无间隙。当瓦与曲柄销刮后接触均匀、曲柄销与每块瓦接触圆弧面为 120°、接触点不重,并且接触面积达到 70%以上时,可用加垫片的方法来调节间隙。

新瓦在内径车完后,研锉瓦背,再对轴颈研刮。

2)使用曲拐轴时接触面检查

活塞式压缩机单曲拐如图 3-14 所示。

使用曲拐轴时,都采用剖分的结构,大头盖与杆体用螺栓连接。连杆大头瓦的研磨在曲柄销上进行。瓦背与连杆大头的凹面应仔细研刮,瓦背不应加垫片。瓦口垫片要平整,不允许加偏垫。垫片内侧离开轴颈表面的间隙不能太大,一般为 0.1~0.25mm,否则大头瓦润滑油会大量外流,致使轴承润滑不良。

大头瓦的检修方法视损坏程度而定。钢瓦壳与轴承合金应结合良好,不应有裂纹、气孔、分层等现象。磨损后的轴承合金厚度不足原厚度的 2/3 时,应予以更换(对于厚壁瓦而言)。对连杆大头瓦与小头瓦,应先各自刮研后,再用连杆组装,盘车研磨轴瓦;之后拆下连杆,根据接触情况进行刮削,并反复刮研,直至接触面积达到 70%以上,且接触均匀。

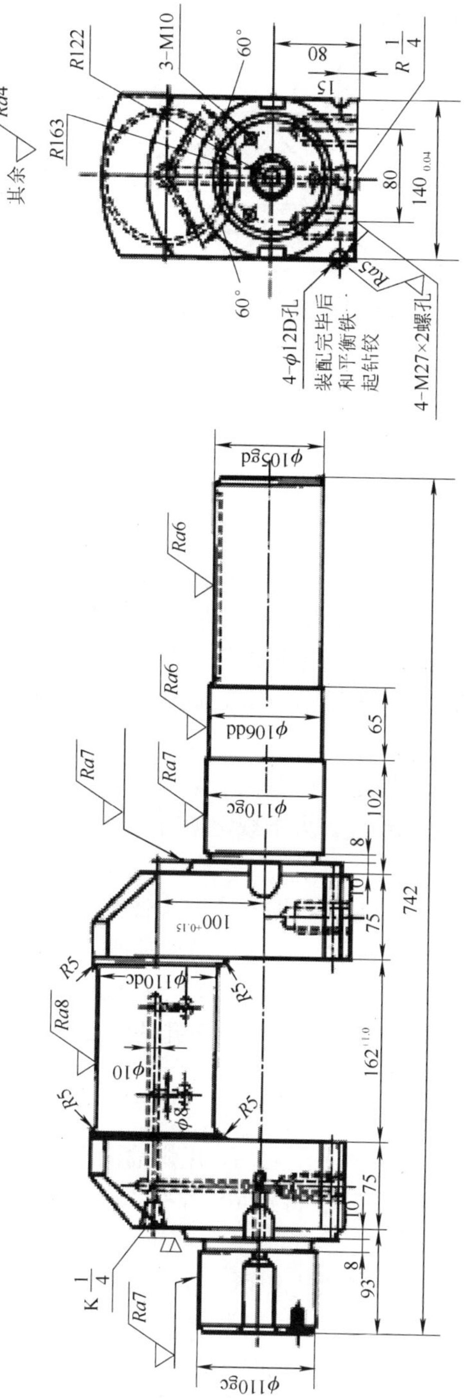

图 3-14　活塞式压缩机单曲拐结构图

4. 十字头的故障修理

1)十字头的检修

十字头的结构如图 3-15 所示。

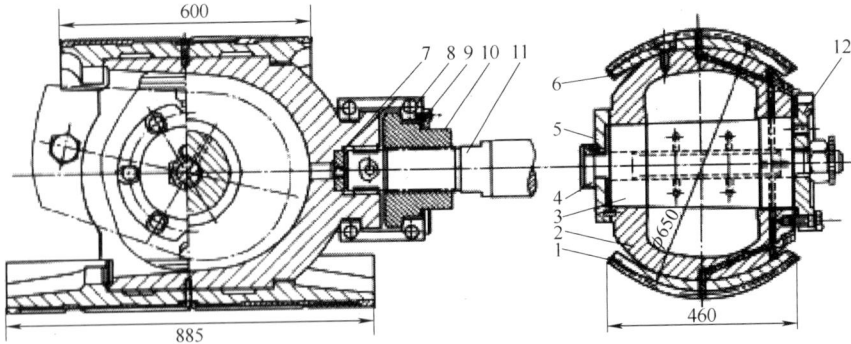

图 3-15　十字头结构图

1-下滑板；2-十字头体；3-十字头小头；4-拉杆；5、9-固定盖；6-上滑板；
7-调节垫；8-联轴器；10-螺母；11-活塞杆；12-固定滑板

(1)测量和检查。

① 用电动或手动盘车，使十字头处于滑道的前端、中端、后端三个位置，用塞尺分别测出上、下滑履与滑道的间隙。在圆弧面上等分测三点，做好记录。

② 盘车测量活塞杆在滑道内的对中情况，测量十字头在前、后死点位置上的高度。

③ 检查滑履是否损坏，滑履上轴承合金的破裂、剥落等的面积超过总面积的 30%时，应更换滑履。

④ 检查连接器(或螺纹、法兰、楔)是否有裂纹、配合是否合适等。

⑤ 测量十字头销的圆度和锥度，大于规定值时应进行磨圆。检查十字头销有无裂纹，特别应注意检查有无径向裂纹。

(2)十字头的处理。十字头销两端锥面与十字头体锥形孔互相配研。研磨时要把十字头放平，使大锥形孔向上，十字销垂直放在孔内。用工具使销在孔内旋转，反复研刮，并涂以红丹油检查接触情况，使接触点分布均匀，接触面积达 80%，如果接触不好，可用刮削十字头的锥形孔来消除；如果锥形面的锥度不合，应按孔的锥度磨削十字头销锥面，再进行研刮。遇细微裂纹时应锉光，严重时要更换。

2)十字头的修理

(1)检查十字头。拆掉十字头上下滑履后，用煤油洗净擦干，涂上一层白粉，用铜棒轻击十字头，再用放大镜检查。若十字头(特别是十字颈与连接盘连接处)有裂纹，则在撞击后必有油渗出。

(2)十字头滑履的刮研。先在滑道上粗研，以滑道为胎具刮滑履。在滑道上涂一层薄薄的红丹油，然后把滑履放在滑道内推动，吊出滑履进行粗刮研。

粗刮研后，要求接触面不小于总面积的 30%，并使滑履的圆弧重合于滑道的圆弧，且接触良好。组装本体，拧紧连接螺栓，装上连杆和活塞杆，再盘车细刮研。要求接触均匀，接触面达到 70%以上。可按图纸要求确定滑履间隙，无图纸时，对滑道直径小于 1m 的滑履间隙，可参照下式求得

$$\delta_{滑}=(6\sim8)/10000D_{滑}$$

式中，$\delta_{滑}$为上滑履与滑道的间隙，mm；$D_{滑}$为滑道直径，mm。上滑履与滑道不应有间隙。

（3）检查十字头在滑道内是否对中。测量点选在十字头连接盘上，要求偏差不超过0.04mm。如果不满足要求，需调整十字头滑履上下垫片，同时，用塞尺检查滑履间隙。若不符合要求，应根据十字头对中情况，调整滑履垫片或刮研十字头滑履。十字头上下滑履间隙，应在连接活塞杆和装上连杆后进行一次复查。若发生变化，且误差超过允许范围，应分析原因进行修正。当十字头偏斜时，不得采用加偏垫的方法来调整，以免开车后由于紧固螺栓松动，使偏垫移位，堵塞油孔，造成轴瓦损坏。十字头与滑履间隙测量和对中测量同前面所述。

整体式十字头比分开式十字头简单，可按分开式十字头检查与修理，唯一不同的是滑履间隙不能调节。

（4）十字头滑履与滑道拉毛的修理。十字头滑履与滑道拉毛，表面呈麻布状时，可选用适当的黏结剂进行修补。将缺陷部位清理干净，多次清洗并在使用黏结剂前用丙酮再清洗一次。调匀黏结剂，施于滑道缺陷部位，用刀刮平，以避免用机床进行机械加工。先自然固化，后用灯烘烤，再用 00 号砂布或金相砂纸打磨即可。

5. 气缸的故障修理

1) 气缸(套)的检查步骤

（1）活塞轴掉以后，首先检查各级气缸(套)的圆度、圆柱度，测量前、中、后(或上、中、下)三个截面的垂直、水平(或东西、南北)内径，同时检查气缸内表面的粗糙度是否良好。由于气阀损坏的阀片、弹簧等物落入气缸或其他原因，往往在气缸壁上磨出很多串气通道，影响压缩机的效率。对于磨损严重的应考虑更换或镗缸。气缸允许的最大磨损量如表 3-7 所示。

表 3-7 气缸允许的最大磨损量
mm

气缸直径	100~150	151~300	301~400	401~700	701~1000	1001~1200	1201~1500
沿气缸圆周	0.5	1.0	1.2	1.4	1.6	1.75	2.0
均匀磨损	0.25	0.4	0.5	0.6	0.8	1.0	1.2

（2）用水平仪检查气缸的倾斜情况，若发现气缸倾斜与十字头滑道倾斜相差较大，或者两者倾斜方向相反，并且超过允许范围，应进一步分析原因，检查气缸的连接情况，必要时进行拉线校核。属于气缸下部磨损不均匀，则需进行镗缸或更新，属于气缸本身倾斜过大，则气缸端要进行加工。

（3）检查气缸(套)有无碎裂、滑动等。

（4）检查气阀腔有无裂纹，气阀的密封面有无损坏与裂纹。

（5）检查各级气缸的连接面有无损坏。

2) 气缸裂纹的修补

气缸出现裂纹一般是很难维持生产的，需要更换气缸。裂纹较小或出现在次要部位，可考虑修补。具体的修补方法如下。

（1）钢板修补法。水套产生裂纹时，可在裂纹两头钻上直径 4~5mm 的卸荷小孔，以防止裂纹继续扩散。在裂纹周围铰 M10~M16 螺孔数个，在裂纹处加上胶皮垫，用 8~15mm 厚的钢板压上，再用螺栓拧紧即可。

钢板修补法如图 3-16 所示。

(2) 钻孔缀缝钉修补法。利用钻孔缀缝钉修补时，在裂纹两头钻上直径 4～5mm 的卸荷小孔，以防止裂纹继续扩散。用直径为 5mm 的钻头，沿裂纹的长度每隔 8mm 的间距分别钻孔，并在孔中用 M6 的丝锥攻出内螺纹。将 M6 的紫铜螺栓旋入螺纹孔中，再将裂纹表面以上 1.5～2mm 的地方螺栓锯断。然后在每两个紫铜螺栓之间的裂纹上钻孔攻丝，再次将紫铜螺栓旋入这些螺纹孔中(操作同上)。最后，用手锤敲击紫铜螺栓的上端，将裂纹堵塞，如图 3-17 所示。

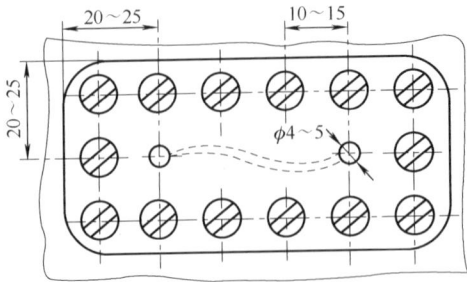

图 3-16　钢板修补法(单位：mm)

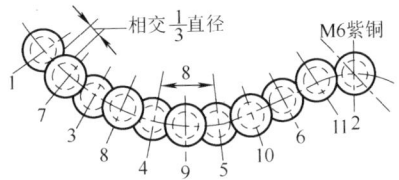

图 3-17　用钻孔缀缝钉方法修补裂纹

(3) 冷焊修补。因气缸制造材料使用异种钢，焊修应采用镍或镍合金焊条。常用的焊条有 Ni307、Ni327、Ni337、Ni347 等镍及镍合金焊条。其化学成分见表 3-8。

表 3-8　纯镍、镍基焊条的化学成分

焊条牌号	化学成分/%						备注
	碳	锰	硅	镍	铁	铬	
Ni307	0.05	2.5	1.5	70	2～6	12～15	含硫磷≤0.002%
Ni327	0.05	1～5	0.75	5	4～8	13～17	含硫磷≤0.003%
Ni337	0.035	2.35	0.28	5	6.28	15～16	含硫磷≤0.002%
Ni347	0.04	4.65	0.13	5	5.92	16～19	含硫磷≤0.015%
Ni357	0.1	3.5	0.75	62～75	10	13～17	含硫磷≤0.015%

(4) 焊补。焊补时的操作方法，按下列程序进行。

① 清理裂纹，开凿坡口，并在两端钻孔，以免裂纹扩展。

② 焊前用红外线灯泡或其他方法进行烘烤，以除去水分。焊后仍须用红外线继续保温，使之缓慢冷却。

③ 焊补时所用焊条应在 150～200℃下烘烤 1.5～2h，除水后放入烘箱中，便于趁热使用。在保证电弧稳定的情况下，用较小直径焊条和适当的电流以直流反接进行焊补。

为了避免使焊接处产生过大的温差，应采用多次分段焊接方法进行焊接。每次焊接时间不应太长，每段焊接长度为 30～50mm。使焊接处的温差降到一定程度时(以不烫手为原则)，再进行下一次的焊接。

④ 每焊完一段时应用小锤敲击，以便获得较细的金相组织，提高其焊缝接头质量，借以消除因焊接而产生的内应力。

用小锤敲击完以后，应用细钢丝刷清除熔渣。在焊补过程中，每焊完一层，就需检查有无裂纹和气孔。若发现裂纹，应彻底铲除进行重焊。若发现气孔，则可用点焊进行修补。

⑤ 裂纹焊补工作完毕后，用 5～10 倍放大镜进行检查，不允许有裂纹。可能情况下应进行无损探伤检查。

⑥ 焊接处须进行机械加工，加工后须再次用放大镜检查有无裂纹。

⑦ 将操作情况和检查结果进行记录。

(5)低压缸出口气阀的阀腔缺陷修补。阀腔法兰有裂纹(未延至气缸体)时，可用加强环热装紧固后继续使用，如图3-18(a)所示。

缸体气阀连接螺栓孔有气孔缺陷，从拧紧螺孔处漏气时，可用方铅块打入螺孔，并将螺栓绕上生料带(四氯乙烯薄膜)后拧紧，如图3-18(b)所示。

(6)金属喷镀。一般用于修复压力不高时不大的裂纹。用凿子修整裂纹并除去残油或用角向砂轮机打磨，然后用金属喷枪将金属喷在裂纹上。

(7)在裂纹处涂油灰。仅仅用于堵塞不大的裂纹，一般用于冷却水腔裂纹修补。先将裂纹进行清洁并除去残油，再将成分相当的油灰填入。油灰的成分一般为66%的铁屑和34%的硇砂，或者80%的铁屑和20%的硇砂与硫(其中2份硇、1份硫)。堵塞前，用水和盐酸调浓；堵塞后，须干燥1～2h。

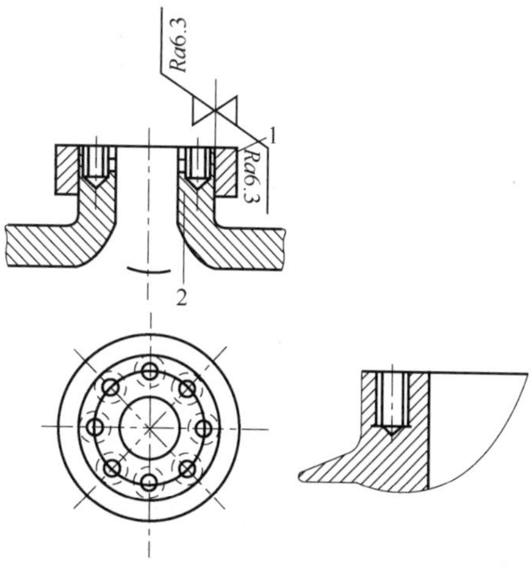

图3-18　阀腔缺陷补救

1-法兰盘；2-阀体连接口

3)气阀阀腔密封平面损坏的修复

密封平面轻微损坏时，可用该级气阀座涂以研磨剂(凡尔砂等)和机油进行实物对研，直到两止口平面完全贴合，若严重损坏，可用简单工具进行车削或研磨。

气缸的其他结合面，可以用类似的方法进行修复。损坏严重而无法现场修复时，应用机床或镗床修复。

4)气缸或缸套表面缺陷的修复

气缸表面有轻微的擦伤缺陷或拉毛现象时，可用半圆形油石铅缸壁弧周方向以手工往复研磨，直到以手触摸无明显的感觉时可认为合格。若拉痕较深而更换又有困难，可用铜、银或轴承合金等熔焊在拉痕处暂时填补使用。若伤痕深1.5mm、宽3mm以上，则须进行镗缸修理。

(1)气缸的镗削。气缸由于磨损而使最大直径与最小直径之差达0.5mm以上，或具有大于0.5mm的擦痕时，则进行镗缸。

① 镗缸时应注意如下事项。

a. 在装入活塞的气缸端，最好车成15°的锥孔，以便装卸活塞和活塞环之用。

b. 为了不使气缸表面因活塞和活塞环的摩擦而形成凹槽，应在气缸表面的两端削成圆锥形斜面。当活塞处于上、下死点(前、后死点)的位置时，第一道或最末一道活塞环应超越气缸表面边缘1～2mm。

c. 带差动活塞的卧式压缩机，几个气缸串联在一条轴线上。镗缸时各个气缸应镗去的厚度须取得一致。否则会使各级气缸接触不良，引起不正常的磨损或擦伤。

d. 气缸内孔镗去的尺寸，在气缸直径上不应大于2mm，若需大于2mm，应配置一种与新气缸内孔相适应的活塞和活塞环。

e. 气缸表面若发现疏松或其他缺陷，气缸内孔镗去的尺寸须增大到10～25mm，应镶缸套。缸套的厚度对中等直径建议取 8～10mm，对大直径建议取 16～25mm，但必须进行强度核算。

② 镗孔时，可根据工厂的设备和修理能力，用立车或镗床进行加工。利用镗床加工时，镗过的气缸表面上会留有相当显著的刀痕。因此，镗削后还须进行一次光磨。利用立车加工时，虽然可以用小进刀量，高速度的切削方法获得良好的精度和表面粗糙度，但也须稍加光磨。如果条件允许，镗削后的气缸表面再进行一次研磨，效果则更为理想。对小直径气缸，可置于立钻上镗销或研磨，但须保证气缸中心线与钻床主轴中心线重合，也可在现场用自制工具进行镗磨。

③ 气缸镗孔后的技术要求。气缸直径增大的尺寸，不得大于原来尺寸的 2%；气缸壁厚减少的尺寸，不得大于原来尺寸的 1/2；由于气缸直径的加大而增加的活塞力，不得大于原来设计活塞力的 10%。

(2) 缸套的更换。

① 更换条件。缸套有下列情况时需要更换：检查发现缸套有裂纹、砂眼和破裂；缸套磨损严重，间隙超过规定值；缸套内表面有很多波浪状伤痕(深达 0.3mm 左右)，或局部磨损严重(磨损面积达 1/3 以上)，或有纵向沟纹；缸套的外径变形，有明显的间隙，并有转动或移动现象。

② 新配缸套的要求。符合原图纸的尺寸。按气缸的实际内径，检查缸套的外径尺寸公差是否符合要求。在无图纸时，其公差范围可按下式选用。

过盈配合：　　　　　　　　　　$\delta = (0.00005 \sim 0.0002) D_套$

过渡配合：　　　　　　　　　　$\delta = (0.00002 \sim 0.0005) D_套$

式中，$D_套$ 为缸套外径，mm；$D_套$ 在 60～1000mm。

③ 更换缸套的方法。拆除气缸螺栓和各种管线，吊出气缸，选择好适当的场地，放置平稳、牢固。用机具或螺栓压板将缸套扒出或用车床将缸套车削掉。

装配新缸套的步骤如下。

a. 清洗缸套的内外表面。

b. 在缸套外表面均匀地涂上压缩机润滑油。

c. 按缸套的开孔位置，在气缸的相应部位画线，供安装找正用。

d. 过渡配合的缸套，按画线对准的位置，用千斤顶或压力机等工具压入过盈配合的缸套，如图 3-19 所示。缸套压入则一般采用热装法，即将蒸汽通入气缸冷却水夹套，用草袋或麻袋盖好保温。缓慢加温，使气缸温度达到 70～90℃。用内径千分尺实测气缸内径，当大于缸套外径时装入缸套，缸套达到端部时，切断蒸汽。

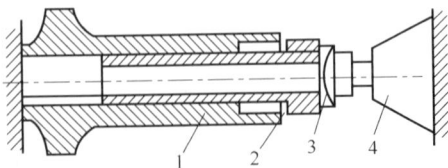

图 3-19　缸套压入示意图

1-气缸体；2-缸套；3-球面垫；4-千斤顶

e. 缸套装入后进行水压试验，试验压力一般为气缸工作压力的 1.5 倍。

f. 高压级缸套的配合部分内径、外径的圆度、圆柱度公差不应大于 0.01mm，全长的圆柱度公差不应大于 0.05mm。

g. 缸套装入后，检查注油孔是否畅通，自由端的缝隙是否符合要求，一般为 1.5～3.0mm。缸套和气缸装配后，检查气缸与机身滑道中心是否一致。较长的气缸采用钢丝拉线找正，使主轴与气缸中心互相垂直，双列气缸则应互相平行。

　　用上述各种方法修理后的气缸，均应进行水压试验，以检查修理后的质量是否符合要求。气缸的试验压力一般为工作压力的 1.5 倍，水室通常为 0.3～0.5MPa。试验时，不允许有渗漏和残余变形现象出现。

6. 气阀的故障修理

1) 气阀的拆卸与检查

（1）拆卸气缸气阀。

① 对损坏严重的气缸（套），当温度高达 200℃以上时不能立即拆卸，而要等温度降到 150℃以下时才可拆卸。

② 用套筒扳手或专用扳手按对角顺序松开气缸阀门盖螺母，将阀门盖撬起一些，证实气缸内确定没有气体压力后，才可卸去螺帽。

③ 用专用工具取出气阀压筒、垫铝或尼龙垫子、气阀等。

④ 粗查一遍拆出的气阀，无问题时，试水查漏（最好用煤油试漏）。

⑤ 对有泄漏的气阀，应拆开检查阀片、弹簧等零件是否损坏，阀座与阀片密封面有无划痕以及划痕的深浅程度。若发现有碎片或残缺不全，要用手电筒查找可能的去向，并盘车检查，以免发生事故。

（2）气阀零件的检查。

① 检查阀片是否断裂、扭曲和磨损，断裂或严重扭曲时则需更换，磨掉厚度小于原厚度的 20%时要进行修研磨平。

② 检查阀片与升程限制器导轨配合部分的磨损程度，磨损凹痕大于 0.5mm 时应予以报废；阀片径向位移不大于 0.5mm 时应予以修复使用，但铸铁制造的要报废。

③ 检查气阀阀座密封面凸缘有无伤痕及磨损情况，有伤疤或磨成弧形的要修平。

④ 检查气阀压筒的密封垫圈有无破碎或压扁，若有则需更换新垫片。

⑤ 检查弹簧是否断裂、变形、失去弹性，以及两端面与中心线的垂直度，弹簧钢丝的外边缘有无磨损。

2) 气阀的修理

（1）阀片上的密封面如果有明显的磨损现象，可采用手工在平面台上研磨或在磨床上磨平后继续使用。手工研磨时，先用 80 目碳化硅放在铸铁平板上，调些机械油，车一个专用工具将阀片压平压紧。然后用手在平板上呈∞字形运动，并不时将阀片转 90°方位，重复研磨。这样可使阀片研磨均匀，不会造成单面倾斜，不会使阀片因有规则的运动而造成有规则的研磨痕迹，也不会留下直通的、容易使气体泄漏的轴向痕迹。研磨到痕迹较浅时，再用 180 目碳化硅细磨。直到阀片与平板的接触有黏感时，将研磨工具在平板上打一下，若平板上的接触线连续而且均匀，则可清洗阀片进行检查。当磨损超过原厚度的 1/4 时，应考虑报废。

（2）当阀座密封面有轻微的伤痕或不平时，可在平板上研磨密封面；当阀座密封面有严重的不平、伤痕或凸起高度小于 1mm 时，可先在车床上车削，满足要求后，再在平板上研磨密封面。当然用磨床磨最好。

（3）升程限制器的弹簧槽磨穿时一般不予修理。若有擦伤、沟痕、变形，一般用车削方法修理。

（4）弹簧有磕痕、高度缩短 1mm 以上、歪斜时，一般不予修理。对于使用时间过长的弹簧要定期更换。弹簧有锈斑时不能使用。

3）气阀的装配

（1）将气阀各零件用煤油或汽油清洗干净（包括气体通道的积炭和污垢）。氧气压缩机的气阀清洗干净后，必须脱脂。

（2）选用检查合格的阀片，把它放在阀座上检查接触情况，放在升程限制器上检查与升程限制器的径向间隙。按图纸要求，一般间隙为 0.1～0.25mm。

（3）按不同级别选用弹簧。在平板上排列弹簧，同一个阀中选用长度一样的弹簧，然后把弹簧放在升程限制器内，压缩至各圈贴台，此时弹簧应低于槽 1～2mm。

（4）选配阀座与升程限制器内的固定销子，不许有歪斜现象。

（5）阀座与升程限制器叠在一起，装好卡簧，拧紧螺栓，检查阀片的起跳量（即升起高度）是否符合图纸要求，可用游标卡尺测量。用螺丝刀通过阀座的气道轻压阀片，若活动灵活，说明安装正确。

（6）安装气阀前，应在密封口加少量润滑油，以防生锈。氧气压缩机的气阀除外。

（7）组装好的气阀应用煤油试漏；氧气压缩机的气阀则用水试漏，以不漏为合格。

3.2.5　知识拓展：压缩机安装找正

1. 压缩机安装找正

压缩机安装找正工作非常重要，安装找正的好坏直接影响着压缩机今后的正常运行和使用寿命，因此必须仔细地做好这项工作。

压缩机安装找正是一项多工种配合的工作，需将工作次序安排得当，人员分配合理。除了制定周密可行的安装计划，整个工作还需要统一指挥和调度。安装找正时，零部件都已修复完毕，故要求吊装时十分谨慎。

压缩机的安装找正示意图如图 3-20 所示。

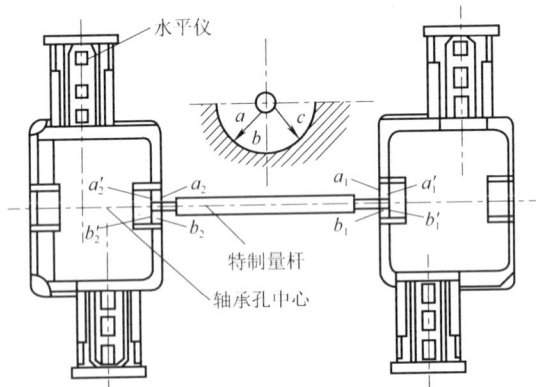

图 3-20　压缩机安装找正示意图

2. 安装找正要求

1）机身组装要求

（1）用煤油注入机身曲轴箱内至润滑油的最高油面位置，经 2～4h，不应有渗漏现象。若发生渗漏现象，须进行修补后再进行试验，一直到完全合格。

（2）机身的纵向和横向水平度偏差，每米不大于 0.05mm；卧式和对称平衡式压缩机的纵向水平度应在机身十字头导轨上测量，横向水平度应在曲轴轴承座上测量；立式压缩机在曲轴箱的结合面上测量；L 型压缩机在机身法兰面上测量。

（3）双列压缩机两机身的中心线，其平行度公差每米不大于 0.04mm；水平度偏差每米不大于 0.1mm。

2）曲轴轴承组装要求

（1）轴瓦应进行刮研，轴颈与对开式轴瓦的下瓦承受负荷部分有 90°～120° 的弧面接触点，接触点的总面积不小于该接触弧面面积的 60%～80%；对四开式轴瓦轴颈与下瓦和侧瓦接触点的总面积不小于该瓦面积的 70%，接触点应均匀分布。

（2）轴瓦与轴颈间的径向和轴向间隙，应符合规定。

（3）曲轴的水平度偏差每米不大于 0.1mm。

（4）曲轴中心线与机身十字头导轨中心线的垂直度公差，每米不大于 0.05mm。

3）气缸和中体组装要求

（1）气缸体和气缸盖应按规定进行水压试验，若有渗漏应修补好后方可组装。

（2）卧式气缸中心线应与机身中心线重合，其重合度偏差应符合表 3-9 的规定。若不符合规定，允许用刮研气缸(或中体)法兰结合面的方法满足要求，而不许在法兰结合面加衬垫。

（3）立式气缸中心线应与机身十字头导轨中心线重合。此时活塞在气缸内的间隙应均匀分布，其偏差不大于活塞与气缸间平均间隙的 1/2。

（4）卧式气缸的水平偏差每米不大于 0.05mm。

表 3-9　气缸中心线与机身中心线的重合度偏差

气缸直径/mm	气缸两端镜面上相同位置至所拉设的机身钢丝中心线距离偏差/mm	气缸-端-径向平面的镜面至所拉设的机身钢丝中心线距离偏差/mm
≤100	0.05	
100～300	0.07	0.02
300～500	0.10	0.04
500～1000	0.15	0.06
1000～1500	0.20	0.08

注：在测量时应计入所拉设的机身钢丝中心线的垂度。

任务 3.3　排水泵的故障诊断与修理

3.3.1　任务描述

对排水泵的零部件进行修理，是延长零部件的使用寿命、恢复排水泵的性能指标、降低生产成本的积极措施。及时地、保质保量地修复排水泵，是生产持续进行的需要。维修人员必须掌握正确的修理方法，才能胜任维修工作。本任务着重介绍常用排水泵的主要零件的修理方法。

3.3.2　任务分析

排水泵是生产中使用数量较大、种类较多的运转机器。做好排水泵的故障诊断与修理工作是生产的需要，也是节约材料、降低生产成本、保护环境的重要措施。要搞好排水泵的故障诊断与修理工作，必须抓住四大重要环节，即正确的拆装；零件的清洗、检查、修理或更换；精心组装；组装后各零件之间的相对位置及各部件间隙的调整。

3.3.3 知识准备

1. 离心水泵的拆卸

排水泵的使用中，以离心式结构最为常见，图 3-20 为典型的单级单吸离心水泵结构，该泵用电动机通过弹性联轴器直接驱动。主要部件有叶轮、泵轴、泵盖、轴封及密封环等。该泵叶轮为单吸闭式叶轮，叶片弯曲方向与旋转方向相反。

离心水泵种类繁多，不同类型的离心水泵结构相差甚大，要搞好离心泵的修理工作，首先必须认真了解泵的结构，找出拆卸难点，制定合理方案，才能保证拆卸顺利进行。

1) 离心水泵的拆卸

下面以单级单吸离心水泵(图 3-21)为例介绍其拆卸与装配过程。

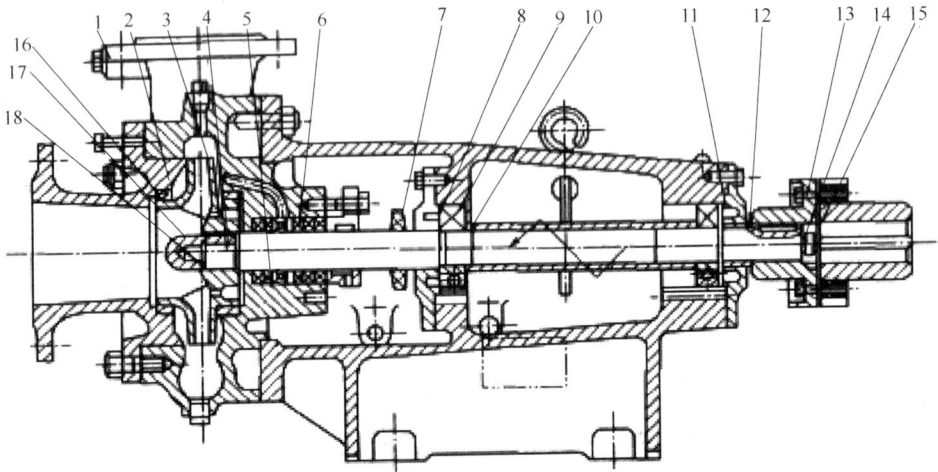

图 3-21 单级单吸离心水泵结构

1-泵体；2-泵盖；3-叶轮；4-泵轴；5-托架；6-轴封；7-挡水环；8、11-挡油圈；9-轴承；10-定位套；
12-挡套；13-联轴器；14-止退垫圈；15-小圆螺母；16-密封环；17-叶轮螺母；18-垫圈

切断电源，确保拆卸时的安全。关闭出、入阀门，隔绝液体来源。开启放液阀消除泵壳内的残余压力，放净泵壳内残余介质。拆除两半联轴器的连接装置，拆除进、出口法兰的螺栓，使泵壳与进、出口管路脱开。

(1)机座螺栓的拆卸。机座螺栓位于离心水泵的最下方，最易受酸、碱的腐蚀或氧化锈蚀。长期使用会使得机座螺栓难以拆卸。因而，在拆卸时，除选用合适的扳手外，应该先用手锤对螺栓进行敲击振动，使锈蚀层松脱开裂，以便于机座螺栓的拆卸。

机座螺栓拆卸完之后，应将整台离心水泵移到平整、宽敞的地方，以便于进行解体。

(2)泵壳的拆卸。拆卸泵壳时，首先，将泵盖与泵壳的连接螺栓松开拆除，将泵盖拆下。在拆卸时，泵盖与泵壳之间的密封垫有时会出现黏结现象，这时可用手锤敲击通芯螺丝刀，使螺丝刀的刀口部分进入密封垫，将泵盖与泵壳分离开来。然后，用专用扳手卡住前端的轴头螺母(也称叶轮背帽)，沿离心水泵叶轮的旋转方向拆除螺母，并用双手将叶轮从轴上拉出。最后，拆除泵壳与泵体的连接螺栓，将泵壳沿轴向与泵体分离。泵壳在拆除进程中，应将其后端的填料压盖松开，拆出填料，以免拆下泵壳时，增加滑动阻力。

(3)泵轴的拆卸。要把泵轴拆卸下来，必须先将轴组(包括泵轴、滚动轴承及其防松装置)从泵体中拆卸下来。为此需按下面的程序来进行。

① 拆下泵轴后端的大螺帽，用拉力器将离心水泵的半联轴器拉下来，并且用通芯螺丝刀或錾子将平键冲下来。

② 拆卸轴承压盖螺栓，并把轴承压盖拆除。

③ 拆除防松垫片的锁紧装置，用锁紧扳手拆卸滚动轴承的圆形螺母，并取下防松垫片。

④ 用拉力器或拉力机将滚动轴承从泵轴上拆卸下来。

有时滚动轴承的内环与泵轴配合，由于过盈量太大，出现难以拆卸的情况。这时，可以采用热拆法进行拆卸。

2) 单级离心水泵零部件的清洗

清洗的质量直接影响零部件的检查与测量精度。

拆下来的零件应当按次序放好，尤其是多级泵的叶轮、叶轮挡套、中段等。凡要求严格按照原来次序装配的零部件，次序不能放错，否则会造成叶轮和密封圈之间间隙过大或过小，甚至出现泵体泄漏等现象。整机的装配顺序基本上与拆卸相反。注意各技术指标按图纸资料或《设备维护检修规程》进行调整。

3) 离心水泵的试车

离心水泵安装或修理完毕后，必须经试车来检查和消除在安装修理中没有发现的问题，使离心水泵的各配合部分运转协调。

离心水泵在试车前必须进行检查，以保证试车前的安全，检查依次下列项目。

(1) 检查机座的地脚螺栓及机座与离心水泵、电动机之间的连接螺栓的紧固情况。

(2) 检查离心水泵与电动机两半联轴器的连接情况。

(3) 检查轴承内润滑油量是否足够与轴承螺钉的紧固情况。

(4) 检查轴向密封填料(盘根)是否压紧，检查通往轴封中水封环内的管路是否已连接好。

(5) 检查轴承水冷却夹套的水管是否连接好。

在正式试车前，除了进行上述项目的检查，还需准备必要的修理工具及备品等，如螺丝刀、扳子、填料、垫料及管路法兰间的垫圈等。

4) 试车的步骤

(1) 关闭排水管上的阀门。

(2) 灌泵。

(3) 启动电动机。

(4) 当电动机达到正常转速后，逐步打开排出管上的阀门，并调整到一定的流量。

5) 在试车中可能出现的问题及消除方法

在试车过程中，要随时注意轴承温度及进口真空度和出口压力的变化情况。试车中可能出现的故障及其消除方法如下。

(1) 轴承温度过高。可能是轴承间隙不合适、研配不好或润滑不良等所引起的，应针对产生故障的原因予以消除。

(2) 进口真空度下降。可能是管路法兰及轴封等部位密封不严密而吸入了空气所致，确定了不严密的部位后，可用拧紧螺栓的方法来消除，或者将垫圈更换。

(3) 出口压力下降。这可能是由于叶轮与密封环之间的径向间隙增加。必要时可以拆开泵体进行检查，一般可以用更换密封环的方法来进行修理。

当试车时，若轴承温度、进口真空度和出口压力都符合要求，且泵在运转时振动很小，则可认为整个泵的安装质量符合要求。

离心水泵试车后，便可把所有的安装记录文件及图纸移交生产单位，该泵可以正式投入生产。

2. 离心水泵的故障修理

离心水泵常见故障及其处理方法见表 3-10。

表 3-10　离心泵常见故障及其处理方法

故障现象	故障原因	解决方法
泵不出水	泵没有注满液体	停泵注水
	吸水高度过大	降低吸水高度
	吸气管有空气或漏气	排气或消除漏气
	被输送液体温度过高	降低液体温度
	吸入阀堵塞	排除杂物
	转向错误	改变转向
流量不足	吸入阀或叶轮被堵塞	检查水泵,清除杂物
	吸入高度过大	降低吸入高度
	进入管弯头过多,阻力过大	拆除不必要弯头
	泵体或吸入管漏气	紧固
	填料处漏气	紧固或更换填料
	密封圈磨损过大	更换密封圈
	叶轮腐蚀、磨损	更换叶轮
输出压力不足	介质中有气体	排出气体
	叶轮腐蚀或严重破坏	更换叶轮
消耗功率过大	填料压盖太紧,填料函发热	调节填料压盖的松紧度
	联轴器皮圈过紧	更换皮圈
	转动部分轴窜过大	调整轴窜动量
	中心线偏移	找正中心线
	零件卡住	检查、处理
轴承过热	中心线偏移	校正中心线
	缺油或油不净	清洗轴承、加热或换油
	油环转动不灵活	检查处理
	轴承损坏	更换轴承
密封处漏损过大	填料或密封原件材质选用不对	验证填料腐蚀性能,更换填料材质
	轴或轴套磨损	检查、修理或更换
	轴弯曲	校正或更换
	中心线偏移	找正
	转子不平衡、振动过大	测定转子平衡
	动、静环腐蚀变形	更换密封环
	密封面被划伤	研磨密封面
	弹簧压力不足	调整或更换
	冷却水不足或堵塞	清洗冷却水管路,加大冷却水量
泵体过热	泵内无介质	检查处理
	出口阀未打开	打开出口阀门
	泵容量大,实用量小	更换泵
振动或发出杂音	中心线偏移	找正中心线
	吸入部分有空气渗入	堵塞漏气孔
	管路固定不对	检查调整
	轴承间隙过大	调整或更换轴承
	轴弯曲	校直
	叶轮内有异物	清除异物
	叶轮腐蚀、磨损后转子不平衡	更换叶轮
	液体温度过高	降低液体温度
	叶轮歪斜	找正
	叶轮与泵体摩擦	调整
	地脚螺栓松动	紧固螺栓

3.3.4　任务实施

1. 离心水泵泵体的检修

离心水泵的转子包括叶轮、轴套、泵轴及平键等几个部分。

1）转子的检查与测量

（1）叶轮腐蚀与磨损情况的检查。对于叶轮，主要检查叶轮被介质腐蚀以及运转过程中的磨损情况。另外，铸铁材质的叶轮可能存在气孔或夹渣等缺陷。上述的缺陷和局部磨损是不均匀的，极容易破坏转子的平衡，使离心水泵产生振动，导致离心水泵的使用寿命缩短。

（2）叶轮径向跳动的测量。叶轮径向跳动量标志着叶轮的旋转精度，如果叶轮的径向跳动量超过了规定范围，在旋转时就会产生振动，严重的还会影响离心水泵的使用寿命。

（3）轴套磨损情况的检查。轴套的外圆与填料函中的填料之间的摩擦，使得轴套外圆上出现深浅不同的若干条圆环磨痕。这些磨痕将影响轴向密封的严密性，导致离心水泵在运转时出口压力降低。轴套磨损情况可用千分尺或游标卡尺测量其外径尺寸，将测得的尺寸与标准外径相比较来检查，一般情况下，轴套外圆周上圆环形磨痕的深度不得超过 0.5mm。

2）泵轴的检查与测量

离心水泵在运转中，如果出现振动、撞击或扭矩突然加大，将会使泵轴造成弯曲或断裂现象。应用千分尺对泵轴上的某些尺寸（如叶轮、滚动轴、联轴器配合的轴颈尺寸）进行测量。

离心水泵的泵轴还应进行直线度的偏差的测量。泵轴直线度的测量方法如图 3-22 所示。首先，将泵轴放置在车床的两顶尖之间，在泵轴上的适当地方设置两块千分表，将轴颈的外圆周分成四等份，并分别做上标记，即 1、2、3、4 四个分点。用手缓慢转动泵轴，将千分表在四个分点处的读数分别记录在表格中，然后计算出泵轴的直线度偏差。离心水泵泵轴直线度偏差测量记录见表 3-11。

表 3-11　泵轴直线度偏差测量记录　　　　　　　　　　　　　　　　mm

测点	转动位置				弯曲量（弯曲方向）
	1(0°)	2(90°)	3(180°)	4(270°)	
I	0.36	0.27	0.20	0.28	0.08(0°)；0.05(270°)
II	0.30	0.23	0.18	0.25	0.06(0°)；0.10(270°)

直线度偏差值的计算方法是直径方向上两个相对测点千分表读数差的 1/2。例如，I 测点的 0°和 180°方向上的直线度偏差为 (0.36-0.20)/2mm＝0.08mm。90°和 270°方向上的直线偏差度为 (0.28-0.27)/2mm＝0.005mm。用这些数值在图上选取一定的比例，可用图解法近似地计算出泵轴最大弯曲点的弯曲量和弯曲方向，如图 3-22 所示。

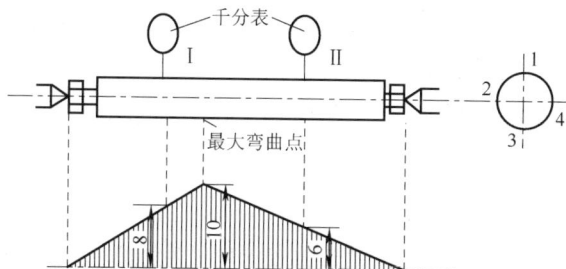

图 3-22　泵轴直线度的测量方法

3) 键连接的检查

泵轴的两端分别与叶轮和联轴器相配合,平键的两个侧面应该与泵轴上键槽的侧面实现少量的过盈配合,而与叶轮空键槽两侧为过渡配合。检查时,可使用游标卡尺或千分尺进行尺寸测量,如果平键的宽度与轴上键槽的宽度之间存在间隙,无论间隙值大小,都应根据键槽的实际宽度,按照配合公差重新锉配平键。

4) 滚动轴承的检查

(1) 滚动轴承构件的检查。滚动轴承清洗后,应对各构件进行仔细的检查,如是否有裂纹、缺损、变形以及转动是否轻快自如等。在检查中,发现有缺陷应更换新的滚动轴承。

(2) 轴向间隙的检查。滚动轴承间隙是在制造过程中形成的,这就是滚动轴承的原始间隙。但是经过一段时间的使用过后,这一间隙会有所增大,破坏轴承的旋转精度,所以对滚动轴承轴向进行检查时,可采用"手感法"检查,或用一只手握持滚动轴承的外环,并沿轴向做猛烈的摇动,如果听到较大的响声,同样可以判断该滚动轴承的轴向间隙大小。

(3) 径向间隙的检查。滚动轴承径向间隙的检查与轴向间隙的检查方法相似。同时,滚动轴承径向间隙的大小,基本上可以从它的轴向间隙大小来判断。

5) 泵体的检查与测量

(1) 轴承孔的检查与测量。泵体的轴承孔与滚动轴承的外环形成过渡配合,它们之间的配合公差为 0～0.02mm。可采用游标卡尺或千分尺对轴承孔的内径进行测量,然后与原始尺寸相比较,以便确定磨损量。除此之外,还要检查轴承孔内表面有没有出现沟纹等缺陷。

(2) 泵体损伤的检查。由于振动或碰撞等,可能造成泵体上的裂纹。可采用手锤敲击的方法进行检查,即用手锤轻轻敲击泵体的各个部位,如果发出的响声比较清脆,则说明泵体上没有裂缝;如果发出的响声比较浑浊,则说明泵体上可能存在裂缝,也可用煤油浸润法来检查泵体上的穿透裂纹,即将泵体灌满煤油,停留 30min 进行观察,如果泵体的外表有煤油浸出的痕迹,则说明泵体上有穿透的裂纹。

2. 离心水泵主要零件的修理

1) 叶轮的修理

叶轮与其他零件相摩擦,所产生的偏磨损,可采用堆焊的方法来修理。不同材质的叶轮,其堆焊方法是不同的。堆焊后,应在车床上将堆焊层车到原来的尺寸。由于叶轮受介质的腐蚀或冲刷造成层厚减薄、铸铁叶轮出现气孔或夹渣,以及由于振动或碰撞出现裂纹,一般是用新的备品配件进行更换。如果必须进行修理,可用补焊法。补焊时,根据叶轮的材质不同,采用不同的补焊方法。

叶轮进口端和出口端的外圆,其径向跳动量一般不应超过 0.05mm。如果超过得不多(在 0.1mm 以内),可以在车床上车去 0.06～0.1mm,使其符合要求。如果超过很多,应该检查泵轴的直线度偏差,用矫直泵轴的方法进行修理,消除叶轮的径向跳动。

2) 轴套的修理

轴套是离心水泵的易磨损件之一。如果磨损量很小,只是出现一些很浅的磨痕,可以采用堆焊的方法进行修复,堆焊后再车削到原来的尺寸。如果磨损比较严重,磨痕较深,就应该更换新的轴套。

3) 泵轴的修理

泵轴的弯曲方向和弯曲量测出来以后,如果弯曲量超过允许范围,可利用矫直的方法对泵轴进行矫直。受局部磨损的泵轴,磨损深度不太大时,可用堆焊法进行修理。堆焊后应在车床上车削到原来的尺寸。如果磨损深度较大，可用镶加零件法进行修理。磨损很严重或出现裂纹的泵轴，一般不修理，用备品配件进行更换。泵轴上键槽的侧面如果损坏较轻微，可使用锉刀进行修理。如果歪斜较严重，应该用堆焊的方法来进行修理。修理时，先用电弧堆焊出键槽的雏形，然后用铣削、刨削或手工锉削的方法，恢复键槽原来的尺寸和形状。除此之外，还可用改换键槽位置的方法进行修理。

4）泵体的修理

泵体滚动轴承的外环在泵体轴承孔中产生相对转动时，便会将轴承孔的内圆尺寸磨大或出现台阶、沟纹等缺陷。对于这些缺陷进行修理时，应首先将泵体固定在镗床上，把轴承孔尺寸镗大，然后按镗后轴承孔的尺寸镶套。

铸铁泵体出现夹渣或气孔，泵体因振动、碰撞或敲击出现裂纹时，采用补焊或粘接的方法进行修理。

3. 离心水泵密封件的修理

1）密封圈的安装与修理

（1）密封环的检查与测量。离心水泵在运转过程中，密封环与叶轮发生摩擦，引起密封环内圆或端面的磨损，破坏了密封环与叶轮进口端之间的配合间隙。特别是径向间隙数值的增大，将引起大量高压液体由叶轮的出口回流到叶轮的进口，在泵壳内循环，明显减少了泵出口的排液量，降低了离心水泵的出口压力。泵壳内水流短路的循环路线如图 3-23 所示。

密封环的磨损通常有圆周方向的均匀磨损和局部的偏磨损两种。而任何一种径向间隙的磨损都会造成密封环的报废。

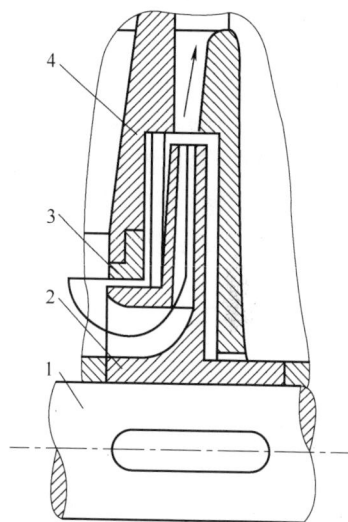

图 3-23　泵壳内部水流短路循环路线

1-泵轴；2-叶轮；3-密封圈；4-泵壳

（2）密封环与叶轮进口端外圆之间径向间隙的测量。可用游标卡尺来测量密封环与叶轮进口端之间的径向间隙，首先测密封环内径的尺寸，再测叶轮进口端外径的尺寸，然后用下式计算出它们之间的径向间隙。

$$a = \frac{D_1 - D_2}{2}$$

式中，a 为密封环与叶轮进口端之间的径向间隙，mm；D_1 为密封环内径尺寸，mm；D_2 为叶轮进口端外径尺寸，mm。

计算出径向间隙 a 的数值后，应与如表 3-12 所示的径向间隙数值对照。若达到表中所列的极限间隙数值，则应更换新的密封圈。

表 3-12　密封圈与叶轮之间的径向间隙数值

密封圈内径/mm	径向间隙/mm	磨损后的极限间隙/mm	密封圈内径/mm	径向间隙/mm	磨损后的极限间隙/mm
8～120	0.090～0.220	0.48	>220～260	0.160～0.340	0.70
>120～150	0.150～0.255	0.60	>260～290	0.160～0.350	0.70
>150～180	0.120～0.280	0.60	>290～320	0.175～0.375	0.80
>180～220	0.135～0.315	0.60	>320～360	0.200～0.400	0.80

对于密封环与叶轮之间的轴向间隙，一般要求不高，以两者之间有间隙又不发生摩擦为宜。

(3)密封环的修配。密封环的外圈与泵盖的内孔之间为基孔制的过盈配合，两者配合后不应产生任何松动。密封环内外径的尺寸为修理尺寸，可以利用锉配的方法，使密封环的外径与泵盖的内孔直径达到过盈配合的要求，其过盈值为 0～0.02mm。最后，用手锤将密封环打入泵盖中心的孔内。

密封环内圆与叶轮进口端外圆之间形成间隙配合。其间隙的大小严格按照表 3-16 所列的径向间隙数值进行控制。如果间隙太小，密封环与叶轮进口端之间容易产生摩擦，这时可以在车床上将密封环的内径尺寸车大一些，也可以用刮削的方法将密封环的内径尺寸刮大一些，以便使两者之间保持一定的径向间隙。如果间隙太大，则应该更换新的密封环。

密封环的厚度较小，强度较低，如果发生较大的磨损或者断裂现象。通常不予以修理，而应该更换新的备品配件。

2)填料密封的安装与修理

(1)填料密封的检查与测量。填料密封的主要零部件有填料函外壳、填料、液封环、填料压盖、底衬套等，结构如图 3-24 所示。检查和测量填料密封时，应着重于以下几方面的工作。

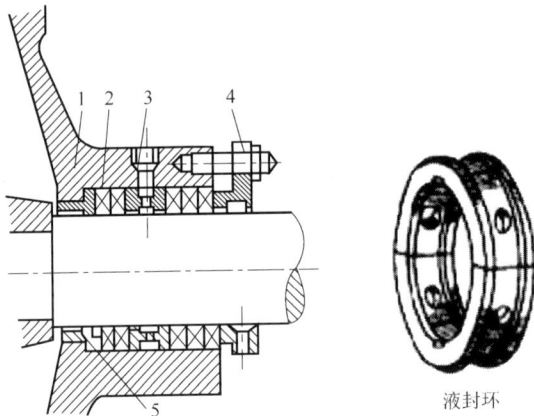

图 3-24　离心水泵填料密封装置

1-填料函外壳；2-填料；3-液封环；4-填料压盖；5-底衬套

① 泵壳与轴套之间的径向间隙。首先用游标卡尺量取中心孔的内径，再量取轴套的外径，然后用下式计算出来。

$$a' = \frac{D_1' - D_2'}{2}$$

式中，a' 为泵壳与轴套之间的径向间隙，mm；D_1' 为泵壳中心孔的内径，mm；D_2' 为轴套外径，mm。

径向间隙 a' 的数值越小越好，但两零件之间不能出现摩擦现象，径向间隙过大时，填料将会由这里被挤入泵壳内，出现所谓的"吃填料"现象。这样，将会直接影响离心水泵的密封效果，一般情况下，泵壳与轴套之间的径向间隙为 0.3～0.5mm。

② 填料压盖外圆与填料函内圆的径向间隙。离心水泵的填料函对于填料压盖的推进起着导向的作用，所以这个地方径向间隙不能太大。如果径向间隙太大，填料压盖容易被压扁，

将导致压盖内孔与轴套外圆的摩擦和磨损。此处的径向间隙数值可以用游标卡尺来量取，然后计算出来(计算方法与泵轴和轴套之间的径向间隙计算方法相同)。

③ 填料压盖内圆与轴套外圆之间的径向间隙。离心水泵填料压盖内圆与轴套外圆之间的径向间隙不宜太小。如果径向间隙数值太小，填料压盖内圆与轴套外圆将会发生摩擦，同时产生摩擦热，使填料焦化而失效，造成填料压盖与轴套磨损。一般情况下，填料压盖内圆与轴套外圆之间的径向间隙为 0.4～0.5mm。

(2)填料压盖的修理。

① 填料压盖外圆与填料函内圆之间的径向间隙为 0.1～0.2mm，这是在修理工作中应该严格保证的。如果两者之间的径向间隙过小，可将压盖卡在车床上进行车削，或者用锉刀对压盖的外圆进行曲面锉削，直至加工到需要的尺寸。如果两者之间的径向间隙太大，则应更换新的填料压盖。

② 填料压盖内圆与轴套外圆之间的径向间隙为 0.4～0.5mm。为了防止压盖与轴套之间发生摩擦，这一径向值应该保证。如果间隙值过小，可以用车削的方法，在车床上将填料压盖的内孔车大一些，以保证两零件之间应有的间隙。

3.3.5　知识拓展：多级离心水泵参数的测量和平衡装置的修理

1. 多级离心水泵参数的测量

为了提高离心水泵的扬程和增大它的出口压力，在生产中，往往要使用多级离心水泵。多级离心水泵是具有两级或两级以上叶轮的离心水泵，它的结构虽然比单级离心水泵较为复杂，但是维修起来却与单级离心水泵有很多相同之处。所以，在这里只着重介绍多级离心水泵叶轮组径向跳动量和轴向跳动量的测量、推力平衡装置的修理等内容。

1) 多级离心水泵叶轮组径向跳动量的测量

多级离心水泵的叶轮组包括泵轴、轴套和各级叶轮，将叶轮装配在泵轴上以后，各级叶轮的径向跳动量不能大于规定数值，如果径向跳动量超过允许值，将使叶轮组出现不平稳的转动，甚至发生机械事故。

对多级离心水泵的叶轮组进行径向跳动量的测量时，首先把滚动轴承装配到泵轴的两端，并在滚动轴承的外环下面放置 V 形铁进行支撑，或者将两端滚动轴承放置在离心水泵本身的泵体上，使叶轮组能自由转动。然后在每一级叶轮进口端的外圆处和出口端的外圆处以及各级叶轮之间的轴套外圆处，分别设置千分表，使千分表的触头接触每一个被测量的地方，如图 3-25 所示，把每个被测量的圆周分成 6 等份，并做上标记，即 1、2、3、4、5、6 各点，慢慢盘动叶轮组，每转过一等份，将千分表的读数做一次记录。叶轮组转动一周后，每一个测点上的千分表就能得到 6 个读数，把这些读数记录在表格中，就可以看出叶轮组各部分径向跳动量,叶轮组中叶轮的径向跳动量测定记录实例见表 3-13。

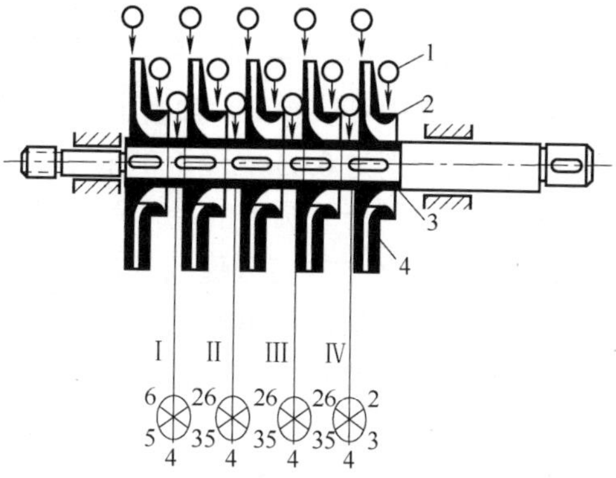

图 3-25　测量转子径向跳动的方法

1-千分表；2-叶轮；3-轴；4-轴套

表 3-13　各级叶轮径向跳动量测定记录实例　　　　　　　　mm

测点位置		转动角度						径向跳动量
		1 (0°)	2 (60°)	3 (120°)	4 (180°)	5 (240°)	6 (300°)	
一级叶轮	进口端	0.33	0.34	0.33	0.35	0.33	0.35	0.02
	出口端	0.31	0.32	0.31	0.33	0.33	0.34	0.03
二级叶轮	进口端	0.25	0.24	0.25	0.26	0.24	0.27	0.03
	出口端	0.32	0.33	0.33	0.34	0.36	0.34	0.04
三级叶轮	进口端	0.30	0.32	0.28	0.30	0.35	0.32	0.07
	出口端	0.26	0.24	0.27	0.26	0.29	0.28	0.05
四级叶轮	进口端	0.35	0.36	0.35	0.38	0.39	0.38	0.04
	出口端	0.20	0.22	0.23	0.23	0.25	0.24	0.05
五级叶轮	进口端	0.21	0.23	0.22	0.24	0.26	0.23	0.05
	出口端	0.30	0.31	0.33	0.34	0.36	0.35	0.06

　　记录表中，同一测点处的最大读数值减去最小读数值，就是该被测处的径向跳动量，由记录表中可以看出，一级叶轮进口端与出口端的径向跳动量分别为 0.02mm 和 0.03mm；二级叶轮进口端与出口端的径向跳动量分别为 0.03mm 和 0.04mm；三级叶轮进口端与出口端的径向跳动量分别为 0.07mm 和 0.05mm；四级叶轮进口端与出口端的径向跳动量分别为 0.04mm 和 0.05mm；五级叶轮进口端与出口端的径向跳动量分别为 0.05mm 和 0.06mm。

　　各级叶轮进口端与出口端外圆处的径向跳动量，一般要求不得超过 0.05mm，如果径向跳动量在 0.1mm 以内，超过规定数值较少，可将叶轮组卡在车床上车去一些，使其符合要求，各段轴套径向跳动量测定记录实例见表 3-14。

表 3-14　各段轴套径向跳动量测定记录实例　　　　　　　　mm

测点位置	转动角度						径向跳动量
	1 (0°)	2 (60°)	3 (120°)	4 (180°)	5 (240°)	6 (300°)	
Ⅰ	0.21	0.23	0.22	0.24	0.20	0.19	0.05
Ⅱ	0.32	0.30	0.31	0.33	0.31	0.30	0.03
Ⅲ	0.30	0.28	0.29	0.33	0.35	0.32	0.07
Ⅳ	0.34	0.33	0.33	0.33	0.34	0.35	0.02

　　由记录表中可以看出，轴套上 Ⅰ 测点处的径向跳动量为 0.05mm，Ⅱ、Ⅲ、Ⅳ 各测点处的径向跳动量分别为 0.03mm、0.07mm 和 0.02mm。

　　叶轮组中轴套外圆处的径向跳动量，一般也要求不得超过 0.05mm。如果径向跳动量在 0.1mm 以内，超过规定数值较少，也可用车削的方法车去一些。如果径向跳动量超过规定数值很多，可以对泵轴直线度的偏差进行测量，测量时，可参照任务实施中"泵轴的检查与测量"来进行，以便确定泵轴的弯曲方向和弯曲量。修理时，则可参照任务实施中"泵轴的修理"来对泵轴进行维修。

2) 多级离心水泵叶轮组各级叶轮轴向跳动量的测量

　　对叶轮组各级叶轮轴向跳动量的测量，就是对各级叶轮端面的轴向跳动量的测量，各级叶轮端面的轴向跳动量不能大于规定数值。如果叶轮端面的轴向跳动量超过允许值，叶轮组的转动将会不平稳。

　　对多级离心水泵叶轮组各级叶轮端面进行轴向跳动量的测量时，首先应将泵轴连同叶轮组一起放置在车窗的两个顶尖之间，也可以用 V 形铁将叶轮组进行支承，使泵轴保持水平状态，并在轴的一端安装挡板，用来阻止泵轴产生单方向的轴向窜动。然后在相邻两级叶轮之间设置千分表，并使千分表的触头接触在每一级叶轮的端面上，如图 3-26 所示，慢慢旋转叶轮，观察千分表指针的变化情况，并做好记录。其最大值减去最小值的差，就是该级叶轮的轴向跳动量。通常情况下，直径在 300mm 以下的叶轮其轴向跳动量如果不超过 0.2mm，可以不进行修理。如果端面轴向跳动量的数值过大，可以利用修刮叶轮轴孔或者加垫片的方法来调整。如果无法调整，可在车床上将叶轮端面进行少量车削。

　　多级离心水泵轴组部分的径向跳动量和轴向跳动量测量合格之后，还要对各零部件的外表面及它们之间的配合情况进行检查与修复。最后，应对轴组做静平衡和动平衡试验，以上各项都符合技术要求时，轴组的修理工作才算完成。

2. 多级离心水泵推力平衡装置的修理

　　多级离心水泵的各级叶轮，进端口如果都在一个方向，而叶轮的进端口为低压区，离心水泵在运转中，泵轴必然会向叶轮进口端方向产生窜动。这种窜动就是泵轴受到轴向推力所引起的。这种轴向推力将会加快滚动轴承的磨损，甚至导致整台离心水泵的严重破坏。

　　为了平衡多级离心水泵在运转中产生的轴向推力，往往在末级叶轮的后端装有推力平衡装置，多级离心水泵的推力平衡装置的结构如图 3-27 所示。平衡盘 1 随轴一起旋转，平衡环 2 镶嵌在泵壳上，平衡盘和平衡环之间只保留很小的轴向间隙(0.10～0.25mm)。离心水泵在运转时，由于叶轮的受力，泵轴产生轴向推力，这种轴向推力被平衡盘两面的压力差自动平衡掉(平衡盘与平衡环之间的平衡室内有末级叶轮出口的压力，平衡盘后面与叶轮的进口端相连通，压力较小，于是泵轴就产生向后的轴向推力，此推力与叶轮吸入液体时产生的轴向推力大小相等，方向相反，所以轴向推力就被平衡掉了)。

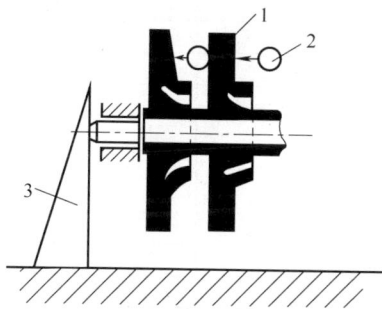

图 3-26　测量转子轴向跳动的方法

1-叶轮；2-千分表；3-挡块

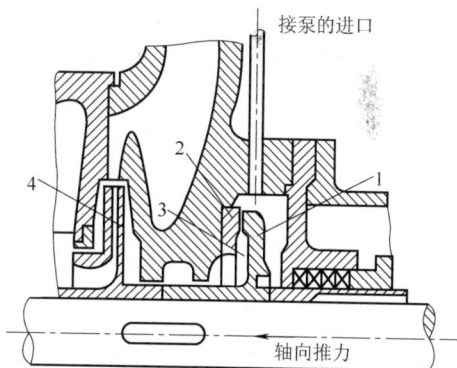

图 3-27　多级离心水泵的推力平衡装置结构

1-平衡盘；2-平衡环；3-平衡室；4-末级叶轮

　　当离心水泵开始运转时，由于进口处为低压区，随着液体的吸入，泵轴就向前(图 3-27 的箭头方向)窜动。这时，平衡室的压力高于平衡盘后面的压力，迫使泵轴与平衡盘一起向后窜动。于是，把原有的轴向推力平衡掉。离心水泵在正常运转时，平衡盘受压力的影响，时而向前移动，与平衡环的工作面相接触，时而向后移动，又与平衡环的工作面相分离。这样，就引起了泵轴相对位置的变化，进而影响到平衡盘与平衡环之间间隙的变化。当平衡盘与平衡环相接触时，两者的工作面就会产生摩擦和磨损。为了延长它们的使用寿命，通常情况下，平衡盘与平衡环是用耐磨金属制成的，如青铜、灰铸铁等。

推力平衡装置的关键部位是平衡盘与平衡环的工作面。在修理和装配过程中，严格要求平衡盘与平衡环的两工作面必须互相平行而没有歪斜现象。如果两工作面之间有歪斜或凹凸不平的现象，泵在运转时就会产生大量的泄漏，平衡室内就不能保持平衡轴向推力所应有的压力，因而失去了平衡轴向推力的作用。为了保证两工作面之间相互平行，要求这两个面对泵轴中心线的垂直度偏差不大于 0.03mm，为了减少泄漏量，要求两工作面表面粗糙度的轮廓算术平均差 Ra 不大于 0.2μm。可以用千分表来测量，用修刮、研磨或调整的办法，使两工作面能严密贴合在一起为止。

学习小结

本学习情境对风机的组成、风机的形式、风机的性能用途作了简要的介绍。重点对轴流式通风机的故障判断及修理方法进行了详细的论述。对空气压缩机运转中最常见的故障、故障原因及串联方法进行了分析，对空气压缩机一般故障的排除方法进行了阐述。对空气压缩机主要部件的修理方法进行了详细的引导。对离心式水泵的拆卸和零部件的清洗方法进行了概述，对离心式水泵常见故障现象、原因、处理方法进行了分析，对离心式水泵主要部件的修理方法进行了详细的阐述。

评价标准

现以 L 型活塞式压缩机的检修为例，对重点知识、技能的考核项目及评分标准进行分析，见表 3-15，此表也适合其他设备零件修理技能考核参考。

表 3-15　L 型活塞式压缩机的检修分析

序号	考核项目	配分	权重	评价细则	评分记录		
					学生自评 20%	小组自评 20%	教师评价 50%
1	L 型活塞压缩机的拆卸	20	1	L 型活塞的拆卸完全符合要求			
			0.75	L 型活塞的拆卸符合要求			
			0.6	L 型活塞的拆卸基本符合要求			
			0.5	L 型活塞的拆卸不符合要求			
2	L 型活塞压缩机的修理	30	1	L 型活塞的修理完全符合要求			
			0.75	L 型活塞的修理符合要求			
			0.6	L 型活塞的修理基本符合要求			
			0.5	L 型活塞的修理不符合要求			
3	L 型活塞压缩机的安装	40	1	正确使用工具			
			0.75	使用工具测量结果错 1 次			
			0.6	使用工具测量结果错 2 次			
			0.5	不会使用工具			
4	安全操作	10	1	安全文明操作，符合操作规程			
			0.75	操作过程中出现违章操作			
			0.6	经提示后再次出现违章操作			
			否决项	不经允许擅自操作，造成人身、设备事故			
备注					合计		
					总分		
开始时间		结束时间			学生签字		
					教师签字		

教学策略

本学习情境按照行动导向教学法的教学理念实施教学过程，包括咨讯、计划、决策、执行、检查、评估六个步骤，同时贯彻手把手、放开手、育巧手、手脑并用；学中做、做中学、学会做、做学结合的职教理念。

1. 咨讯

(1)教师首先播放一段有关流体设备的故障诊断与维修的视频，使学生对流体设备的故障诊断与维修有一个感性的认识，以提高学生的学习兴趣。

(2)教师布置任务。

① 采用板书或电子课件展示任务 3.1 的任务内容和具体要求。

② 通过引导文问题让学生在规定时间内查阅资料，包括工具书、计算机或手机网络、电话咨询或同学讨论等多种方式，以获得问题的答案，目的是培养学生检索资料的能力。

③ 教师认真评阅学生的答案，重点和难点问题教师要加以解释。

对于任务 3.1，教师可播放与任务 3.1 有关的视频，包含任务 3.1 的整个执行过程；或教师进行示范操作，以达到手把手、学中做教会学生实际操作的目的。

对于任务 3.2，由于学生有了任务 3.1 的操作经验，教师可只播放与任务 3.2 有关的视频，不再进行示范操作，以达到放开手、做中学的教学目的。

对于任务 3.3，由于学生有了任务 3.1 和任务 3.2 的操作经验，教师既不播放视频，也不再进行示范操作，让学生独立思考，完成任务，以达到育巧手、学会做的教学目的。

2. 计划

1)学生分组

根据班级人数和设备的台套数，由班长或学习委员进行分组。分组可采取多种形式，如随机分组、搭配分组、团队分组等，小组一般以 4～6 人为宜，目的是培养学生的社会能力、与各类人员的交往能力，同时每个小组指定一个负责人。

2)拟定方案

学生可以通过头脑风暴或集体讨论的方式拟定任务的实施计划，包括材料、工具的准备，具体的操作步骤等。

3. 决策

由学生和教师一起研讨，决定任务的实施方案，包括详细的过程实施步骤和检查方法。

4. 执行

学生根据实施方案按部就班地进行任务的实施。

5. 检查

学生在实施任务的过程中要不断检查操作过程和结果，以最终达到满意的操作效果。

6. 评估

学生在完成任务后，要写出整个学习过程的总结，并做 PPT 汇报。教师要制定各种评价表格，如专业能力评价表格、方法能力评价表格和社会能力评价表格，如表 3-15 所示，根据评价结果对学生进行点评，同时布置课下作业，作业一般选取同类知识迁移的类型。

学习情境 4　起重设备的故障诊断与修理

学习目标

　　起重设备在各行企业中都普遍使用，是生产中不可缺少的生产设备，起重设备安全运行在企业生产中占有重要位置。本情境主要学习桥式起重机、塔吊、电动葫芦、电梯等起重设备的结构、工作过程和常见故障修理措施。通过学习掌握起重设备常见的故障修理技能，为岗前实习和工作奠定一定的基础。

1. 知识目标
(1)掌握桥式起重机、塔吊、电动葫芦、电梯等起重设备的类型及结构特点；
(2)掌握桥式起重机、塔吊、电动葫芦、电梯等起重设备的故障现象、故障原因；
(3)掌握桥式起重机、塔吊、电动葫芦、电梯等起重设备的故障解决措施。

2. 技能目标
(1)会桥式起重机的安装；
(2)会桥式起重机的操作及日常管理；
(3)会桥式起重机常见故障的修理；
(4)会塔吊的安装、配重；
(5)会塔吊的信号指令操作及日常管理；
(6)会塔吊常见故障的修理；
(7)会电动葫芦的操作及日常管理；
(8)会电动葫芦常见故障的修理；
(9)会电梯常见故障的修理。

3. 能力目标
(1)具有通过工具查阅图纸资料、搜集相关知识信息的能力；
(2)具有自主学习新知识、新技术和创新探索的能力；
(3)具有良好的协作工作能力；
(4)具有自动性工作的自觉性。

学习引导

1. 填空题
　　(1)桥式起重机的结构可以分为＿＿＿＿、＿＿＿＿、＿＿＿＿、＿＿＿＿、＿＿＿＿五个部分；桥式起重机起重小车三条腿故障对起重机造成的影响有＿＿＿＿＿＿＿＿＿＿＿＿；产生小车三条腿故障的原因有＿＿＿＿＿＿＿＿＿＿＿＿＿＿＿＿＿＿＿＿＿＿；采取的主要措施有

＿＿＿＿＿＿＿＿＿＿＿。
　　(2)塔式起重机的结构可以分为＿＿＿＿＿＿＿＿＿＿＿＿＿几个部分，常见的故障有

＿＿＿＿＿＿＿＿＿＿＿＿＿＿＿＿＿＿＿。
　　(3)电动葫芦的基本结构由＿＿＿＿＿＿＿＿＿＿＿＿＿＿几个部分组成；当电动葫芦的

小车出现啃轨时，排除方法有_____。

(4)电梯的基本结构有_____几个部分。

2. 简答题

(1)简要叙述桥式起重机的工作原理，并分析小车三条腿现象对起重机的影响。

(2)桥式起重机的起重小车出现打滑的故障，大概有哪几个方面的原因？应该怎么修理？

(3)塔式起重机分为哪几个部分？简要叙述各个部分的作用及工作原理。

(4)试述塔式起重机常见的故障及其排除方法。

(5)试述电动葫芦的结构组成及分类。

(6)试述电动葫芦常见的故障及其排除方法。

(7)电动葫芦悬挂运输链出现故障时，应该如何排除？

(8)试述电梯的结构组成及其基本的工作原理。

(9)试述电梯的电气控制系统的基本组成及其基本的工作原理。

(10)电梯的主驱动系统有哪几类？分别适用于什么场合？

(11)试述电梯的常见故障及排除方法。

(12)试述可编程控制器(PLC)在电梯控制电路中的常见故障及维修方法。

(13)当电梯出现已接收选层信号，但门关闭后不能启动的故障时，应该如何诊断与排除？

(14)简述工业机器人的常见故障，并指出排除故障的措施。

任务 4.1　桥式起重机的故障诊断与修理

4.1.1　任务描述

物料搬运在整个国民经济中有着十分重要的地位，提高起重设备的生产效率、确保运行的安全可靠性对于降低物料搬运的成本起着十分关键的作用。起重设备的工作环境一般比较复杂恶劣，因此，出现的故障种类很多，发生故障时不容易查找原因，有些是不太明显的，需要用专门的仪器才能检测出来。如果在起重设备出现故障后，要想进行准确的诊断和正确的维修，就要掌握起重设备故障的基本分类和分析方法以及一般步骤，才能保证起重设备正常工作，并延长其使用寿命。

4.1.2　任务分析

起重设备的故障是多种多样的，如噪声、振动、啃轨、制动失灵等。有的是由系统中某一元件或多个元件综合作用引起的，有的是由某一元件安装不当等其他引起的。即使是同样的故障，产生的原因也不尽相同。只有熟悉和掌握起重机设备故障诊断的方法与一般步骤，才能对故障进行正确分析，确定发生故障的部位以及故障的性质和原因，方能予以排除。

4.1.3　知识准备

1. 桥式起重机的结构

桥式起重机主要由桥架、大车运行机构、小车运行机构、起升机构和电气设备组成，通过车轮支承在厂房或露天栈桥的轨道上，因为外观像一架金属的桥梁，所以称为桥式起重机。桥架可沿厂房或栈桥做纵向运行；而起重小车则沿桥架做横向运动，起重小车上的起升机构

可使货物做升降运动。这样桥式起重机就可以在一个长方形的空间内起重搬运货物。图 4-1
为通用桥式起重机的外形图。

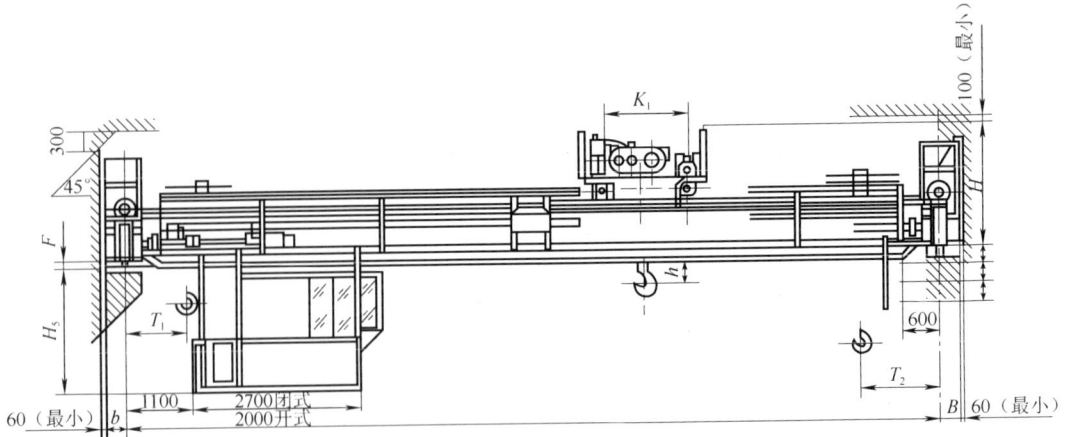

图 4-1　通用桥式起重机外形图

　　桥式起重机根据使用吊具不同，可分为吊钩式桥式起重机、抓斗式桥式起重机、电磁吸
盘式桥式起重机。

　　根据用途不同，可分为通用桥式起重机、冶金专用桥式起重机、龙门桥式起重机和装卸
桥等。

　　按主梁结构形式可分为箱形结构桥式起重机、桁架结构桥式起重机、管形结构桥式起重
机，还有由型钢(工字钢)和钢板制成的简单截面梁的起重机(称为梁式起重机)。

　　在桥式起重机中，主要技术参数包括起重量、跨度、起升高度、工作级别、主要尺寸、
极限位置等数据。

　　习惯上，把桥式起重机分为大车、小车、电气设备三个部分，从便于检修方面考虑，桥
式起重机可分为金属结构部分、机械部分、电气部分和安全装置，下面就按这种结构分类分
别进行叙述。

　　(1)金属结构部分。桥式起重机的金属结构是起重机的骨架，所有机械、电气设备都分布
于其上，是起重机的承载结构，并使起重机构成一个设备的整体。

　　桥式起重机的金属结构主要由起重机桥架(又称大车桥架)、小车架和操作室(驾驶室)等
部分组成，为了保障起重机的运行和人身安全，方便操作人员、检修人员工作，在桥式起重
机上还设置了走台和防护栏杆。

　　(2)机械部分。机械部分是为实现起重机的不同要求而设置的，它是起重机动作的执行机
构，一般具有三个机构，即起升机构、大车运行机构和小车运行机构，起升机构是用来升降
重物的；大车运行机构是用来移动起重机，使重物做纵向水平运动的；小车运行机构是用来
移动小车，使重物做横向水平运动的。起升机构紧耦合小车运行机构安装在小车架上，大车
运行机构安装在桥架走台上。

　　(3)电气部分。桥式起重机的电气部分主要包括各机构的电动机、制动电磁铁、操作电器
和保护电器等，它是指挥桥式起重机各机构工作的控制系统。其中操作电器包括控制器、接
触器、继电器、熔断器、变频器、配电盘和控制开关等。

　　(4)安全装置。起重机的安全装置是保证起重机和操作人员安全，防止发生机械和人员事

故的装置，它是起重机不可缺少的部分。起重机的安全装置主要有缓冲器、限位器、防碰装置及联锁保护线路等，对安全装置的要求是灵活、牢固、可靠和便于维修。

2. 桥式起重机的故障分类及诊断方法

机械设备在使用过程中，随着使用时间的延长，其主要技术性能指标会与初始标准值产生偏离而逐渐下降，这种现象称为技术状态恶化。当技术状态恶化到一定的程度后，会造成工作性能失常或功能丧失，使机械设备不能正常工作或无法继续工作，这种现象称为故障。

1) 故障的分类

设备故障的分类方法有很多，一般可分为临时性故障和永久性故障两大类，永久性故障又可从发生时间、表现形式、产生原因及造成后果等多方面进行分类，如图 4-2 所示。

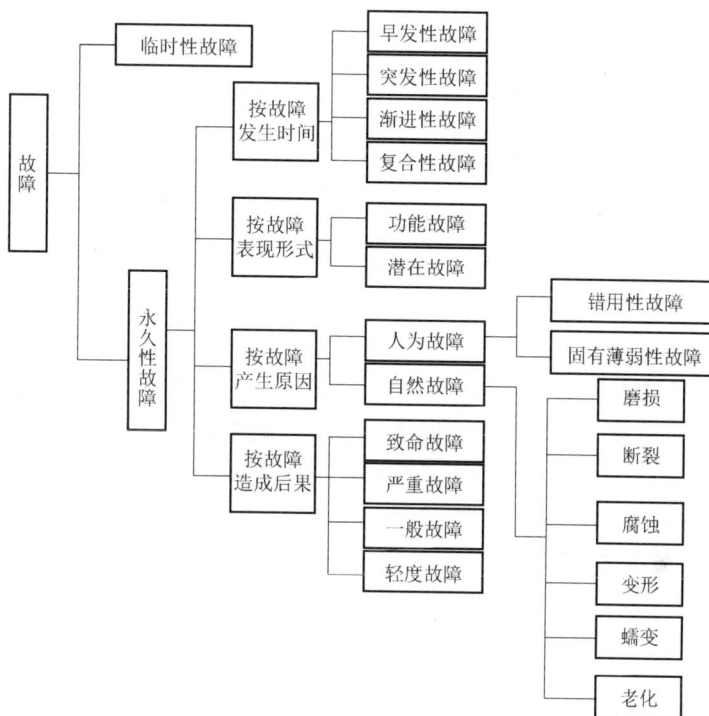

图 4-2　设备故障类型

2) 故障的诊断方法和分类

工程系统运行的状态多种多样，其环境条件各不相同，因此故障诊断的方法有很多，其分类方法也有很多种，例如，可按诊断对象的类别来分，可按所利用的状态信号的物理特性来分等。现按诊断的目的和要求分类如下。

(1) 功能诊断和运行诊断。功能诊断就是对新安装或刚维修好的机器或系统，诊断它的功能是否正常，并根据检测诊断结果对它进行调整。运行诊断对正常工作中的机器或系统则进行状态的诊断，监视其故障的发生或发展。

(2) 定期诊断和在线监控。定期诊断是隔一定时间对工作的机器进行一次检查和诊断，即巡检。在线诊断一般由人工在机器运行过程中记录观测数据，分析故障的原因。

(3) 直接诊断和间接诊断。直接诊断是直接根据关键零部件的信号判断该零部件的状态，如对油液的混浊程度、运行时的声音、轴承间隙、齿轮齿面磨损、轴和叶片的裂纹以及在腐蚀环境下管道的壁厚等进行直接观察和诊断。直接诊断往往受到机械结构和运行条件的限制而无法实现,这时只好采用间接诊断。

间接诊断是通过二次诊断信息来间接地判断机器中关键零部件的状态变化,这些信息包括油液压力、温度的变化等,这些信息一般容易测量,有一套成熟的经验判别数据可供参考。

3)排除故障的步骤和方法

故障排除工作的一般步骤为:弄清故障现象;分析故障原因,确定检查部位;拆卸检查,确定故障原因;修复;试验。

(1)弄清故障现象。弄清故障现象就是根据起重机运行中出现的异常情况进行仔细观察,总结出规律,例如,车轮打滑在什么状态下发生;减速箱漏油是在哪个部位。当发生故障时,有的现象明确直观,有的则不易察觉,还有的是偶发性的,这就需要进行认真分析,作出正确的判断。

(2)分析故障原因,确定检查部位。根据故障现象分析原因,一般按照实际对照有关资料,列出可能发生同类故障的各种原因,例如,分析起升结构不能吃重的原因,就必须首先了解起升结构各种动作的工作原理,了解各个部件之间的装配关系。认真分析各个部件的性能,逐步进行推理查找。在找故障时,可用眼看、耳听、手摸等不同方法来判断各个部件是否异常,也有的需要借助测试仪器和专用器具来检验。

(3)拆卸检查,确定故障原因。对于确定拆卸的各个部件,应按照故障发生的可能性以及拆卸的复杂程度,确定拆卸的先后顺序,通常做法是先拆简易的、后拆复杂的,先拆故障性可能大的、后拆故障性可能小的。

桥式起重机的故障归纳起来可分两大类:一类是由于机件的损坏,称为损伤性故障,如主梁弯曲变形、轴承破裂、吊钩钩头折断等;另一类是由于连接松弛、间隙变化,例如,制动器活动关节被卡死造成制动带不能脱开制动轮、减速器合口不严及螺栓松动导致漏油等,这类故障均称为非损伤性故障或维护性故障。

(4)修复工作。对于非损伤性故障只要进行必要的清洗、润滑、补充、调整、紧固等工作就可排除。若部件松动,紧一下螺栓即可消除故障。对于损伤性故障,则应采取慎重的态度决定哪些机件必须更换,哪些机件应修理再用,这要结合技术能力和设备条件综合考虑经济效益来决定。

(5)试验工作。对于修复过的部件或装置,应进行局部试验或整机性能试验,只有在确认整机性能已符合要求后,才能投入使用。例如,制动器修复以后,必须进行吊运负荷试验,检验其动作是否灵活、工作是否可靠。

4.1.4　任务实施

用在双主料起重机上的起重小车,有时出现所谓小车三条腿故障,即桥式起重机小车在工作中一只车轮悬空,这种现象称为小车三条腿,是常见故障之一。小车三条腿常见的表现形式为一个车轮在整个运行过程中,始终处于悬空状态。

有时起重小车在轨道全长中,只是局部地段出现小车三条腿。产生这种现象的原因可能是轨道的平直性出现问题。如果某些地段出现凹凸不平,小车开进这一地段就会出现 3 个车轮着轨、1 个车轮悬空的故障。当然也可能多种因素交织在一起,如车轮直径不等,同时轨道凹凸不平。这时必须全面检查,逐项进行修理。

1. 小车三条腿故障对起重机的影响

起重机小车的三条腿故障对起重机有如下影响。

(1)使小车车体在启动和制动时产生振动与摆动，小车不能平稳地行走。

(2)使小车自重和负荷只由三只车轮支承，其车轮的最大车轮压超过设计值。

(3)造成小车运行过程中的啃轨。

(4)整机产生振动，小车也容易脱轨。

(5)桥架因受力不均容易变形。

2. 小车三条腿故障的原因

小车三条腿故障的原因可分为自身故障，以及变形、安装与磨损所致的轨道问题。

1)小车自身因素

(1)小车架本身不符合技术要求或者发生了变形。

(2)4 个车轮中有 1 个车轮直径过小。

(3)车轮的安装不符合技术要求。

(4)小车架上的对角线的 2 个车轮直径误差过大。

2)轨道因素

轨道因素包括轨道变形、磨损、安装质量和主梁变形或上盖板波浪形变形引起的轨道凹凸、轨道标高超差等。

小车三条腿常有如下的表现形式。

(1)某一个车轮在整个运行过程中，始终处于悬空状态，三条腿的原因可能有两个：其一，4 个车轮的轴线不在一个平面内，即使车轮直径相等，也总有一个车轮悬空；其二，4 个车轮的轴线在一个平面内，若是有 1 个车轮直径明显较其他车轮小或者对角线 2 个车轮直径太小，都会造成小车三条腿。

(2)起重小车在轨道全长中，只在局部地段出现小车三条腿。

3. 小车三条腿的检查

小车三条腿的主要原因是车轮和轨道尺寸偏差过大，根据其表现形式，可以优先检查某些项目。若在轨道全长运行中，起重小车始终是三条腿运行，这就要首先检查车轮；若局部地段三条腿，则应首先检查轨道。

(1)小车车轮的检查。车轮直径的偏差可根据车轮直径的公差进行检查，如 $\phi350d4$ 的车轮，查公差表可得知允许偏差为 0.1mm，同时要求所有的车轮滚动面必须在同一平面上，偏差不应大于 0.3mm。

(2)轨道的检查。为了消除小车三条腿，检查轨道的着重点应是轨道的高低偏差。小车轨道高度偏差(在同一截面内)如下：当小车跨距 $L_x \leqslant 2.5m$ 时，允许偏差 $d \leqslant 3mm$；当小车跨距 $L_x > 2.5m$ 时，允许偏差 $d \leqslant 5mm$。小车轨道接头处的高度差 $e \leqslant 1mm$，小车轨道接头的侧向偏差 $g \leqslant 1mm$。

小车轨道偏差可用水平仪和经纬仪来找平；没有这些条件的地方，可用桥尺和水平尺找平。桥尺是一个金属构架，下弦面必须比较平整，整个架子刚性要强，这样才能保证准确性。如图 4-3 所示，把桥尺横放在小车的两条轨道上，桥尺上安放水平尺。用观察水平尺气泡移动的方法来检查起重小车轨道高度差。

检查同一条轨道的平直性，可采用拉钢丝的方法，根据钢丝来找平轨道。

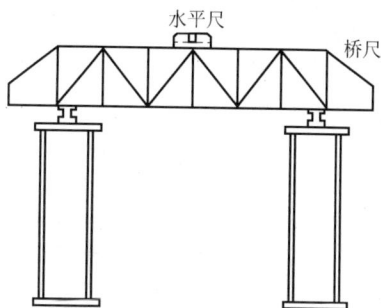

图 4-3   水平尺测量法

（3）小车三条腿的综合检查。实际工作中，所遇到的问题多数是几种因素交织在一起，有车轮的原因，也有轨道的原因。这时只能推动小车，一段一段地分析，找出三条腿的原因。检查时，可准备一套塞尺或厚度各不相同的铁片，将小车慢慢推动，逐段检查。如果在检查过程中发现小车在整个行程始终有一个车轮悬空，而车轮直径又在公差范围内，就可以断定那个车轮的轴线偏高。

在推动过程中，只有在局部地段出现三条腿现象，如图4-4所示，车轮A在a处出现间隙Δ，那么选择一个合适的塞尺或铁片塞进去，然后推动起重小车，如果当C轮进入a点不再有间隙，则说明轨道在a处偏低。如果A轮在a点没有间隙，C轮进入a点出现间隙，就可以判断三条腿现象是车轮的偏差所造成的。当然可能出现更加复杂的情况，就要进行综合分析，找出原因进行修理。

4. 小车三条腿的修理方法

1）车轮的修理

需要修理车轮的主要原因常常是车轮轴线是同心的，移动主动车轮会影响轴线的同轴度。

若主动轮和被动轮的轴线不在一个水平面内，可将被动轮及其角轴承架一起拆下来，把小车上的水平键板割掉，再按所需要的尺寸加工，焊上以后，把角轴承架连同车轮一起安装上，如图4-5所示。

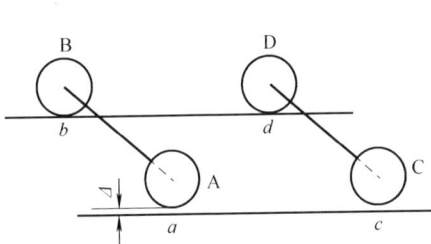

图4-4 小车三条腿检查

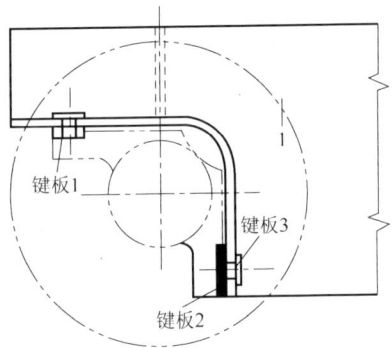

图4-5 车轮轴线的修理

（1）确定刨掉水平键板1的尺寸。

（2）将键板和车架打上记号，以备装配时找正。

（3）割掉车架上的定位键板3、水平键板1和垂直键板2。

（4）加工水平键板1，将车架垂直键板的孔沿垂直方向向上扩大到需要的尺寸并清理毛刺。

（5）将车轮及角轴承架安装上并进行调整和拧紧螺钉，然后试车。若运行正常，则可将各键板焊牢，若还有三条腿现象，再进行调整。为了减少焊接变形和便于今后的拆修，键板应采用断续焊。

2）轨道的修理

（1）轨道高度偏差的修理。轨道高度偏差一般可采用加垫板的方法，垫板宽度要比轨道下翼缘每边多出5mm左右，垫板数量不宜过多，一般不应超过3层。轨道有小的局部凹陷时，一般采用在轨底下加力顶的方法。在开始加力之前，先把轨道凹陷部分固定（加临时压板）起来，如图4-6所示。这样就避免了由于加力使轨道产生更大的变形。校直后要加垫板，以防再次变形。

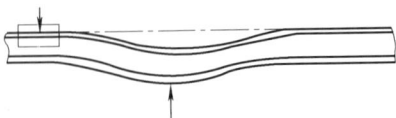

图4-6 轨道校直图

(2)轨道直线度的修理。轨道直线度可采用拉钢丝的方法来检查，若发现弯曲部分，可用小千斤顶校直。在校直时，先把轨道压板松开，然后在轨道弯曲最大部位的侧面焊一块定位板，千斤顶靠在定位板上，校直后，打掉定位板，重新把轨道固定好。

由于主梁板上盖板(箱形梁)的波浪引起的小车轨道波浪，一般可用加大一号钢轨或者在轨道和上盖板间加一层钢板的方法来解决。

4.1.5　知识拓展：桥式起重机的常见故障与排除方法

桥式起重机的常见故障与排除方法如表 4-1 所示。

表 4-1　桥式起重机常见故障与排除方法

零部件名称	故障	原因	排除方法
锻制吊钩	尾部螺纹及退刀槽、钩头表面出现裂纹	超期使用、超载使用或材质缺陷所致	发现裂纹及时更换
	钩口危险断面磨损	磨损严重时，其强度削弱，易于折断造成事故	当磨损量超过危险断面高度 10%时，应更换新钩；对于吊运钢水、熔化金属的吊钩磨损量超过危险断面高度 5%时，应报废更换新钩；对于已磨损，但未超过此标准者，应降低负荷使用
	钩口部位和弯曲部位发生永久变形	长期过载，疲劳所致	立即更换新钩
叠片式吊钩(板钩)	吊钩变形	吊钩长期过载所致	更换使用新钩
	钩片上有裂纹	吊钩超期、超载使用，导致吊钩损坏	更换钩片
钢丝绳	断股、断丝、打结或磨损	会导致断绳	断股、打结时应停止使用，断丝数在一个捻距内超过总丝数的 10%时，应更换新绳；钢丝径向磨损 40%时应更换新绳
滑轮	滑轮槽磨损不均匀	材质不均匀，安装不合要求，绳与轮接触不均匀	重新安装或修补，磨损超过 3mm 时，应更换
	滑轮心轴磨损	心轴损坏	加强润滑
	滑轮转不动	心轴和钢丝绳磨损加剧，滑轮损坏	检修心轴和轴承
	滑轮冲撞，轮缘断裂	轴上定位板松动	更换新轮
	滑轮倾斜	滑轮松动	调整、紧固定位板，使轴固定
卷筒	卷筒发现疲劳裂纹	卷筒断裂	更换卷筒
	卷筒轴、键磨损	轴被剪断，导致吊物坠落	停止使用，立即检修
	卷筒绳槽磨损和跳槽	卷筒强度削弱，容易断裂，钢丝绳缠绕混乱	当卷筒壁厚磨损达原厚度的 20%以上时，应更换卷筒
齿轮	齿轮轮齿折断	在工作时跳动，继而损坏机构	更换新齿轮
	轮齿磨损	齿轮传动时声响不正常，有跳动现象	超过允许极限值时，应更换新齿轮
	轮辐、轮缘、轮毂有裂纹	齿轮损坏	对起升机构应更换新轮，对运行机构可进行修补
	因“滚键”而使齿轮键槽损坏	使吊物坠落	对起升机构应更换新轮，对运行机构可在相距 90°方向重新插键槽，并可靠地安装在轴上
轴	轴上有裂纹	轴材质差、热处理不当，导致轴折断	更换新轴
	轴弯曲	导致轴颈磨损，影响传动	不直度超过每米 0.5mm 时，应校直
	键槽损坏	不能传递转矩	起升结构传动轴应更换，运行机构可重新铣键槽，继续使用

零部件名称	故障	原因	排除方法
车轮	轮辐、踏面(滚动面)有裂纹	车轮损坏	更换新车轮
	主动车轮滚动面磨损不均匀	表面淬火不均匀,车轮倾斜啃道所致,运行时振动	成对地更换
	轮缘磨损	车体倾斜、啃道所致,容易脱轨	轮缘磨损超过原厚度的50%时,更换新车轮
联轴器	联轴器体内有裂纹	联轴器损坏	更换
	联轴器连接螺栓孔磨损	开动时机构跳动、切断螺栓,若是起升机构,将发生吊物坠落	对于起升机构联轴器应更换新件;对于运行机构的联轴器可重新扩孔配螺栓,孔磨损严重时,可焊补后再钻铰孔
	齿式联轴器轮齿磨损或折断	缺少润滑油、工作频繁、打反车所致,会导致齿磨坏,重物坠落	对于起升机构,齿轮磨损达原齿厚的15%即应更换新件;对于运行机构,齿轮磨损达原齿厚的20%时,更换新件
	齿轮套键槽磨损	不能传递转矩,重物坠落	对于起升机构齿轮套应更换新件,对于运行机构齿轮套可在与其相距90°处重新插键槽,配键后继续使用
减速器	周期性的、颤动的声响	齿轮齿距误差过大或齿侧间隙超过标准,引起机构振动	更换齿轮
	发生剧烈的金属搓擦声,引起减速器的振动	通常是减速器高速轴与电动机轴不同心,或齿轮轮齿表面磨损不均、齿顶有尖锐的边缘所致	检修、调整同轴度或相应修整齿轮轮齿
	壳体,特别是安装轴承处发热	轴承滚珠破碎,或保持架破碎;轴颈卡住,轮齿磨损;缺少润滑油	更换轴承;修整齿轮;更换润滑油
	润滑油沿剖分面流出	密封圈磨损;减速器壳体变形;剖分面不平;连接螺栓松动	更换密封圈,将原壳体洗净后涂液体密封胶;检修减速器壳体;剖分面刮平;开回油槽紧固螺栓
	减速器在架上振动	减速器固定螺栓松动,输入或输出轴与电动机轴、工作机件不同心,支架刚性差	调整减速器传动轴的同心度,紧固减速器的固定螺栓;加固支架,增大刚性
制动器	不能制动重物(对运行机构则是小车或大车断电后滑行过大)	制动器杠杆系统中有的活动铰链被卡住;制动轮工作表面有油污;制动带磨损严重,铆钉裸露;主弹簧张力调整不当或弹簧疲劳、制动力矩过小所致	润滑活动铰链;用煤油清洗制动轮工作表面;更换新制动带;调整主弹簧;更换已疲劳的弹簧
		电磁铁冲程调整不当,或长冲程电磁铁坠重下有物支承	调整电磁铁冲程;清理长冲程电磁铁的工作环境
		液压推杆制动器叶轮旋转不灵活	检修推动机构和电气部分
	制动器不能打开	制动带胶黏在有污垢的制动轮上	用煤油清洗制动轮及制动带
		活动铰链被卡住	消除卡住地方,润滑铰链处
		主弹簧张力过大	调整主弹簧
		制动器顶杆弯曲,顶不到动磁铁	将顶杆调直,或更换顶杆
		电磁铁线圈被烧毁	更换线圈
		在液压推杆制动器上油液使用不当	按工作环境温度更换油漆
		叶轮卡住	检查电气部分和调整推杆机构
		电压低于额定电压的85%,电磁铁吸力不足	用万用电表测电磁铁的电压,查明电压降低的原因,并予以解决

续表

零部件名称	故障	原因	排除方法
制动器	在制动带上发生焦味、冒烟，制动带迅速磨损	制动带与制动轮间隙不均匀，在运转时摩擦而生热	调整制动器
		辅助弹簧失效不起作用，推不开制动臂，制动带始终压在制动轮上	更换新弹簧
		制动轮工作表面粗糙	按要求重新加工制动轮
	制动器易于脱开调整的位置，制动力矩不稳定	主弹簧的锁紧螺母松动，致使调整螺母松动	拧紧调整螺母，并用锁紧螺母锁住
		螺母或制动推杆螺母破坏	更换制动推杆和螺母，或重新修整推杆并配制螺母
夹轨钳	制动力矩小，夹不住	各活动铰链部分有卡住现象或润滑不良	修整各活动铰链部分，加润滑油
		制动带（闸瓦）磨损，制动力矩显著减少	更换新制动带
滚动轴承	轴承产生高热	缺少润滑油	检查轴承中润滑油，使其达到规定标准
		轴承中有污垢	用汽油清洗轴承，并注入新润滑油
	工作时滚动轴承响声大	装配不良而使轴卡住	检查轴承的装配质量
		轴承部件损坏	更换新轴承
小车运行机构	打滑	轨道上有油污或冰霜	去掉油污和冰霜
		轮压不均	调整轮压
		同一截面两轨道标高差过大	调整轨道，使其达到安装标准
		启动过猛（一般发生在鼠笼式电动机的启动时）	改善电动机的启动方法，或选用绕线式电动机
	小车三条腿运行	车轮直径偏差过大	按图纸要求进行加工
		安装不合理	按技术要求重新调整安装
		小车架变形	火焰矫正，使其达到设计要求

任务 4.2　塔吊的故障诊断与修理

4.2.1　任务描述

　　塔式起重机，简称塔吊，是建筑安装工程中广泛应用的一种施工机械，具有工作效率高、使用范围广、回转半径大、起升高度高、操作方便等特点。

　　塔吊的种类很多，出现的故障和造成故障的原因也是多种多样的，只有掌握故障诊断与修理的基本技能，才能在维修过程中做到诊断正确、措施得当。

4.2.2　任务分析

　　塔式起重机的故障分为机械液压系统故障和电气系统故障两部分，常见故障有钢丝绳磨损太快、开式齿轮磨损不均匀、制动器失灵、液力耦合器漏油、噪声过大等。产生故障的原因有时是内部因素，有时是外部因素，有时又是综合因素。本任务是熟悉塔式起重机的工作原理和结构分析，掌握塔式起重机常见故障的产生原因与排除方法，提高准确诊断塔吊的故障以及修理的基本技能，为以后的工作奠定基础。

4.2.3　知识准备

1. 塔吊的分类

塔式起重机，简称塔吊，是建筑安装工程中广泛应用的一种施工机械，在工业与民用建筑、电站施工、水利建设及造船等部门都有广泛的应用。塔式起重机具有工作效率高、使用范围广、回转半径大、起升高度高、操作方便的特点，是完成垂直输送效率较高的起重设备之一。

中国塔式起重机的发展经历了从测绘仿制到自行设计制造的过程。如今，无论从生产规模、应用范围，还是从拥有塔式起重机的总量等方面来衡量，中国均可堪称塔式起重机大国。

塔式起重机种类繁多，形式各异，功能也不尽相同，但从其构造和使用特点等方面来看，可按下面方法分类。图 4-7 是各类塔式起重机的结构简图。

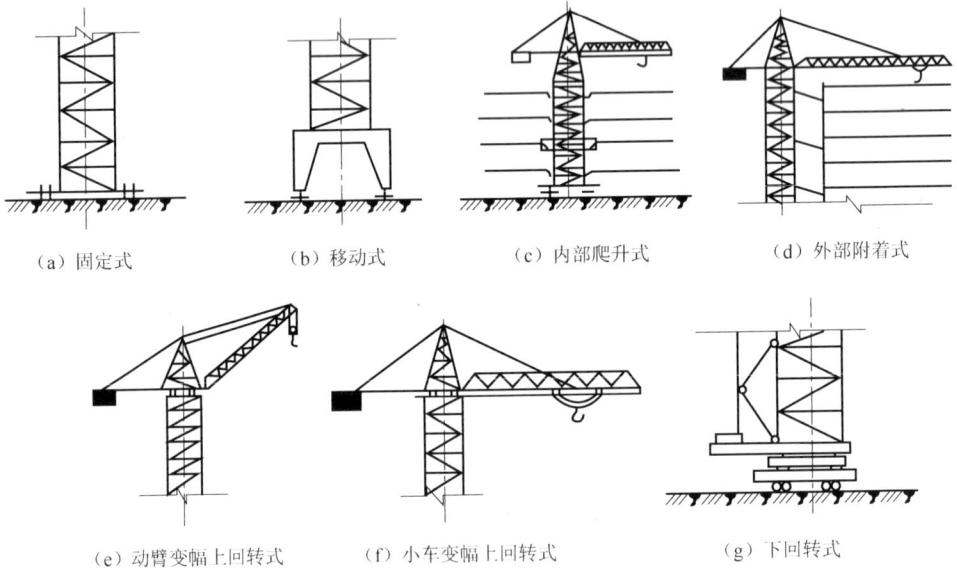

（a）固定式　　　（b）移动式　　　（c）内部爬升式　　　（d）外部附着式

（e）动臂变幅上回转式　　　（f）小车变幅上回转式　　　（g）下回转式

图 4-7　各类塔式起重机的结构简图

1) 按回转部分装设的位置不同分类

按回转部分装设的位置不同，可分为上回转塔式起重机和下回转塔式起重机。

上回转塔式起重机是将回转部分装设在塔机的上部。这种塔机的特点是塔身固定不动，在回转部分和塔身之间装有回转装置，这样可将上、下两部分融为一体，又可相对回转。根据回转支承结构形式的不同，上回转部分又可分为塔帽式、转柱式和塔顶式等几种。

下回转塔式起重机是将回转部分装设在塔机的下部。吊臂在塔身顶部，而塔身、平衡重和所有机构均安装在转台上。这种塔机的特点是重心低、稳定性好、塔身受力比较有利，另外由于平衡重在塔机下部，能够自行架设、整体搬运。

2) 按起重机有无运行机构分类

根据起重机有无运行机构，可分为移动式塔式起重机和固定式塔式起重机。

移动式塔式起重机具有行走装置，能够行动。具体又可分为轨道式塔式起重机、轮胎式塔式起重机、汽车式塔式起重机和履带式塔式起重机四种。

固定式塔式起重机没有运行机构，不能移动，而是通过连接件将塔身基础固定在地基或结构物上，具体又可分为塔身高度不变式和自升式。

3）按塔机变幅方式的不同分类

根据塔机变幅方式的不同，可分为动臂变幅塔式起重机、小车变幅塔式起重机和综合变幅塔式起重机。

动臂变幅塔式起重机由臂架的俯仰运动进行变幅，具有臂架受力状态良好、自重较轻的特点。

小车变幅塔式起重机由起重小车沿起重臂的运动进行变幅，具有幅度利用率高、工作平稳、安装方便、效率高的特点。

综合变幅塔式起重机根据作业的要求，其臂架可以弯折，同时具有动臂变幅和小车变幅的功能，在起升高度和幅度上弥补了两者工作的局限性，应用广泛。

4）按起重能力的大小分类

根据起重能力的大小，可分为轻型塔式起重机、中型塔式起重机和重型塔式起重机。

轻型塔式起重机的起重量在 0.5～3t，适用于低层民用建筑施工。

中型塔式起重机的起重量在 3～20t，适用于高层民筑施工和工业建筑的吊装。

重型塔式起重机的起重量在 20～40t，可用于重工业厂房和设备的吊装。

2. 塔式起重机的构造

塔式起重机是一种非连续性搬运机械，在高层工业和民用建筑施工中应用广泛，品种多样，功能、构造也不尽相同。一般可将塔式起重机的结构分为三个部分：金属结构、工作机构和驱动控制系统。图 4-8 是 QTZ200 型自升式塔式起重机的结构示意图。

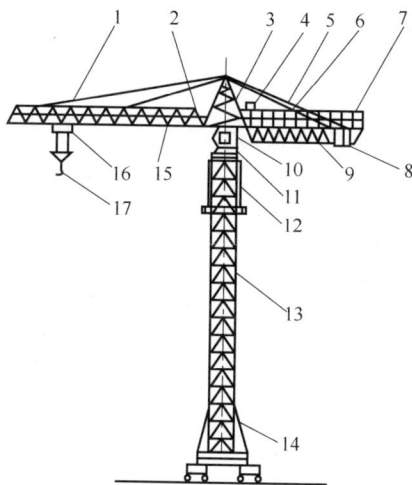

图 4-8　QTZ200 型自升式塔式起重机结构示意图

1-吊臂拉杆；2-限位装置；3-塔帽；4-电控箱；5-平衡臂拉杆；6-起升钢绳；7-起升机构；8-配重；9-平衡臂；10-驾驶室；11-回转机构；12-顶升机构；13-塔身；14-底架；15-吊臂；16-起重小车；17-吊钩

1）金属结构

塔式起重机的金属结构包括塔身、塔头（或塔帽）、吊臂、平衡臂、回转支承架、底架台车架等部件。金属结构是塔式起重机的骨架，是塔式起重机的重要组成部分，约占整机自重的 70%，承载着起重机的自重及工作时的载荷。大部分金属结构采用分段的格子式结构，由角钢、槽钢、管子等焊接而成，其设计要从减轻自重、节约钢材、提高性能、结构合理、满足可靠性等方面考虑。

塔身是塔式起重机的主体结构，承载塔机上部及载荷的重量，按结构形式可分为空间桁架和薄壁圆筒结构；按受力特点可分为旋转塔身和不旋转塔身，旋转塔身以承受轴向力为主，不旋转塔身主要承受压、弯、扭转作用。在设计塔身时，要计算强度、刚度和稳定性，并充分考虑振动问题。

塔式起重机的吊臂臂架长，自重较大，按其机构形式可分为三种：桁架压杆式、桁架水平式和桁架混合式，目前采用最多的是前两种形式。桁架压杆式臂架是利用固定在臂架端部的变幅钢丝绳改变臂架倾角实现变幅的，臂架主要承受轴向力；桁架水平式臂架则利用沿臂架弦杆运动的起重小车的运动实现变幅，臂架主要承受轴向力及弯矩作用。

平衡臂的作用是承载平衡重，形成作用方向与起重力矩方向相反的平衡力矩，在上回转塔式起重机中应配设平衡臂。常用的平衡臂有三种形式：平面框架式、三角形截面桁架式和矩形截面桁架式。平衡臂的长度与起重臂的长度要保证一定的比例关系，一般在 0.2~0.35；平衡臂的重量与平衡臂的长度呈反比关系。

回转平台是塔式起重机回转部分和固定部分之间的部件，由上、下接架构成，分别用螺栓与回转支承内外圈连接，其中上接架与回转塔身连接，下接架与塔身标准节连接。

塔式起重机的底架主要起支撑作用，增加塔身整体的稳定性，以回转自升式塔机为例，底架通常采用十字形结构，由一根长的横梁与两根半梁用螺栓连接而成，与塔身基础节、撑杆等共同组成塔式起重机的底架结构。

2) 工作机构

工作机构是指为了实现塔式起重机的不同机械运动，达到预定的各种机械动作而设置的各种机械部分的总称。以自升式塔式起重机为例，其工作机构通常包括起升机构、变幅机构、回转机构和运行机构等。

(1) 起升机构。起升机构是用于实现重物升降运动的工作机构，对于一台塔式起重机来说，起升机构通常包括电动机、制动机、减速器、卷筒、钢丝绳、滑轮组及吊钩等部分，各部分连接关系如图 4-9 所示。电动机与减速器之间通过连接轴相连，减速器的输出组装有卷筒，卷筒通过钢丝绳在塔身或塔顶上，导向滑轮和起重滑轮与吊钩相连。电动机工作时，发动动力，减速器完成转速与力矩间转换的最佳配比，使电动机处于最佳工作状态，缠绕在卷筒上的钢丝绳被卷筒卷入或放出，通过滑轮组带动悬挂于吊钩上的物品起升或下降，当电动机停止工作时，制动器通过弹簧力将制动轮制动，支持吊装物品，不允许其在重力作用下下落。

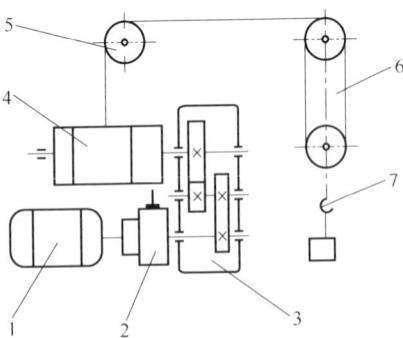

图 4-9　起升机构示意图

1-电动机；2-联轴器；3-减速器；4-卷筒；
5-导向滑轮；6-滑轮组；7-吊钩

起升机构的设计应充分满足塔式起重机的主要工作性能，在此基础上还要使结构简单、工作可靠、减轻自重、维修保养方便。

(2) 变幅机构。变幅机构是用来改变幅度的工作机构，可扩大塔式起重机的工作范围，充分利用自身的起吊功能，提高生产效率。

根据工作性质的不同，可将塔式起重机的变幅机构分为非工作性变幅机构和工作性变幅机构，非工作性变幅机构是在塔式起重机空载时改变幅度，调整取物装置的作业位置，具有变幅次数少、构造简单、自重轻的特点。工作性变幅机构是在塔式起重机负载条件下改变幅度，变幅过程是起重机工作的主要环节，具有生产效率高、工作性能好的特点，但构造复杂、自重较大。

根据运动形式不同，可将塔式起重机的变幅结构分为动臂式和小车式，动臂式变幅机构是通过钢丝绳滑轮组和变幅液压缸控制吊臂做俯仰运动，从而实现变幅的。通常用于非工作性变幅，具有起升高度高、拆卸方便、自重轻的特点，但幅度利用率低，变幅速度不均匀。小车式变幅机构是通过起重小车的移动牵引实现变幅的，工作时小车由变幅牵引机构启动，沿水平安装的吊臂轨道运动，具有变幅速度快、安装就位方便、幅度利用率高的特点，但由于吊臂要承受较大的弯矩，结构笨重，用钢量大。针对以上两种方式的利弊，经常在塔式起重机上同时采用两种变幅方法，即综合塔式起重机，它可同时具有两者的功能，弥补两者的不足，现已得到广泛应用。

(3) 回转机构。回转机构是为了扩大塔式起重机的工作范围，使起重臂架能够绕塔式起重机的回转中心 360°的回转运动，改变吊钩在工作平面内的位置，这样在塔式起重机固定不动的情况下，也能把物品运到回转圆力所能及的范围内，塔式起重机常用的回转方式有两种：一种是由电动机带动蜗轮减速转动，蜗轮减速器再带动行星小齿轮围绕大齿轮转动，从而实现塔式起重机转台以上部分围绕回转中心转动；另一种是由电动机通过少齿轮差行星齿轮减速器或摆线针减速器带动小齿轮围绕大齿轮转动，进而驱动塔式起重机转动，这种方式普遍应用在上回转塔式起重机中。

回转机构包括回转支承装置和回转驱动装置。回转支承装置为塔式起重机的回转部分提供稳定、牢固的支承，同时将回转部分的载荷传递给固定部分。塔式起重机中常采用柱式回转支承装置和滚动轴承式回转支承装置，柱式回转支承装置结构简单、制造方便；滚动轴承式回转支承装置结构紧凑，是目前应用最广的回转支承装置，可同时承受垂直力、水平力和倾覆力矩。回转驱动装置驱动塔式起重机的回转部分相对其固定部分实现回转，一般采用电动机驱动，通常安装在塔式起重机的回转部分上，电动机通过减速器带动最后一级小齿轮，小齿轮与塔式起重机固定部分的大齿轮互相啮合，从而实现回转运动。

(4) 运行机构。运行机构是用来支承起重机的自重和载荷，并使起重机水平运行，改变工作地点的工作机构。根据起重机运行方式的不同，可分为有轨运行机构和无轨运行机构。有轨运行机构是指塔式起重机的车轮在专门铺设的轨道上运行，是目前采用较多的形式，包括支承运行装置和驱动运行装置两部分。支承运行装置起到支承塔式起重机的行走车轮、台车等部件的作用，支承能力大，运行平稳且阻力小；驱动运行装置包括电动机、制动器、减速器、齿轮等零部件，驱动塔式起重机沿轨道移动。无轨运行机构则是指塔式起重机采用轮胎或履带，可在普通道路上行驶，机动性强。

3) 驱动控制系统

驱动控制系统是塔式起重机的一个重要组成部分，为各种工作机构提供动力，主要包括电动机、电缆、电缆卷线器和各种电控系统的结构部件等。

电动机是各种工作动力的源泉，最常用的是 YZR 和 YZ 系列交流电动机。塔式起重机上的电缆大多采用铜芯橡皮重型橡胶套电缆，能够承受较大的机械外力而不致损坏。电缆卷线器大多安装在底架上，由一套专用的传动装置带动并与塔式起重机的运行机构同步。电缆卷线器是塔式起重机上专用的电缆收放装置，能够准确保证电缆的收放与运行机构同步，避免因不同步造成电缆承受拉力而容易损坏，甚至出现电缆被拉撕或电缆收卷慢而产生堆积的情况。塔式起重机的电控系统主要包括电源行走控制箱、卷扬电控箱、卷扬电阻箱、起重小车电控箱、起重小车电阻箱、驾驶室电控箱、联动操作台、被控电动机及辅助电气等，由连接电缆将其连成一个完整的系统，操纵塔式起重机完成各项工作。

驱动控制系统控制工作机构的驱动装置和制动装置，完成机构的启动、制动、改向、调速等工作过程，并实时监控机构工作的安全性，起到安全保护作用，与此同时能够及时把塔式起重机工作情况的各种参数(如电流值、电压值、速度、幅度、起重量、起重力矩、工作位置、风速等数据)传递并显示给操作者，使操作者做到心中有数。对于一台性能优异的塔式起重机来说，一定要有性能良好、安全可靠、寿命较长的驱动控制系统与之相配合，才能更好地发挥其功能。

除了以上三个部分，由于使用塔式起重机时经常会发生事故，如因超载而引起的倒塔、塔身弯折；在大风作用下，夹轨器失灵使塔式起重机沿导轨走到头部，遇到挡板而翻车等情况，所以在塔式起重机上安装各种安全保护装置也是十分必要的。常用的安全保护装置有起升高度限位器、起重量限制器、起重力矩限制器、幅度指示器、夹轨器、锁定装置及各种行程限位开关等，通过这些安全保护装置尽可能地避免由于操作失误或违章操作等引起的灾难性事故。

4.2.4　任务实施

1. 塔式起重机常见故障及排除方法

1)机械及液压系统

机械及液压系统故障与排除方法见表4-2。

表4-2　机械及液压系统故障与排除方法

故障现象	原因	排除方法
钢丝绳磨损太快或经常跳出滑轮槽	滑轮、导向滑轮不转或磨成深槽	修复或更换
	滑轮槽和钢丝绳直径不符	更换合格钢丝
	滑轮偏斜或位移	调整滑轮位置
开式齿轮噪声大或磨损不均匀	齿面磨损间隙过大	修理或更换
	中心距过大或过小	重新调整中心距
减速器噪声大、温度高	润滑油过多或过少	增、减润滑油到标准油位
	轴承安装不当或损坏	重新安装或更换
	齿轮啮合不良或轴中线不平行	
减速器振动、联轴器弹性胶圈磨损较快	电机与减速器两轴不同心	按摩擦力矩 1450kN·m 更换
	固定或连接松动螺栓	
制动器失灵或发热冒烟	制动片沾有油污或间隙过大	清除油污，调整间隙
	制动片与制动轮间隙过小	调整间隙
	液压推动器不动作，制动器不脱离	拆卸清洗检查，修复故障
涡流制动器噪声大	内部轴承润滑不良或损坏	润滑或更换
	支撑安装不正确	
回转支承装置回转时有跳动或异响	小齿轮与大齿轮咬合不良	修复或更换
	支撑滚轮与滚道间隙过大	调整到规定间隙
	缺少润滑油	添加润滑脂

续表

故障现象	原因	排除方法
行走轮轮缘严重磨损	轨距过大或过小	重新调整轨距
	行走轮轴承磨损与轴的间隙过大	修补轴或更换轴承
安装装置工作失灵	弹簧脱落或损坏	修复或更换
	行程开关损坏	修复或更换
	线路接错或短路	检修
液力耦合器温升过高	机械故障引起工作载荷过重	检修
	油液不洁，油量过多或过少	更换新油或按规定增减油量
液力耦合器漏油	油封失效	更换油封
	轴颈磨损	修复轴颈
	结合面不平或密封损坏	修整平面或换垫
液压泵吸空	手动截止阀关闭	打开手动截止阀
	滤清器堵塞或油的黏度过高	清洗滤清器，更换合适的液压油
液压油泡沫太多	油箱油面过低	加油至规定高度
	油路系统吸入空气	排除空气
液压系统没有压力或压力不足	驱动液压泵的电动机接反	改变电动机接线
	液压泵的进出口接反	改变进出口接头
	换向阀磨损或定位不正确	修复或更换
	工作缸内部渗漏	更换密封圈
	溢流阀失效	调整或拆检修复
液压系统压力不稳	液压油脏	清洗滤清器，并换新油
	液压油中有空气	拧紧易漏接头，排除空气
	液压单元件磨损	修复或更换
液压泵、工作缸、各种阀过热	液压油脏	调整安全阀至规定值
	液压油脏或供油不足	清洗滤清器，检查油的黏度
	液压油中有空气	拧紧易漏接头，排除空气
	溢流阀压力不对	按规定重新调整
	液压泵磨损或损坏	更换新件

2）电气系统

电气系统故障与排除方法见表 4-3。

表 4-3　电气系统故障与排除方法

故障现象	原因	排除方法
电动机温升高	电动机缺相运行	正确接线
	定子绕组有故障	检查后排除
	轴承缺油或磨损	加油或更换轴承
	定、转子相摩擦	调整转子间隙
电动机输出功率小，达不到全速	线路电压过低	停止工作调整制动器
	制动器未完全松开	
	转子或定子回路接触不良	检查转子或定子回路
滑环产生电火花	电动机超负荷运动	停止超负荷运行
	电刷弹簧压力不足	加大弹簧压力
	滑环及电刷有污垢	清除脏物
滑环磨损过快	弹簧压得太紧	放松弹簧
	滑环表面不光滑	研磨滑环

续表

故障现象	原因	排除方法
控制器接通后,过电流继电器动作	触头与外壳或相邻触头短接	检查短接处并消除
	导线绝缘不良	修复或更换导线
接触器有噪声	短路环损坏	修复短路环
	磁铁系统歪斜	校正
涡流制动器低速挡速度变化快	硅整流器击穿	更换整流器
	接触器或主令控制器触头损坏	修复或更换触头
	涡流制动器线圈烧坏	更换涡流制动器
涡流制动器速度过低	定、转子间积尘太多或有铁屑	清除积尘
电源隔离开关及空气开关送电后,主接触器不接合	电压过低或无电压	逐项检查并加以排除或修复
	控制电路熔丝烧断	
	安全开关未接通	
	控制器手盘不在零位	
	过电流继电器常闭触头断开	
	接触器线圈烧破或断线	
操作主令元件接触器不动作	按钮、控制器转换开关等接触损坏	检查修复
	接触器联锁触头接触不良	检查修复
开关及接触器合上后,电动机不转或不加速	触点接触不良	检查触头
	电阻或导线断裂	检查修复
	频敏变阻器挡位不符	检查修复
制动电磁铁过热或有噪声	衔铁面太脏	清扫积尘并涂抹薄层机油
	电磁铁缺相运行	接好三相电源
	硅钢片未压紧	压紧硅钢片
主接触器吸合后过电流继电器立即动作	过电流继电器整定值不够	调整整定值
	主电路中有短路	检查短路部位予以排除
电源电流引入电路接不通	熔断器内熔件烧断	更换熔件
	电缆线或中央集电环炭刷接触不良	检查修复
	隔离开关或空气开关未接通	重新接通

2. 塔式起重机的使用与操作

1)塔式起重机的使用要点

(1)塔式起重机属于露天高空作业机械,其作业环境温度应在 20～40℃,过冷或过热的气温,不仅操作人员难以忍受,也不利于起重机的安全使用。

(2)塔式起重机塔身高,臂架伸幅长,整机的迎风面广,且迎风面大部分在高空,对风压较为敏感。因此,在风力达到四级及以上时,不要进行塔式起重机的安装和顶升作业,因为这时塔式起重机整体性较差,容易发生事故,同时还要对已拆卸的上、下塔身各连接螺栓重新紧固。当风力在五级及以上时,应停止内爬升塔式起重机的爬升作业,也是因为爬升中的起重机要脱开与建筑物支撑楼层的固定。当风力在六级及以上时,在用的塔式起重机应立即停止作业,锁紧夹轨器,将回转机构的制动器完全松开,使起重臂和平衡臂能随风自由转动,以减小迎风面。对轻型俯仰变幅起重机,应将起重臂落下并与塔身结构锁紧在一起。沿海地区使用塔式起重机遇风暴警报时,应将塔式起重机停放在避风地点,若不能移动,则应加缆风绳固定。对于下回转快速拆装的塔式起重机应将塔身放倒至托运状态。对于大雨、大雾、大雪等恶劣天气,也应停止塔式起重机的拆装和起重吊装作业。

(3)每日或连续大雨后,应对轨道基础进行一次全面检查,检查内容有轨距偏差、钢轨的平行度、钢轨顶面的倾斜度、轨道基础的弹性沉陷、钢轨的不直度以及轨道的通过性能等。

通过检查，对轨道基础的技术状况作出评定，并消除其存在的问题。对于固定式混凝土基础，应检查其是否有不均匀的沉降。

(4) 保持塔式起重机上所有安全装置灵敏有效，每月应检查一次，发现失灵的安全装置，必须及时修复或调整。所有安全装置调整妥当后，严禁擅自触动，并应加封(如火漆或铅封)，以防止私下调节而造成安全装置失效。

(5) 塔式起重机的现场平面应按下列原则布置。

① 要为塔式起重机提供足够的作业场地，清除或避开起重臂起落及回转半径内的障碍物。

② 应根据施工进度要求、工序安排以及作业性质，为施工创造有利的环境条件，协调运输、装卸、起重等几个方面的关系，使之合格平衡。

③ 合理安排各项物件的堆放，包括吊运构件的依次堆放、辅件辅料的堆放、设备工具的堆放，使起重吊运有序，消除相互影响，提高起重机作业效率。

④ 现场的一切布置要以保证安全作业为前提，做到交通应通畅；高压输电线路应满足高度；警戒标志应架设；场地应平整；安全装置应齐全有效。

(6) 现场施工负责人应在充分掌握起重作业任务的规模(包括工作量、操作范围、吊件质量、安装高度等)以及现场作业条件等情况下，根据塔式起重机的技术性能，编制起重作业方案，内容包括起重作业任务概况，作业进度计划，劳动组织及职责分工要求，以及作业中需要的辅助机械、设备和料具等，并绘制起重作业顺序图，其中应标明作业现场的构件布置、就位点、起重机行走路线等。编制后应经有关作业人员讨论修正，再经技术主管审定，然后按照起重作业方案进行技术交底，并负责监督检查方案的执行情况，及时解决存在的问题。

(7) 塔式起重机的操作人员不仅要熟悉所操作的塔式起重机的构造特点、技术性能、操作规程等，而且要掌握正确的操作方法。作业前应对现场环境、行走道路、架空线路、建筑物以及构件质量和分布情况等进行全面了解，并和施工人员、指挥人员密切配合，按照起重作业方案，全面完成起重吊装任务。

(8) 起重吊装的指挥人员应熟悉塔式起重机的使用性能，起重经验丰富，有指挥能力，并经过专业培训，考核合格后持证上岗。指挥人员必须和操作人员密切配合，按照起重方案各项要求，组织好作业前的准备工作，正确使用指挥信号 (手势、音响、旗语)指挥起重作业的全过程。对于驾驶室远离地面的塔式起重机，在正常指挥发生困难时，应采用对讲机等有效的通信工具，保持地面和高空人员的联系。操作人员必须按照指挥人员的信号进行作业，若信号不清或错误，操作人员应拒绝执行，以防由指挥失误而引发事故。

2) 塔式起重机的操作要点

操作人员在作业前应认真做好以下检查工作。

(1) 监视轨道基础，轨道基础应平直无沉陷，固定螺栓无松动；清除轨道上的障碍物，松开夹轨钳并向上固定好。

(2) 重点检查：起重钢结构的各个杆件应无变形；各传动机构正常；各齿轮箱、液压油箱的油位应符合标准，各润滑点润滑良好；各主要部位连接螺栓应无松动；各制动器铰点灵活，制动片松紧合适；钢丝绳磨损情况及各滑轮穿绕符合规定；各音响信号、警报装置及照明设备正常有效。

(3) 配电箱在配电前，检查各控制器手柄应在零位。当接通电源时，应采用试电笔检查金属结构部分，确认无漏电后，方可上机。

(4) 进行空载运转试验，检查各工作机构是否正常运转，有无噪声及异响；各机构的制动器和安全防护装置是否有效，确认正常后方可作业。

3) 作业中的安全注意事项

(1) 操作人员要集中精神，根据指挥人员信号进行操作。开始操作前应鸣号(铃)示意，以引起有关人员的注意。

(2) 起吊的重物和吊具的总质量不得超过起重机相应幅度下规定的起重量。作业前应先了解起吊重物的质量，对照起重机的起重性能曲线，以判明是否超载，对于质量不明的重物，切勿盲目起吊。

(3) 根据起吊重物的质量和现场情况，正确选择工作速度。操作各控制器应从停止点(零位)开始，依次逐渐增加速度，严禁越挡操作，在变换运转方向时，应将控制器手柄转到零位，待电机停转后再转向另一方向，不得直接变换运转方向。特别是操作回转机构时，因起重臂长度大，回转惯性力矩大，更应稳妥地进行操作。

(4) 操作应力求平稳，开始启动时，应低速运行，然后逐渐加快，达到全速运行。停止前，应逐渐减速而停车，不得猛然由全速转入停车或突然制动，以防增大惯性力而破坏塔式起重机的稳定性。

(5) 进行复合动作时，应先从单项动作开始，然后依次进行两项动作(如起升+回转或起升+行走等)和三项动作(如起升+回转+行走)的复合。此外，这些增加的动作，只能在操作者视线所及的范围内进行。

(6) 起吊重物时应绑扎平稳、牢固，不得在重物上堆放或悬挂零星物件。零星材料和物件，必须用吊笼或钢丝绳绑扎牢固后方可起吊。操作人员应密切注意起吊重物的绑扎是否牢固合理，以防重物在空中坠落或翻转。

(7) 起吊重物时，应注意吊钩与起重臂之间的距离，一般应不少于 1m，起吊重物平移时，应注意保持重物与其所跨越的障碍物之间的距离，一般应不小于 0.5m。

(8) 起吊满载或接近满载的重型构件时，应先将重物吊离地面约 0.5m 进行观察，待确认一切正常后，再继续起吊，对于有可能晃动的重物，必须栓拉绳。

(9) 设有两套操作系统的塔式起重机，不得同时使用。为确保安全，在上部操作时，下部的驾驶室必须加锁。

(10) 工作中如遇停电或电压下降，应立即将控制器扳到零位，并切断电源。若吊钩上挂有重物，应设法稍稍松开起升机构制动器，使重物缓慢地下降到安全地带。

(11) 行程限位开关是防止由于错误操作而造成越位事故的安全装置，不得用作停止运行的控制开关。在吊钩、大车或小车运行到限位装置碰杆之前，即应减速而停车。

(12) 采用制动调速系统的塔式起重机；禁止长时期使用低速挡工作，也不得长时期使用就位速度。

(13) 起重吊物必须在垂直情况下进行。严禁斜拉、斜吊和起吊地下埋设或凝结在地面上的重物、现场浇注的混凝土构件或模板，必须全部松开后方可起吊。

(14) 作业过程中，严禁下列动作。

① 将重物长时间悬吊在空中；

② 任意调整限位开关和制动器；

③ 对运转中的机构进行润滑或检修。

(15) 作业完毕后，起重机应停放在轨道中间位置，起重臂应转到顺风方向，并放松回转制动器，起重小车及平衡重应移到非工作状态位置，吊钩升到离起重臂顶端 2～3m 处。

（16）将每个控制器拨到零位，依次断开各路开关，关闭操纵室门窗，下机后断开电源总开关，打开高空指示灯。

（17）锁紧夹轨器，使起重机和轨道固定。

（18）机修人员上塔身、起重臂、平衡臂等高空部位检查或修理时，必须佩戴安全带。

（19）寒冷季节对停用起重机的电动机、制动器等，必须严密遮盖，以防雪水侵入受潮。

任务 4.3　电动葫芦的故障诊断与修理

4.3.1　任务描述

电动葫芦可作起重设备单独使用，配备小车后也可作架空单轨起重机、电动梁式起重机的起重小车。电动葫芦分为钢丝绳式、环链式和板链式三种。本任务主要介绍钢丝绳式电动葫芦的结构组成、工作原理和常见故障。由于自身与外在因素的影响，在工作中会造成电动葫芦出现一些异常现象，如小车啃轨、吊重困难、制动不灵等。保证设备安全正常的工作十分重要。

4.3.2　任务分析

电动葫芦常见的故障有很多。本任务介绍电动葫芦的常见故障、产生原因与排除方法的基本知识，并介绍电动葫芦的悬挂运输链的故障诊断与维修方法。只有掌握准确诊断电动葫芦的故障以及修理的基本技能，才能为以后的工作奠定基础，保障设备和人身的安全性。

4.3.3　知识准备

1. 电动葫芦的结构与分类

1）电动葫芦的结构

电动葫芦是比较常用的起重设备。电动葫芦结构紧凑、自重轻、效率高、操作方便，可作起重设备单独使用，配备小车后也可作架空单轨起重机、电动梁式起重机的起重小车。电动葫芦有钢丝绳式、环链式和板链式三种（图 4-10），其中钢丝绳式电动葫芦用得较普遍。电动葫芦多数采用地面跟随操纵或在随起重机移动的驾驶室操纵，也可采用有线或无线操纵。图 4-11 为钢丝绳式电动葫芦的结构组成。

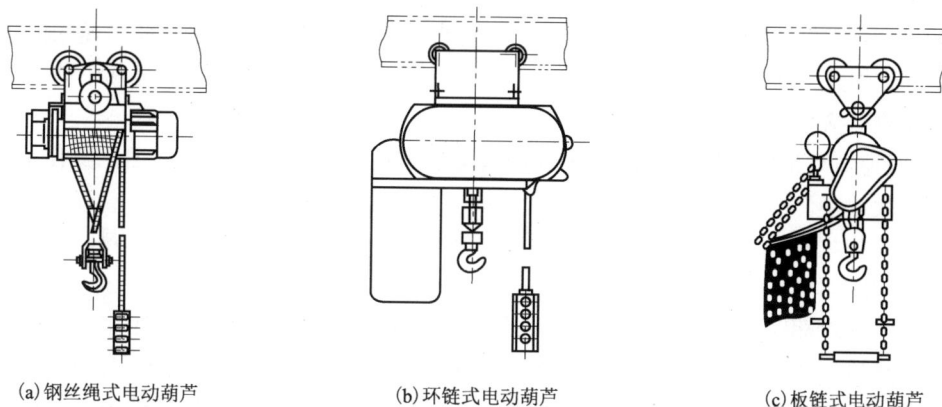

(a) 钢丝绳式电动葫芦　　　　　(b) 环链式电动葫芦　　　　　(c) 板链式电动葫芦

图 4-10　电动葫芦

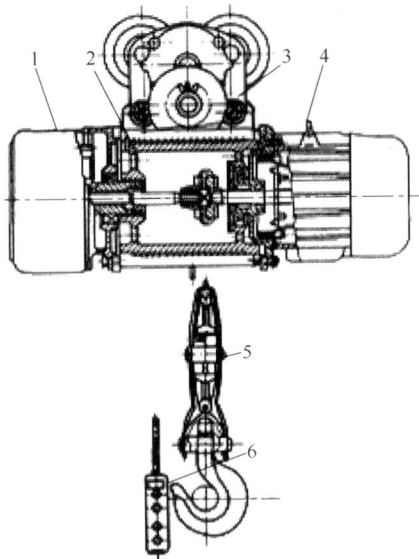

图 4-11　钢丝绳式电动葫芦的结构组成

1-减速器；2-卷筒装置；3-电动运行小车；4-带制动器的提升电机；5-吊钩装置；6-电气设备

(1)减速器。电动葫芦中采用的减速器多为渐近线外啮合、输入轴与输出轴同轴线的减速器。它制造简单、维修方便、效率高。采用行星减速器，其结构比较紧凑、体积小、自重轻，但加工和装配精度要求较高，零件维修和更换较困难。

(2)卷筒装置。卷筒装置包括卷筒、卷筒外壳、导绳器，可使钢丝绳在卷筒上排列整齐，延长钢丝绳的使用寿命，并可与起升高度限位开关联锁。联轴器常用轮胎型橡胶联轴器。

(3)电动机。钢丝绳式电动葫芦一般用圆锥形转子带制动器的电动机。这种电动机具有较高的启动转矩和过载能力，能保证电动机在断电情况下电动葫芦处于制动状态，以保证起升物品时的安全。此电动机的启动电流和飞轮力矩较小，有足够的制动力矩和较高的机械强度。

(4)运行机构。运行机构有牵引小车式和自行小车式两种。

牵引小车式运行机构一般在架空单轨的电动葫芦上，有钢槽轮式和橡胶轮胎式。

(5)慢速驱动装置。慢速驱动装置是为使起升机构或运行机构得到稳定工作速度的变速驱动装置。它常有以下形式。

① 附加有慢速电动机和齿轮传动装置。当接通慢速用的电动机而不接通常速用的主电动机时，可得到慢速，速比变化范围为 1∶4～1∶10，最大可达 1∶27。由于是几个独立的部件组成，拆装维修方便。

② 用双速电动机的装置。采用此种变速机构的电动机结构比较复杂，速比变化范围小，但重量轻，尺寸小。

电动葫芦根据电动机、制动器、减速器、卷筒等几个主要部件的布置不同，可分为 TV 型、CD 型、DH 型等。

(1)TV 型电动葫芦是老产品，但至今有的起重设备上还在用，运行机构由电动机、二级圆柱齿轮减速器和车轮等组成，运行速度为 20(30)m/min，起升速度为 8 m/min。优点是：①结构简单，制造、检修方便；②采用较多的通用件，互换性好；③盘式制动器调整方便。缺点是：①体积大，自重大，耗用金属材料多；②没有导绳器，钢丝绳易缠绕零乱脱槽；③电动机与减速器之间采用刚性联轴器，易断轴；④起动太猛，运行不稳，在电动单梁、门式起重机等上使用时，起动、制动摆动严重，易产生葫芦脱轨整体坠落而造成安全事故。

（2）CD（MD）型电动葫芦是我国设计制造的产品，最突出的特点是采用了锥形制动电动机，为此常称 CD（MD）型电动葫芦为锥形葫芦。CD 型为常速，MD 型为慢速或双速电动葫芦。具有自重轻、体积小、结构简单、操作方便等优点。但该葫芦为一般用途的电动葫芦，其工作级别为 M2-M4，环境温度为-25～40℃，不适用于吊运熔融金属或有毒、易燃和易爆物品，及相对湿度大于85%的场所。另外，设计上也存在一定的缺陷。

（3）DH 型电动葫芦的电动机安装在卷筒内部，这样可以缩短电动葫芦的外形长度，但维修困难，适用于重级工作制。

2）电动葫芦的三种基本结构形式的性能及技术参数比较

电动葫芦的三种基本结构形式的性能及技术参数比较见表 4-4。

表 4-4　三种电动葫芦的性能及技术参数比较

性能及技术参数	钢丝绳式电动葫芦	环链式电动葫芦	板链式电动葫芦
工作平稳性	平稳	稍差	稍差
承载件弯折方向	任意	任意	只能在一个平面内
起重量/t	一般为 0.1～10，根据需要可达 63 或更大	0.1～20	0.1～3
起升高度/m	一般为 3～30，需要时可达 60 或更高	一般 3～6，最大不超过 20	一般 3～4，最大不超过 10
自重	较大	较小	小
起升速度/(m/min)	一般为 4～10(大起重量宜取最小值)，需要高速的可有 16、20、35、50；有慢速要求的可选取双速葫芦，速比 1:3～1:10	一般 4～6，根据需要还有 0.5、0.8、2	
运行速度/(m/min)	常用 20、30(在地面跟随操纵)或 60(驾驶室操纵)		

2. 电动葫芦的常见故障及排除

电动葫芦的常见故障及其排除方法见表 4-5。

表 4-5　电动葫芦常见故障与排除方法

故障	产生原因	排除方法
小车啃轨	工字梁歪斜，影响两侧轮压接触	调整工字梁使两翼边垂直
	运行小轮向左偏移，则左轮单侧向前；向右偏移，则右轮着力，左轮打滑	调整重心使两轮接触均匀
	两侧车轮直径不等	使车轮达到等径
吊重困难	电压过低，或电动葫芦有故障	检查电压和电动机，针对情况处理
	CD 型、MD 型则因压簧过紧	适当调松弹簧
制动失灵	制动片的磨损面有油污	消除油污
	弹簧压力过低	调紧弹簧
启动器关闭后有嗡嗡声	启动器触头接触不良，或电动机有故障	检查触头和电动机，针对情况处理
	制动器电磁盘线头接触不良，或电磁铁调整不当	检查接线板，调整电磁铁
闭合过程磁力启动器有剧烈火花	由于长时间频繁启动的强力电流引起触点表面烧坏	更换触点，改进操作方法，避免频繁启动

故障	产生原因	排除方法
电动葫芦运转方向与手控钮箭头方向不符	电源相序装错	改换电源中的两个接头
电动机不能起吊且有杂声	电源电压过低、一相电源中断、后端盖与制动轮由于锈蚀咬死在一起、电源线截面积过小	检查熔丝接触器、修换拆下制动轮，消除摩擦面的油污、灰尘，增大电源线截面积
不能制动或下滑量过大	锥形制动环油污或磨损	调节制动机构或拆开制动轮、清除后端盖锈蚀、更换制动环
有卷筒或卷筒外壳中向外滑油	减速器加油过多，由输入轴孔漏出	打开减速器，侧下方看油，螺塞将多余油放出
减速器有较大的异常噪声	减速器缺油或内部齿轮、轴承有问题	加油，或检修减速器，更换轴承
导绳器损坏	重物与葫芦不垂直	更换导绳器、保持垂直起吊
限位器失灵或限位器位置不合适	限位杆上停止块松动，或位置不当，电源错相	调节并紧固停止块、校对运动方向

4.3.4　任务实施

悬挂运输链是电动葫芦中的重要组成部分，悬挂运输链的维修，首先是将轨道的故障排除，再排除链条的故障，修复或更换链节等机件。

1. 链条的故障及其排除方法

链条的主要故障是链距的伸长，这是由于链板孔磨损或销轴的磨损(图 4-12)而形成的。在运行时由于链条节距大于链轮节距，常会引起链条掉落现象，排除这种故障有两种方法。

(1)将磨损的内链板(外链板不易磨损)中间局部烧红，用内链节修复用(图 4-13)的胎具在两端加力，使链距缩至 2Δ(Δ为一端的磨损量)。

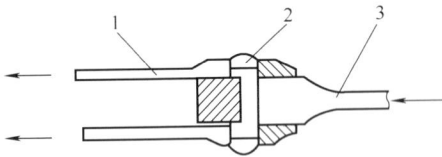

图 4-12　销轴的磨损

1-外链节；2-销钉；3-内链节

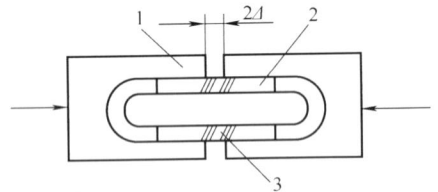

图 4-13　内链节的修复

1-胎具；2-内链节；3-加热区

(2)将已磨损的销轴翻转装配使用(图 4-14)，但注意销轴要有足够的强度。

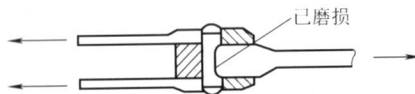

图 4-14　销轴的反装使用

如果需要更换部分新链节，应将新链节均匀混拆在旧链节中，否则容易造成掉链故障。

2. 轨道的故障及其排除方法

轨道的故障及其排除方法如表 4-6 所示。

表 4-6　轨道的故障与排除方法

故障		故障原因	排除方法
转弯处剥筋或磨翼板边缘		链轮位置与轨道弯曲偏移	调整链轮位置，严重时更换轨道
翼板卷边		载荷过大，两车轮间距大	调整猫头吊车轮间距，垂直切断磨损段，对调新旧面，也可按图 4-15 修复
翼板磨损	水平弯	正常磨损	将磨损轨段用气焊垂直切断，翻转对调新旧面
	水平断	正常磨损	将磨损轨段用气焊垂直切断，翻转对调新旧面
	爬坡立弯	正常磨损	将磨损轨段的下翼部分切掉(高度为 40mm)，切成相同尺寸的工字钢边用电焊修复(图 4-16)

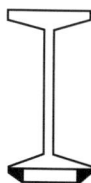

图 4-15　猫头吊车轮间距修复

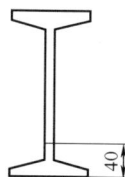

图 4-16　工字钢边用电焊修复

3. 运行链运行时的故障及其排除方法

运行链正常运转条件是链条与链轮沿轨道的中心线应一致(图 4-17)，否则将引起外链板磨损或掉链故障。现以链轮 2 为例(图 4-18)，分析故障的原因及其排除方法(表 4-7)。

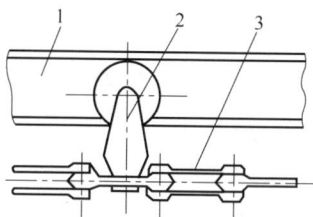

图 4-17　猫头吊和轨道对链条的影响

1-轨道；2-猫头吊；3-链条

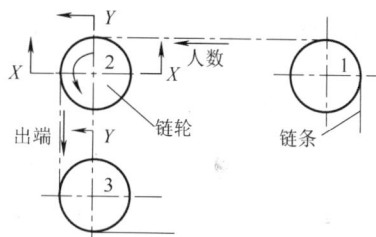

图 4-18　链轮的位置

表 4-7　运行链运行时的故障及其排除方法

故障	原因	排除方法
链条偏上掉链	链轮偏斜，$X—X$ 剖视角为负值 α(图 4-19)	调整链轮轴承座，消除 α 角
	链轮偏低于入端相邻的链轮	调低相邻的链轮1
链条偏下掉链	链轮偏斜，$X—X$ 剖视角为正值 α(图 4-19)	调整链轮轴承座，消除 α 角
	链轮偏高于入端相邻的链轮	调低相邻的链轮1
链条爬齿掉链	链板节距的伸长大于链轮节距	修短内链板(图 4-13)，翻转使用旧销轴(图 4-14)
	在旧链条上集中更换新链节	更换新链节时应穿插进行，不要集中在一处
链条不易脱齿，链轮出口磨上侧	链轮偏斜，$Y—Y$ 剖视角为正值 β(图 4-20)	调整链轮轴承座，消除 β 角
	链轮偏高于出端相邻的链轮	调高出端相邻的链轮3
链条不易脱齿，链轮出口磨下侧	链轮偏斜，$Y—Y$ 剖视角为负值 β(图 4-20)	调整链轮轴承座，消除 β 角
	链轮偏低于出端相邻的链轮	调低出端相邻的链轮3
	链轮偏低于轨道	适当调高链轮

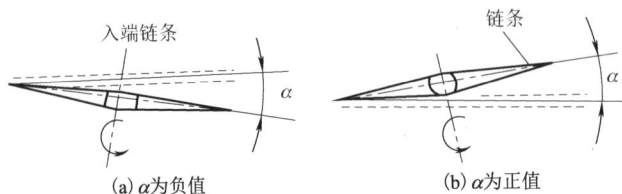

图 4-19 链轮有倾角 α

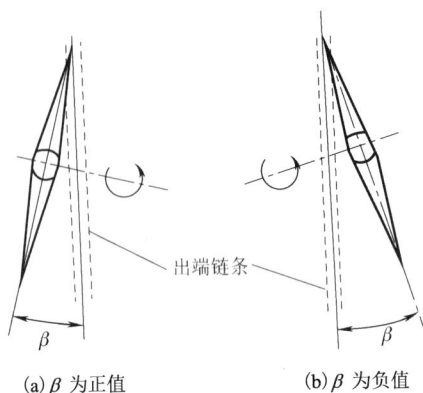

图 4-20 链轮有倾角 β

4.3.5 知识拓展：起重小车与电动葫芦性能比较

一般在起重机上配用合适的电动葫芦比起重机上安装起重小车的优点多，如表 4-8 所示。

表 4-8 起重小车与电动葫芦性能比较

项目	起重机的起重小车	电动葫芦
形式	电动机、制动器、减速器、卷筒等，单独装在小车架上组成一体	组成一个整体的机器
体积与重量	一般体积大，重量大	小而轻
起重量	起重量可大可小	小起重量为主，国产电动葫芦最大起重量为 15t，国外最大起重量有 63t
速度控制	用绕线或电动机，可能获得多种速度	用笼型电动机，可点动控制，特殊有 2～3 级速度
操纵	一般在驾驶室操作	在地面按钮操作，也可以在驾驶室操纵
使用频率	一般较大	可大可小
成本与维护费用	一般较高	较低
检修	要求专门技术	一般专业知识

起重小车重量大，一般在驾驶室操作，驾驶员要经过专业培训，有起重小车的车间要专门配备一名驾驶员，造成生产成本高。

起重量在 10t 以下的门式起重机多采用电动葫芦作为起重小车。电动葫芦是一种把电动机、卷筒、减速器、制动器及运行小车合为一体的小型轻巧的起重设备。

电动葫芦重量轻，不需要操作室，操作简单，不需要专岗驾驶员，生产成本较低。

任务 4.4　电梯的故障诊断与修理

4.4.1　任务描述

随着中国经济的快速发展，高层建筑越来越多，电梯是高层建筑中必备的垂直交通运输设备，可以说，电梯已成为城市化发展的一个标志。电梯是一种典型的现代机电设备，具有占地面积小，运输安全、合理的特点。了解并掌握电梯的结构、规格和分类有助于掌握电梯常见故障的处理。

4.4.2　任务分析

在电梯控制中广泛采用 PLC 控制系统，当传感器等器件有可靠的配套产品时，可对层楼召唤、平层以及各保护环节进行较全面的控制。本任务针对 PLC 在电梯控制电路中的应用情况，介绍 PLC 在电梯控制电路中常见的故障现象及维修方法。

4.4.3　知识准备

1. 电梯的分类与结构

1）概述

随着电力电子技术的发展，更多的新技术应用在电梯中，电梯的速度已达到 $10\sim12\text{m/s}$，不仅应用在高层建筑物中，还应用在海底勘察等方面。电梯发展到今天，不但要完成运输功能，而且要在提高电梯速度的同时，充分考虑到乘梯人员的舒适感和安全性，满足乘梯人的心理需要和生理需要。

2）电梯的分类

根据 GB/T 7024—2008《电梯、自动扶梯、自动人行道术语》中的规定，电梯的定义是："服务于规定楼层的固定式升降设备。"由于电梯的应用场合不同，起到的作用也不尽相同。在建筑设备中，电梯作为一种间歇动作的升降机械，主要承担垂直方向的运输任务，属于起重机械；在公共场所的自动扶梯和自动人行道作为一种连续运输机，主要承担倾斜或水平方向的运输任务，属于运输机械。各国对电梯的分类采用了不同的方法，根据中国的行业习惯，归纳为以下几种。

(1)按运行速度分，可分为低速电梯、快速电梯、高速电梯和超高速电梯。

(2)按用途分，可分为客梯、货梯和客货梯，每一种又包括很多小类，这是目前普遍使用的分类方式。

(3)按拖动方式分，可分为交流电梯、直流电梯、液压电梯、齿轮齿条电梯和直线电动机驱动的电梯。

(4)按控制方式分，可分为手柄操纵控制电梯、按钮控制电梯、信号控制电梯、集选控制电梯、并联控制电梯、梯群控制电梯和微机控制电梯等。

(5)按曳引机构分，可分为有齿曳引电梯和无齿曳引电梯。

(6)按有无专业人员操作分，可分为有专业人员电梯、无专业人员电梯和有/无专业人员电梯。

3) 电梯的基本规格及型号

(1) 电梯的基本规格。电梯的基本规格是对电梯服务对象、运载能力、工作性能及井道机房尺寸等方面的描述，通常包括以下几部分。

① 电梯的类型，指乘客电梯、载货电梯、病床电梯、自动扶梯等，表明电梯的服务对象。

② 额定载重量，指电梯设计所规定的轿内最大载荷，习惯上采用所载质量代替。

③ 额定速度，指电梯设计所规定的轿厢速度，单位为 m/s，是衡量电梯性能的主要参数。

④ 驱动方式，指电梯采用的动力种类，分为直流驱动、交流单速驱动、交流双速驱动、交流调压驱动、交流变压变频驱动、永磁同步电动机驱动、液压驱动等。

⑤ 操纵控制方式，指对电梯的运行实行操纵的方式，分为手柄操纵、按钮控制、信号控制、集选控制、并联控制、梯群控制等。

⑥ 轿厢形式与轿厢尺寸，指轿厢有无双面开门的特殊要求，以及轿厢顶、轿厢壁、轿厢底的特殊要求。轿厢尺寸分为内部尺寸和外廓尺寸，以深×宽表示。内部尺寸根据电梯的类型和额定载重量确定；外廓尺寸与井道设计有关。

⑦ 门的形式，指电梯门的结构形式，按开门方式可分为中分式、旁开式、直分式等；按控制方式可分为手动开关门、自动开关门等。

其中额定载重量和额定速度是电梯设计、制造及选择使用时的主要依据，是电梯的主要参数。

(2) 电梯的型号。根据中国城乡建设环境保护部颁布的 GB/T 7025.1—2008《电梯主参数及轿厢、井道、机房型式与尺寸 第 1 部分：Ⅰ Ⅱ Ⅲ Ⅵ类电梯》的规定，电梯型号编制方法如下。

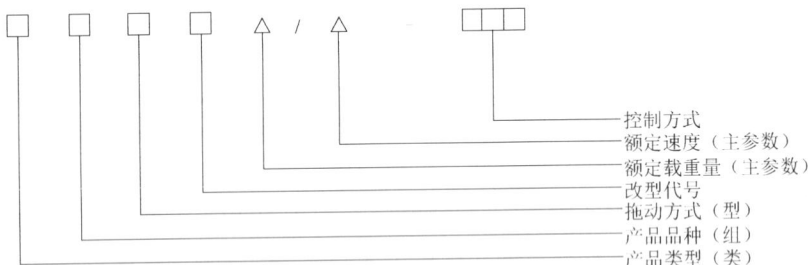

例如，TKJ500/1.0-XH 表示交流乘客电梯，额定载重量为 500kg，额定速度为 1.0m/s，信号控制；THY1000/0.63-AZ 表示液压电梯，额定载重量为 1000kg，额定速度为 0.63m/s，按钮控制，自动门；TKZ800/2.5-JXW 表示直流乘客电梯，额定载重量为 800kg，额定速度为 2.5m/s，微机组成的集选控制。

除此之外，国外众多品牌的电梯制造厂家进入中国后，许多合资厂家仍沿用引进国产电梯型号的命名，如"广日"牌电梯是引进日本"日立"技术生产的，其型号的组成如下。

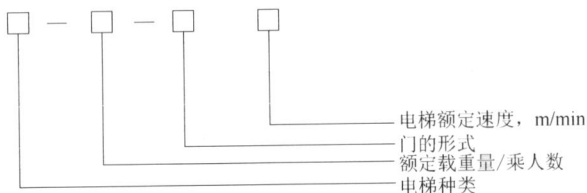

例如，YP-15-C090 表示交流调速乘客电梯，额定乘员 15 人，中分式电梯门，额定速度为 90m/min；F-1000-2S45 表示货物电梯，额定载重量 1000kg，两扇旁开式电梯门，额定速度为 45m/min。

4) 电梯的结构

电梯是一种典型的现代化机电设备，基本组成包括机械部分和电气部分，从空间上考虑可分为机房部分、井道部分、层站部分和轿厢部分(图 4-21)。

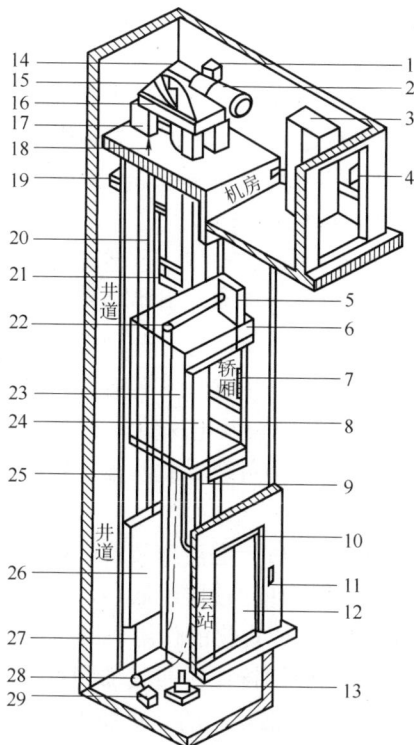

图 4-21　电梯的基本结构示意图

1-制动器；2-曳引电动机；3-电气控制柜；4-电源开关；5-位置检测开关；6-开门机；7-轿内操纵盘；
8-轿厢；9-随行电缆；10-层楼显示装置；11-呼梯装置；12-厅门；13-缓冲器；14-减速器；15-曳引轮；
16-曳引机底盘；17-向导轮；18-限速器；19-导轨支架；20-曳引钢丝绳；21-开关碰块；22-终端紧急开关；
23-轿厢框架；24-轿厢门；25-导轨；26-对重；27-补偿链；28-补偿链向导轮；29-张紧装置

(1)机房部分。机房部分在电梯的最上部，包括曳引机、限速安全系统、控制柜、选层器、终端保护装置和一些其他部件(如电源总开关、照明灯具等)。

曳引机是轿厢升降的驱动部分，输出并传递动力，使电梯完成上下运动。曳引机包括电动机、减速器、曳引轮、制动器和联轴器。根据曳引机中电动机与曳引轮之间是否有减速器，可把曳引机分为有齿曳引机和无齿曳引机。在有齿曳引机中电动机与曳引轮之间安装减速器，可将电动机轴输出的较高转速降低，以适应曳引轮的需要，并得到较大的曳引转矩，满足电梯运行的需求。曳引轮是电梯运行的主要部件之一，分别与轿厢和对重装置连接，当曳引轮转动时，曳引力驱动轿厢和对重装置完成上下运动。制动器是电梯的重要安全装置，是除了安全钳外能够控制电梯停止运动的装置，同时对轿厢和厅门地坎平层时的准确定位起着重要的作用。

　　限速安全装置是电梯中最重要的安全装置，包括限速器和安全钳。当电梯超速运行时，限速器停止运转，切断控制电路，迫使安全钳开始动作，强制电梯轿厢停止运动；而当电梯正常运转时，限速器不起作用。限速器与安全钳联合动作才能起到控制作用。

　　选层器能够模拟轿厢的运动，将反映轿厢位置、呼梯层数的信号反馈给控制柜，并接收反馈信号，起到指示轿厢位置、确定运行方向、加减速、选层及消号的作用。

　　控制柜包括控制电梯运动的各种电梯元件，一般安装在机房中，在一些无机房电梯系统中，也可安装在井道里或顶层厅门旁边。控制柜控制电梯正常运行的顺序和动作，记忆各层呼梯信号，许多安全装置的电路也由它控制。

　　终端保护装置是为了防止电气系统失灵、发生冲顶或撞底事故，在电梯上下终端设置的正常限位停层装置，一般包括强迫减速开关、限位开关和极限开关。

　　(2)井道部分。电梯的井道部分主要包括导向系统、对重装置、缓冲器、限速器张紧装置、补偿链、随行电缆、底坑及井道照明等。

　　电梯的导向系统包括导轨、导靴、导轨支架，这些都安装在井道中。导轨能限制轿厢和对重在水平方向产生移动，确定轿厢和对重在井道中的相对位置，对电梯升降运动起到导向作用。导靴能够保证轿厢和对重沿各自轨道运行，分别安装在轿厢架和对重架上，即轿厢导靴和对重导靴，各4对。导轨支架固定在井道臂或横梁上，起到支撑和固定导轨作用。

　　对重装置安装在井道中，能够平衡轿厢及电梯负载的重量，同时减少电动机功率的损耗。对重的重量应按规定选取，使对重与电梯负载尽量匹配，这样能够减小钢丝绳与绳轮间的曳引力，延长钢丝绳的使用寿命。

　　缓冲器安装在井道中，是电梯的最后一道安全装置。在电梯运行过程中，当其他所有保护装置都失效时，电梯便会以较大速度冲向顶层或底层，造成严重的后果，缓冲器可以吸收轿厢的动能，减缓冲击，起到保护乘客或货物的作用，减少损失。

　　补偿链由铁链和麻绳组成，两端分别挂在轿厢底部和对重底部。采用补偿链的目的是当电梯曳引高度超过30m时，避免因曳引钢丝绳的差重而影响电梯的平稳运行。补偿链使用广泛，结构简单，但不适于高速电梯，当电梯速度较高时，常采用补偿绳，补偿绳以钢绳为主体，可以保证高速电梯的运行稳定。

　　(3)层站部分。电梯的层站部分包括厅门、呼梯装置(召唤箱)、门锁装置、层楼显示装置等。

　　厅门在各层站的入口处，可防止候梯人员或物品坠入井道，分为半分式、旁开式、直分式等。厅门的开关由安装在轿门上的门刀控制，可与轿门同时打开、关闭，厅门上装有自动门锁，可以锁住厅门，同时也可通过门锁上的微动开门控制电梯启动或停止，这样就能保证轿门和厅门完全关闭后电梯才能运行。

　　呼梯装置设置在厅门附近，当乘客按动该按钮时，信号指示灯亮，表示信号已被登记，轿厢运行到该层时停止，指示灯同时熄灭。在底层基站的呼梯装置中还有一把电锁，由管理人员控制开启、关闭电梯。

　　门锁装置的作用是在门关闭后将门锁紧，通常安装在厅门内侧。门锁装置是电梯中的一种重要安全装置，当门关闭后，门锁可防止从厅门外将厅门打开出现危险，同时可保证在厅门、轿门完全关闭后，电路接通，电梯才能运行。

　　层楼显示装置设在每站厅门上面，面板上有代表电梯运行装置的数字和运行方向的箭头，有时层楼显示装置与呼梯装置安装在同一块面板上。

（4）轿厢部分。电梯的轿厢部分包括轿厢、轿厢门；安全钳、平层装置、安全窗、开门机、轿内操纵箱、指示灯、通信及报警装置等。

轿厢由轿厢架和轿厢体两部分组成，是运送乘客和货物的承载部件，也是乘客能看到电梯的唯一结构。轿厢架是承载轿厢的主要构件，是固定和悬吊轿厢的承重框架，垂直于井道平面，由上梁、立梁、下梁和拉条等部分组成。轿厢体由轿厢底、轿厢壁、轿厢顶和轿厢门构成。轿厢底是轿厢支撑负载的组件，由框架和底板等组成。轿厢壁由薄钢板压制成型，每个面壁由多块长方形钢板拼接而成，接缝处嵌有镶条，起到装饰及减振作用，轿厢内常装有整容镜、扶手等。轿厢顶也由薄钢板制成，上面装有开门机、门电动机控制箱、风扇、操纵箱和安全窗等，发现故障时，检修人员能上到轿厢顶检修井道内底设备，也可供乘客安全撤离轿厢，轿厢顶需要一定的强度，应能支撑两个人的重量，以便检修人员进行维修。

轿厢门是乘客、物品进入轿厢的通道，也可避免轿内人员或物品与井道发生相撞。同厅门一样，轿厢门也可分为中分式、旁开式和直分式几种。轿厢门上安装有门刀，可控制厅门与轿门同时开启或关闭。另外，轿门上还装有安全装置，一旦乘客或物品碰及轿门，轿门将停止关闭，重新打开，防止乘客或物品被夹。

安全钳与限速器配套使用，构成超速保护装置，当轿厢或对重超速运行或出现突然情况时，限速器操纵安全钳将电梯轿厢紧急停止并夹持在导轨上，为电梯的运行提供最后的综合安全保证。安全钳安放在轿厢架下的横梁上，成对使用，按其运动过程的不同可分为瞬时式安全钳和滑移式安全钳。

平层装置的作用是将电梯的快速运行切换到平层前的慢速运行，同时在平层时能控制电梯自动停靠。

5) 电梯的基本原理

电梯运行示意图如图 4-22 所示。电梯通电后，拖动电梯的电动机开始转动，经过减速器、制动器等组成的曳引机，依靠曳引机的绳槽与钢丝绳之间的摩擦力使曳引钢丝绳移动。因为曳引钢丝绳两端分别与轿厢和对重连接，且它们都装有导靴，导靴又连着导轨，所以曳引机转动，拖动轿厢和对重做方向相反的相对运动(轿厢上升，对重下降)。轿厢在井道中沿导轨上、下运行，电梯就开始执行竖直升降的任务。

曳引钢丝绳的绕法，按曳引比(曳引钢丝绳速度与轿厢升降速度之比)常有三种方法，即半绕 1：1 吊索法、半绕 2：1 吊索法和全绕 1：1 吊索法，如图 4-23 所示。

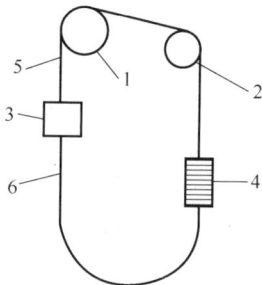

图 4-22   电梯运行示意图

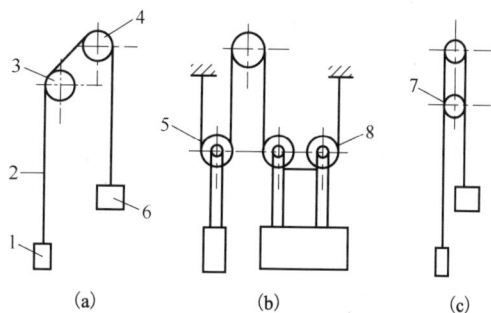

1-曳引轮；2-导向轮；3-轿厢；4-对重；5-曳引绳；6-平衡链

图 4-23   曳引方式示意图

1-对重装置；2-曳引绳；3-导向轮；4-曳引轮；
5-对重轮；6-轿厢；7-复绕轮；8-轿厢轮

2. 电梯的机械系统

1)机械系统

(1)曳引机。曳引机是电梯的主拖动机械，驱动电机的轿厢和对重装置做上、下运动。曳引机分为无齿轮曳引机和有齿轮曳引机两种，它们分别用于运行 $v > 2.0m/s$ 的高速电梯和 $v \leqslant 2.0m/s$ 的客梯、货梯上，主要由电动机、电磁制动器、减速器、曳引轮和盘车手轮几部分组成。

(2)减速器。减速器只在齿轮曳引机中应用，安装在电动机转轴和曳引轮转轴之间，采用蜗轮蜗杆做减速运动。蜗轮与曳引绳同装在一根轴上，由于蜗杆与蜗轮之间有啮合关系，曳引电动机就通过蜗杆驱动蜗轮而带动绳轮做正、反方向运动，如图 4-24 所示。

(3)电磁制动器。电梯正常停车时，为保证平层准确和电梯的可靠性，安装了电磁制动器。在电梯停止运行或断电状态下，依靠制动弹簧的压力抱闸。正常运行时，它处于通电状态，依靠电磁力松闸。

(4)曳引轮。曳引轮是挂曳引钢丝绳的轮子，轿厢和对重就悬挂在它的两侧。在它上面还加工有曳引绳槽。

(5)曳引钢丝绳。按 GB 8903—2005《电梯用钢丝绳》生产的电梯专用钢丝绳。由进油纤维绳作为芯子，用优质碳素钢捻成。它有较大的强度、较高的韧性和较好的抗磨性。

(6)盘车手轮。装在电动机后端伸出的轴上。在电梯断电时用人力使曳引机转动，将轿厢停在层站，放出乘客。平时取下另行保管，必须由专业人员操作。

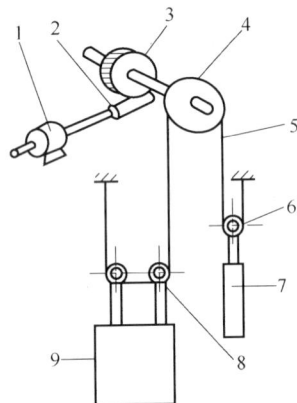

图 4-24　减速系统

1-曳引电动机；2-蜗杆；3-蜗轮；
4-曳引轮；5-曳引钢丝绳；6-对重轮；
7-对重装置；8-轿顶轮；9-轿厢

2)导引系统

由导轨、导轨架和导靴三部分组成。

(1)导轨。由强度和韧性都较好的 Q235 钢经刨削制成。每根导轨长 3m 或 5m。不允许采用焊接或螺栓直接连接，而是用螺栓将导轨和加工好的专用连接板连接。

(2)导轨架。它固定在井道壁或横梁上，起支撑和固定导轨作用。

(3)导靴。分固定滑轮导靴、滑动弹簧导靴和胶轮导靴，成对安装在轿厢上梁、底部，以及对重装置上部、底部。

3)平衡系统

它可以使电梯运行平稳、舒适，还可以减少电动机的负载转矩。

(1)对重装置。由对重块和对重架组成，对重块固定于对重架上。

(2)补偿装置。悬挂在对重或轿厢下面，用以补偿钢丝绳和控制电缆的重量对电梯平衡状态的影响。

4)电梯门

开、关门的方式分手动和自动两种。

(1)手动开、关门。目前应用很少。它是依靠分装在桥门和桥顶、层门与层门框上的拉杆门锁装置来实现的。由专业人员来操作。

（2）自动开、开门。开、关门机构设在轿厢上部的特质钢架上。最常用的自动门锁称为钩子锁。它是带有电气联锁的机械锁，锁壳和电气触头装在层门框上。门锁的电气触点都串联在控制电路中，只有所有触点都接通才可以运行。

3. 电梯的主驱动系统

根据拖动电梯运行的电动机类型，电梯的主驱动系统可分为交流单速电梯主驱动系统、交流双速电梯主驱动系统、开环直流快速电梯主驱动系统、晶闸管励磁直流快速电梯主驱动系统和交流调速电梯主驱动系统等。

1）交流单速电梯主驱动系统

这种驱动系统电路非常简单，如图 4-25 所示。交流单速电梯只有一种运行速度，常用的速度为 0.25~0.3m/s。电梯的上、下行是通过接触器 KM_1、KM_2 的触点切换电动机上的电源相序，使电动机进行正、反两个方向的旋转来实现的。

交流单速电梯主驱动系统及控制系统可靠性好，但平层准确度低，只适应于运行性能要求不高、载重量小、提升高度小的杂物电梯。

2）交流双速电梯主驱动系统

交流双速电梯主驱动系统原理图如图 4-26 所示。从图中可以看出电动机具有两个不同极对数绕组，一个是 6 极绕组，同步转速为 1000r/min；一个是 24 极绕组，同步转速为 250r/min，所以称为双速电梯。

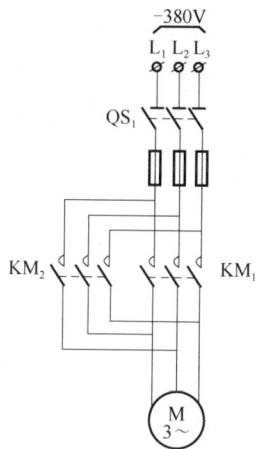

图 4-25　交流单速电梯主驱动
　　　　　系统原理图

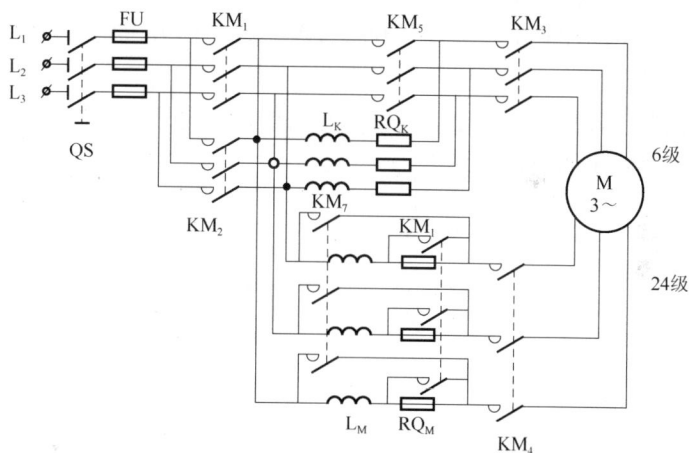

图 4-26　交流双速电梯主驱动系统原理图

工作过程如下：当电梯有了方向后，KM_1、KM_2、KM_3 闭合，串接电阻 RQ_K 和电抗 L_K 启动运行，经 0.8~1.0s 后，加速接触器 KM_5 闭合，电阻 RQ_K 和电抗 L_K 被短接，电梯在 6 极绕组下加速至稳速运行(额定速度)，当电梯快到站时，发生减速信号，KM_3 断开，KM_4 闭合，曳引电动机换至 24 极绕组下进入再发生电制动状态，电梯随即减速，并按时间原则，KM_6、KM_7 相继闭合，以低速稳定进行，直到平层 KM_1 和 KM_2 断开停车。

由于这种电梯启动后可以高速进行，平层之前可以低速进行，并向电网送电，所以输送效率较高，平层准确，经济性较好，广泛用于 15 层楼以下、提升高度小于 45m 的低档乘客电梯、货梯、服务电梯等。

3) 开环直流快速电梯主驱动系统

图 4-27 是开环直流快速电梯主驱动系统原理图。它由三相交流异步电机拖动一台同轴相连的直流发电机发电，调节直流电机的励磁电流，就可以输出连续变化的直流电压供给直流曳引电动机，由于直流发电的输出电压可以任意调节，所以，直流曳引电动机很容易满足电梯运行时所需要的各种速度。

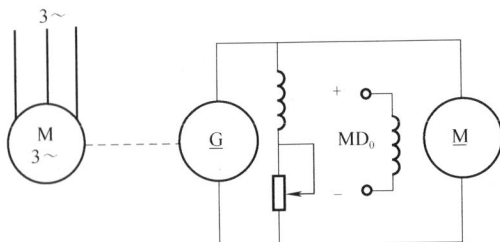

图 4-27　开环直流快速电梯主驱动系统原理图

这种电梯的主要优点是：起伏和减速都比较平稳，调速容易，载重量大。但整个系统耗电多，结构复杂，体积大，维护难度大，负载变化时电梯的运行不易控制。所以，这电梯已淘汰，只在一些旧建筑物中还有应用。

4) 晶闸管励磁直流快速电梯主驱动系统

这种电梯主驱动系统原理图如图 4-28 所示，与开环直流快速电梯主驱动系统相比，晶闸管及其驱动控制电路取代了开环直流系统中的人工调节直流发动机的励磁绕组。调整晶闸管控制角即可改变晶闸管的输出电压，从而改变直流发动机的输出电压，使直流电动机的转速得到调节。控制角由速度反馈信号与给定信号比较后确定，这样可以实现速度自动调节，即构成速度闭环控制系统。

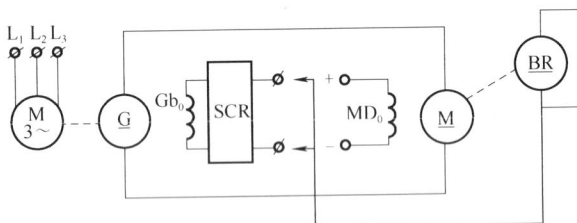

图 4-28　晶闸管励磁直流快速电梯主驱动系统原理图

这种主驱动系统的性能特点是：可实现无级调速，起、制动平稳，电梯运行速度几乎不受负载变化的影响，但系统相对复杂，维修难度大。

5) 交流调速电梯主驱动系统

直流调速系统复杂，维修难度大；交流有级调速性能差，给人以不适感，应用范围很窄。又因为交流电动机结构简单，成本低廉，便于维护，有直流电动机不可比拟的优点，发展交流无级调速成为必然趋势。随着电力电子技术的进步、电力电子器件的使用，以及自动控制技术的发展，交流无级调速系统的成本明显降低。目前新型电梯中广泛采用的交流调速主驱动系统是交-直-交变频，又称 VVVF 系统。图 4-29 是 VVVF 系统的脉宽调制(PWM)变频原理简图。

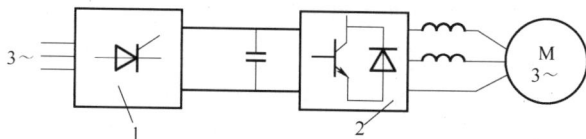

图 4-29　脉宽调制(PWM)变频原理简图

1-晶闸管整流器；2-晶体管逆变器

其工作原理是：将三相交流电整流成为电压可调的直流电，再经大电容与逆变器(由电力晶体管组成)，以脉宽调制方式输出电压和频率都可调节的交流电。这样交流曳引电动机就可以获得平稳的调速性能。应用这种系统的电梯运行平稳、舒适，平层精度≤5mm。

综上所述，交流调速电梯与一般常用电梯相比，运行时间短、平层误差小、舒适感好、电能消耗小、运行可靠、节省投资、适应范围广，是国内外电梯厂家大力发展的一种电梯。

4. 电气控制系统

电梯的种类多，运行速度范围要求大，自动化程度有高、低之分，工作时还要接收轿厢内、层站外的各种指令，并保证安全保护，系统准确动作。这些功能的实现都要依靠电气控制系统。

电气控制系统是电梯的两大系统之一。电气控制系统由控制柜、操纵箱、指层灯箱、召唤箱、限位装置、换速平层装置、轿顶检修箱等十几个部件，以及曳引电动机、制动器线圈、开关门电动机及开关门调速开关、极限开关等几十个分散安装在各相关电梯部件中的电器元件构成。

电气控制系统决定着电梯的性能和自动化程度。随着科学技术的发展，电气控制系统发展迅速。在目前国产电梯的电气控制系统中，除传统的继电器控制系统外，又出现采用微机控制的无触点控制系统。在拖动系统方面，除传统的交流单速、双速电动机拖动和直流发电机-电动机拖动系统外，又出现交流三速、交流无级调速的拖动系统。

电梯通常采用的电气控制系统有继电器-接触器控制、半导体逻辑控制和微机控制系统等。无论哪种控制系统，其控制线路的基本组成和主要控制装置都类似。

1) 电气控制系统的组成

电气控制线路的基本组成包括轿厢内指令环节、层站(厅门)招呼环节、定向选层环节、启动运行环节、平层环节、指层环节、开(关)门控制环节、安全保护环节和消防运行环节。对主驱动系统较为复杂的电梯还有电动机调速与控制环节等。各环节之间的控制关系如图 4-30 所示。

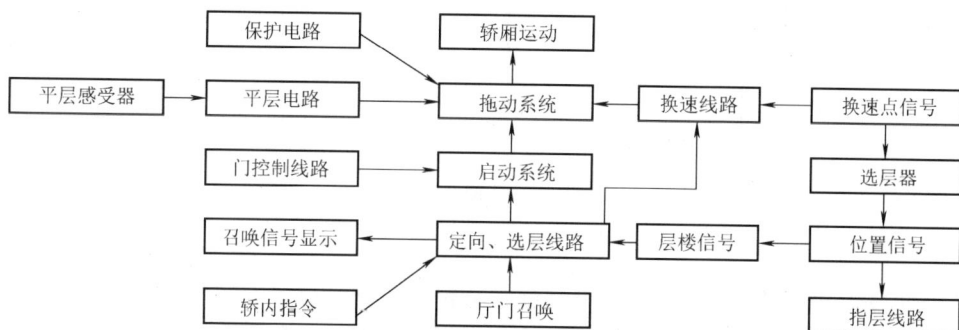

图 4-30　电气控制线路组成图

各种控制环节相互配合，使电动机依照各种指令完成正反转、加速、等速、调速、制动、停止等动作，从而实现电梯运行方向(上、下)、选层、加(减)速、制动、平层、自动开(关)门、顺向(反向)截梯、维修运行等。为实现这些功能，控制电路中经常用到自锁、互锁、时间控制、行程控制、速度控制、电流控制等许多控制方式。

2)电气控制系统主要装置

(1)操纵箱。位于轿厢内，常有按钮和手柄开关两种操作方式。它是操纵电梯上、下运行的控制中心。在它的面板上一般有控制电梯工作状态(自动、检修、运行)的钥匙开关、轿厢内指令按钮与记忆指示灯、开(关)门按钮、上(下)慢行按钮、厅外召唤指示灯、急停、电风扇和照明开关等。

(2)召唤箱。安装在层站门口，供厅外乘用人召唤电梯。中间层只设上行与下行两个按钮，基站还设有钥匙开关以控制自动开门。

(3)位置显示装置。在轿厢内、层站外都有。用灯光或数字(数码管或发光二极管)显示电梯所在楼层，以箭头显示电梯运行方向。

(4)控制柜。控制电梯运行的装置。柜内装配的电器种类、数量、规格与电梯的停站层数、运行速度、控制方式、额定载荷、拖动类型有关，大部分接触器-继电器都安装在控制柜中。

(5)换速平层装置。电梯运行将要到达预定楼层时，需要提前减速，平层停车。完成这个任务的是换速平层装置，如图4-31所示。它由安装在轿厢顶部与井道导轨上的电磁感应器和隔磁板构成。当隔磁板插入电磁感应器，干簧管内触头接通，发出控制信号。

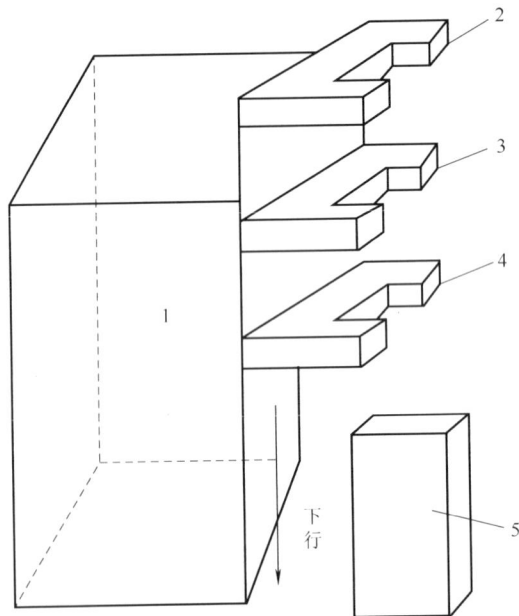

图4-31　换速平层装置

1-轿厢；2、3、4-电磁感应器；5-隔磁板

(6)选层器。通常使用的是机械-电气联锁装置。用钢带链条或链条与轿厢连接，模拟电梯运行状态(把电梯机械系统比例缩小)，有指示轿厢位置、选层消号、确定运行方向、发出减速信号等作用。这种机电联锁式的选层器内部有许多接触点。随着控制技术的发展，现在

已经应用了数控选层器和微机选层器。

(7)轿顶检修箱。安装在轿厢顶，内部设有电梯慢上(慢下)按钮、点动开门按钮、轿顶检修转换开关与检修灯开关和急停按钮，是专门用于维修工检修电梯的。

(8)开、关门机构。电梯自动开、关门，多采用小型直流电动机驱动。因直流电动机的调速性能好，可以减少开、关门抖动和撞击。

5. 电梯的安全保护系统

电梯运行的安全可靠性极为重要，在技术上采取了机械、电气和机电联锁的多重保护，其级数之多、层次之广是其他任一种提升设备不能相比的。按 GB 10051.5—2010《起重吊钩　第 1 部分：力学性能、起重量、应力及材料》规定，电梯应有如下安全保护设施：①超速保护装置；②供电系统断相、错相保护装置；③撞底缓冲装置；④超越上、下极限工作位置时的保护装置；⑤厅门锁与轿门电气联锁装置；⑥井道底坑有通道时，对重有防止超速或断绳下落的装置等设施。

下面仅介绍机械安全装置和电气安全保护装置。

1)机械安全装置

为保证电梯安全运行，机械安全装置中，除了曳引钢丝绳的根数一般在 3 根以上，且安全系数至少达 12，另外还设有以下几种安全保护装置。

(1)限速器和安全钳。限速器安装在机房内，安全钳安装在轿厢下的横梁下面，限速器张紧轮在井道地坑内。当轿厢下行速度超过额定速度的 115%时，限速器动作，断开安全钳开关，切断电梯控制电路，曳引机停转。如果此时出现意外，轿厢仍快速下降，安全钳即可动作把轿厢夹在导轨上使轿厢不致下坠。

(2)缓冲器。设置在井道底坑内的地面上，当发生意外，轿厢或对重撞到地坑时，用来吸收下降的冲击力量。分为弹簧缓冲器和油压缓冲器。

(3)安全窗。装在轿厢的顶部。当轿厢停在两层之间无法开动时，可打开它将厢内人员用扶梯放出。安全窗打开时，其安全触点要可靠断开控制电路，使电梯不能运行。

2)电气安全保护装置

电气安全保护的接点都处于控制电路中。如果它动作，整个控制回路不能接通，曳引电动机不能通电，最终轿厢不能运动。

(1)超速断绳保护。这种保护实质为机械-电气联锁保护。它将限速器与电气控制线路配合使用。当电梯下降速度达到额定速度的 115%时，限速器上第一个开关动作，要求电梯自动减速；当达到额定速度的 140%时，限速器上第二个开关动作，切断控制回路后再切断主驱动电路，电动机停止转动，迫使电梯停止运行，强迫安全钳动作，将电梯制停在导轨上。

(2)层门锁保护。电梯在各个门关好后才能运行，这也是一种机械-电气联锁保护。当机械钩子锁锁紧后，电气触点闭合，此时电梯的控制回路才接通，电梯能够运行。另外电梯门上还设有关门保护(如关门力限制保护，光、电门等)，防止乘客关门时被夹伤。

(3)终端超越保护。电梯在运行到最上或最下一层时，如果电磁感应器或选层器出现故障而不能发出减速信号，电梯就会出现冲顶或撞底这样的严重故障。在井道中依次设置了强迫减速开关、终端限位开关，这几种开关中的一个动作都可迫使电梯停止运行。

(4)三相电源的缺相、错相保护。为防止电动机因缺相和错相(倒相)损坏电梯，造成严重事故而设置的保护。

(5)短路保护。与所有机电设备一样都有熔断器作为短路保护。

(6)超载保护。设置在轿厢底和轿厢顶，当载重量超过额定负载的 110%时发生动作，切断电梯控制电路，使电梯不能运行。

图 4-32 是普通交流双速载客电梯安全保护系统框图，从中可看出各种安全保护装置的动作原则。

图 4-32　交流双速载客电梯安全保护系统框图

4.4.4　任务实施

1. 概述

现在 PLC 在电梯中的应用越来越广泛，PLC 应用于电梯控制电路的局部。例如，不改变原有外围设备，用 PLC 取代开、关门和调整等部分控制单元；当传感器等器件有可靠的配套产品时，可对层楼召唤、平层以及各保护环节进行较全面的控制。

图 4-33 为杭州西子电梯厂已批量生产的、用 PLC 控制的电梯电路图中的一部分，只绘出 PLC 的输入和输出接线头与标记，对于外线输入电路的控制触头只画出一个，省略了有多个控制的情况。该电梯所用 PLC 为日产 OMRON 产品，输入端画在左侧；输出端在右侧。该梯的上下召唤、登记电路仍沿用传统方法，层站信号用大型数码管显示。PLC根据指层装置、召唤登记情况的输入分别对电梯的上下行、加减速和开关门进行自动控制，同时也完成各安全装置的联锁控制。由于这种控制方式简单可靠，故得到用户广泛的好评。

图 4-34 为 PLC 的外部接线示意图，现就与接线有关的几个问题作一些说明，以供读者参考。

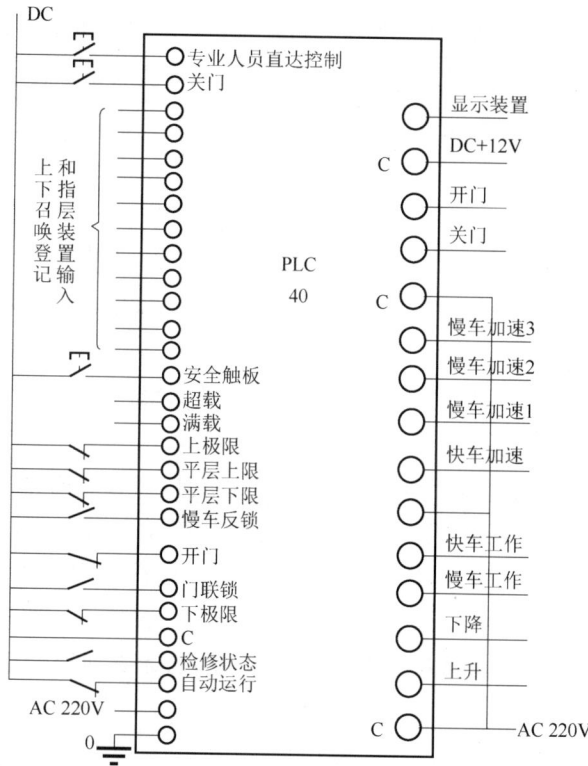

图 4-33　PLC 在电梯电路中的外部接线

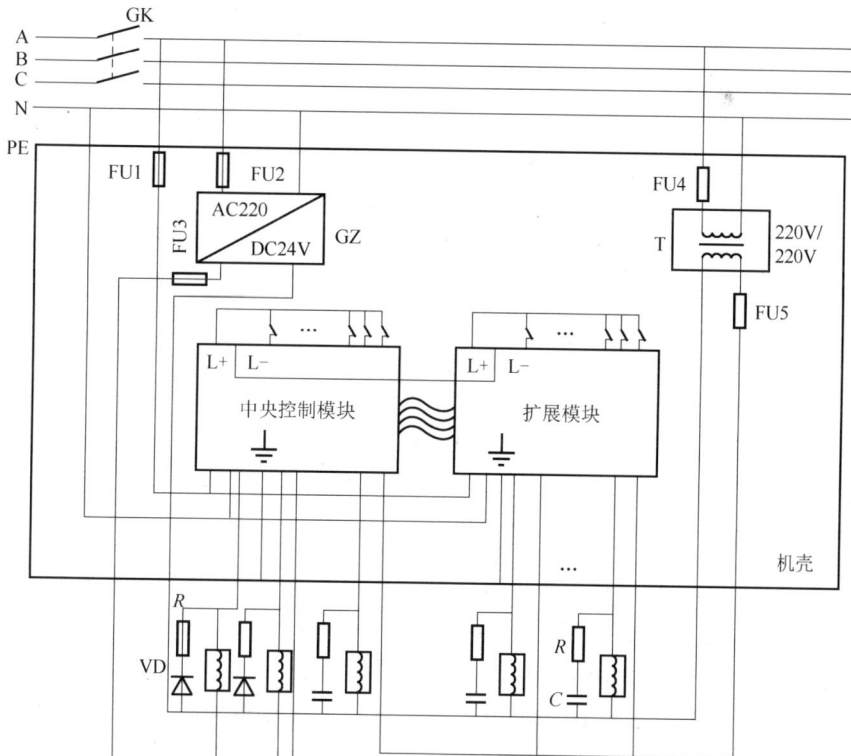

图 4-34　PLC 的外部接线示意图

(1)为了给 PLC 和执行元件提供一个统一的隔离装置，应设总电源开关 GK。

(2)PLC 和输出元件的电源应取自同一相线(如图 4-34 的 A 相)。

(3)PLC 和它的扩展模块应综合用一个熔断器 FU1，该熔断器熔丝的额定电流不得大于 3A。

(4)PLC 内自备有 DC24V、1A 的电源，供输入元件使用。当输出的执行元件与输入电流之和小于 1A 时，允许用机内电源。否则，应另装整流电源 GZ 专供输出的执行元件用。

(5)当执行元件为直流电磁铁、直流电磁阀时，一般应在线圈两端接入限流电阻 R 和续流二极管 VD 以作为保护。

(6)当执行元件为感性元件时，应在线圈两端接入电阻(可取 100Ω)和电容 C(可取 0.047μF)组成灭弧电路。

(7)当电压为 AC220 的执行元件的线圈数超过 5 个时，最好设隔离变压器 T 供电。

(8)电源线与输入、输出线在(电梯)出厂时均分别走线，检修中不可把它们混在一起，更不允许将输入信号线与一次回路导线合用同一电缆或并排敷设，以减少干扰。

(9)PLC 的接地端(PE)应可靠接地，接地电阻应小于 100Ω，一般可与机架相连。

(10)PLC 与扩展单元连接以及机上有关器件如 EPROM 集成块的插入和拔出等，均不允许带电操作。

2. PLC 故障检查

1)CPU 模块

图 4-35 为 CPU 模块显示面板图。

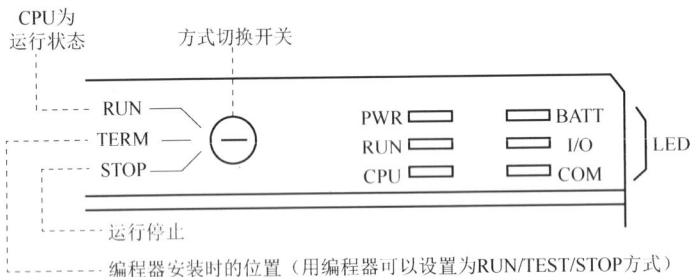

图 4-35　CPU 模块显示面板图

(1)PWR：二次侧逻辑电路电压接通时灯亮。

(2)RUN：CPU 运行状态时亮。

(3)CPU：监控定时器发生异常时亮。

(4)BATT：CPU 中的存储器备用电池或者存储器盒内的电池电压低时亮。

(5)I/O：I/O 模块、I/O 接线等模块的联系发生异常时亮。SU-6 型机上位通信、PLC 通信、通用端口的通信及编程器的通信发生异常时亮。

有关 CPU 模块的维修流程图和 CPU 灯亮、BATT 灯亮维修流程图如图 4-36～图 4-38 所示。

LED显示 ⎰RWR☐　☐BATT
　　　　⎱RUN☐　☐I/O
　　　　 CPU☐　☐COM

START

PWR灯不亮?　—Y→　①

↓N

RUN灯不亮?　—Y→　②

↓N

CPU灯亮?　—Y→　③

↓N

BATT灯亮?　—Y→　④

↓N

I/O灯亮?　—Y→　⑤

↓N

COM灯亮?　—Y→　⑥

↓N

CPU OK

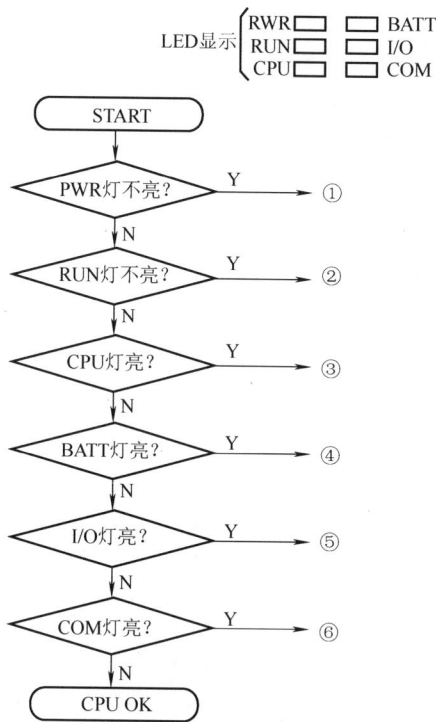

图 4-36　CPU 模块的维修流程图

无电池方式下（SW1·ON）BATT灯不亮

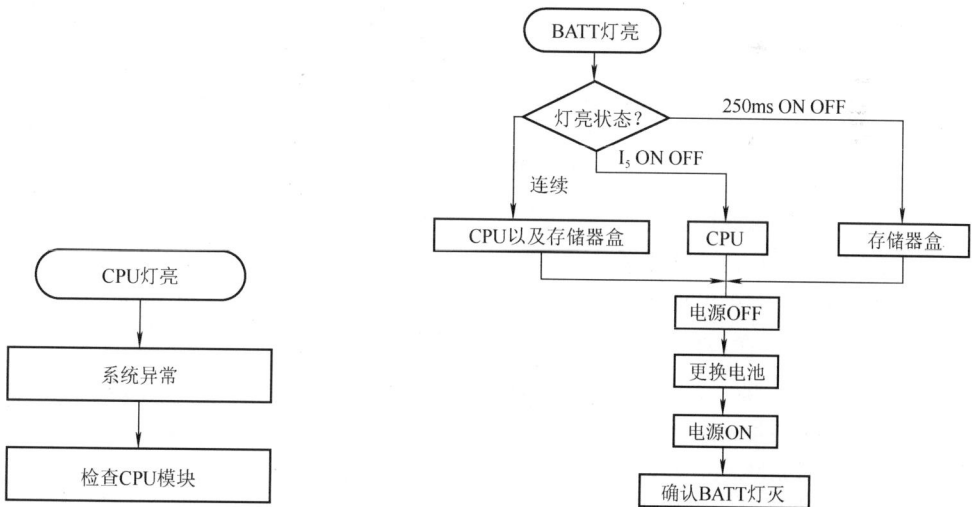

BATT灯亮

↓

灯亮状态?　——250ms ON OFF——┐

连续　　　　I₅ ON OFF

↓　　　　↓　　　　↓

CPU以及存储器盒　CPU　存储器盒

↓

电源OFF

↓

更换电池

↓

电源ON

↓

确认BATT灯灭

CPU灯亮

↓

系统异常

↓

检查CPU模块

图 4-37　CPU 灯亮维修流程图　　　　　图 4-38　BATT 灯亮维修流程图

2) I/O 模块

图 4-39 为 I/O 模块的维修流程图，有关特殊模块请参照各有关资料。

在检查输入、输出回路时，请参阅各模块的规格。

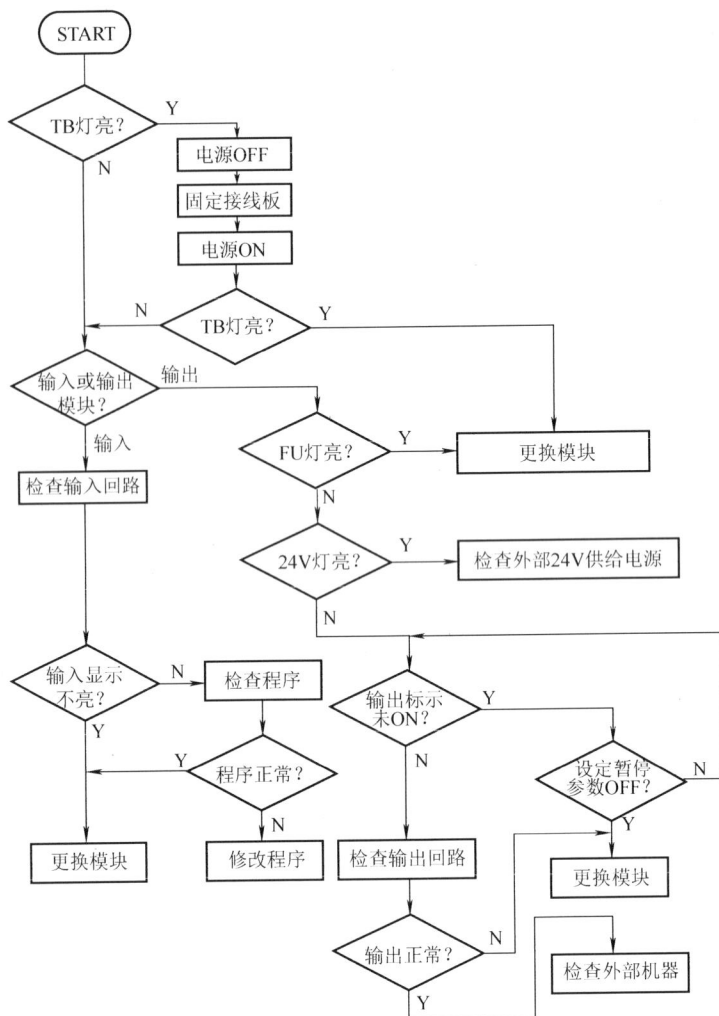

图 4-39 I/O 模块的维修流程图

3. 故障现象与原因

1) PLC 运行时动作不正常

此现象可以考虑以下原因。

(1) 包括 PLC 在内的系统的供给电源有问题。

① 未供给电源。

② 电源电压低。

③ 电源时常瞬断。

④ 电源带有强的干扰噪声。

(2) 由于故障或出错造成的机器损坏。

① 电源上附加高压(如雷击等)。

② 负载短路。

③ 因机械故障造成动力机器(阀、电动机等)损坏。

④ 由于机械故障造成检测部件损坏。

(3) 控制回路不完备。

　　① 控制回路(PLC、程序等)和机械不同步。

　　② 控制回路出现了意外情况。

　　(4)机械的老化、耗损。

　　① 接触不良(限位开关、继电器、电磁开关等)。

　　② 存储器盒内以及 CPU 内存储器备用电池电压低。

　　③ 由高压噪声造成的 PLC 恶化。

　　(5)由噪声或误操作产生的程序改变。

　　① 违背监控操作使程序发生改变。

　　② 电源合上时，拔下模块或存储器盒。

　　③ 由于强噪声干扰改变了程序存储器的内容。

2)程序突然丢失

　　为了使程序在电源关掉时不消失。CPU 和存储器盒(G-O3M)采用长寿命锂电池进行存储器的掉电保护(仅用于 SU-6 型机)。除在很高或很低温度的场所下使用外，在通常的使用条件下，电池的寿命约为 3 年；但是在电池到寿命时，必须立即更换。

　　(1)CPU 模块。CPU 模块上的 LED(Light Emitting Diode,发光二极管)显示 BATT 闪烁(周期为 2s)或连续点亮时，请在一周内更换电池。电池型号为 RB-5。

　　更换方法如下。

　　① 关掉电源，将 CPU 模块前面的盖板取下；

　　② 电池在模块中部，从夹具上取下；

　　③ 电池上带有导线，通过接插线与模块连接；

　　④ 拆开接插件，更换新的电池，电池取出时，由大容量电容保持存储器的内容，更换要在 10min 以内完成；

　　⑤ 将电池插入 CPU 模块的夹具中，并塞进导线；

　　⑥ 盖好 CPU 盖，合上电源，同时请确认 CPU 上的 BATT 灯熄灭。

　　(2)存储器盒。SU-6 CPU 上的 LED 显示 BATT 灯闪烁(周期为 0.5s)或连续点亮时，请在一周内更换电池。电池型号为 RB-7。

　　更换方法如下。

　　① 存储器中的内容在其他存储器或软盘中应有备份；

　　② 关掉电源，取出 CPU 盖板内的存储器盒，如果卸下 G-03M 的电源，则存储器的内容消失；

　　③ 卸下存储器盒反面的螺钉，取出电池；

　　④ 换上新的电池，装好存储器盒；

　　⑤ 将换好电池的存储器压入 CPU 模块；

　　⑥ 合上电源，确认 BATT 灯熄灭。

4.4.5　知识拓展：电梯常见故障的诊断与排除

　　不同制造厂生产的电梯，在机械结构、电气线路等方面都有不同程度的差异，因此故障产生的原因及排除方法各有差异。表 4-9 介绍国产电梯的常见故障与排除方法。

表 4-9　国产电梯常见故障与排除方法

故障现象	故障原因	排除方法
在基站将钥匙开关闭合后，电梯不开门(对直流电梯钥匙开关闭合后，发电机不启动)	控制电路的熔断器烧坏	更换熔丝，并查找原因
	钥匙开关触点接触不良或折断	如接触不良，可用无水乙醇处理，并调整触点弹簧片；如触点折断，则更换
	基站钥匙开关继电器线圈损坏或继电器触点接触不良	如线圈损坏，更换；如触点接触不良，清洗修复
	有关线路故障	在机房人为使基站钥匙开关继电器吸合，看其以下线路接触器或继电器是否动作，如仍不能启动，则应进一步检查哪一部分出了故障，并加以排除
按下选层按钮后没有信号(灯不亮)	按钮接触不良或折断	修复和调整
	信号灯接触不良或烧坏	排除接触不良或更换灯泡
	选层继电器失灵或自锁触点接触不良	更换或修理
	有关线路断了或直接松开	用万用表检测并排除
	选层器上信号灯活动触头接触不良，使选层继电器不能吸合	调整活动触头弹簧，或修复清理触头
有选层信号，但方向箭头灯不亮	信号灯接触不良	排除接触不良或更换灯泡
	选层器上自动定向触头接触不良，使方向继电器不能吸合	用万用表或电线短接的方法检测，并调整修复
	选层器上自动定向触头接触不良，使方向继电器不能吸合	修复及调整
	上、下行方向继电器回路中的二极管损坏	用万用表找出损坏的二极管，更换
按下关门按钮后，门不关	关门接触点接触不良或损坏	用导线短接法检查确定，然后修复
	轿厢顶的关门限位开关常闭触点和开门按钮的常闭触点闭合不好，从而导致整个关门控制回路有断点，使关门继电器不能吸合	用导线短接法将门控制回路中的断点找出，然后修复或更换
	关门继电器出现故障或损坏	排除或更换
	门机电动机损坏或有关线路松动	用万用表检查电动机是否损坏，线路是否畅通，并加以修复或更换
	门机传动带打滑	张紧传动带或更换
电梯已接收选层信号，但门关闭后不能启动	门未关闭到位，门锁开关未能接通	重新开关门，如不能奏效，应调整门锁
	门锁开关出现故障	排除或更换
	轿厢闭合到位开关未接通	调整或排除
	运行继电器回路有断点或运行继电器出现故障	用万用表检查确定有否断点，并排除，或修复、更换继电器
门锁未关，电梯能选层启动	门锁开关触头粘接(对使用微动开关的门锁)	排除或更换
	门锁控制回路接线短路	检查和排除
到站平层后，电梯门不开	开门电动机回路中的熔丝过松或熔断	拧紧或更换
	轿厢顶上开门限位开关闭合不好或触点折断，使开门继电器不能吸合	排除或更换
	开门电气回路出故障或开门继电器损坏	排除或更换

续表

故障现象	故障原因	排除方法
平层误差大	选层器上的换速触头与固定触头位置不合适	调整
	平层感应器与隔磁板位置不当	调整
	制动器弹簧过松	调整
开、关门速度变慢	开、关门速度控制电路出现故障	检查低速开、关门行程开关，看其触点是否粘住并排除
	门机传动带打滑	张紧传动带
电梯在行驶过程中突然停车	外电网突然停电或倒闸换电	如停电时间过长，应通知维修人员采取营救措施
	由于某种原因，电流过大，总开关熔断器熔断或自动空气开关跳闸	找出原因，更换熔丝或重新合上空气开关
	门刀碰撞门轮，使锁臂脱开，门锁开关断开	在机房断开总电源，将制动器松开，用人为的方法使轿厢向上移动，使安全钳楔块脱离导轨，并使轿厢停靠在层门口，放出乘客。然后合上总电源，站在轿顶上，以检修速度检查各部有无异常并用锉刀将导轨上的制动痕修光
	安全钳动作	收紧制动弹簧或修复调整制动器
电梯平层后又自动溜车	制动器制动弹簧过松，或制动器出现故障	收紧制动弹簧或修复调整制动器
	曳引绳打滑	修复曳引轮绳槽或更换
电梯冲顶撞底	控制部分如选层器换速触头、选层继电器，并道上换速开关、极限开关等失灵，或选层器链条脱落等	查明原因后，酌情修复或更换元器件
	快速运行继电器触头粘住，使电梯保持快速运行直至冲顶、撞底	冲顶时，由于轿厢惯性冲力很大，当对重被缓冲器支承住时，轿厢会产生急促抖动下降，可能会使安全钳动作。此时应首先拉开总电源，用木柱支承对重，用 3t 手动葫芦吊升轿厢，直至安全钳复位
电梯启动和运行速度明显下降	制动器抱闸未完全打开或局部未打开	调整
	三相电源中有一相接触不良	检查三相电线，紧固各触点
	行车上下行接触器触点接触不良	检修或更换
	电压过低	调整三相电压，电压值偏差不超过规定值的±10%
预选层站不停	轿内选层继电器失灵	修复或更换
	选层器上减速动触头与预选静触头接触不良	调整与修复
未选层站停车	快速保持回路接触不良	检查调整快速回路中的继电器与接触器触点，使其接触良好
	选层器上层间信号隔离二极管击穿	更换二极管

故障现象	故障原因	排除方法
电梯在运行中抖动或晃动	曳引机减速器蜗轮蜗杆磨损，齿侧间隙过大	调整减速器中心距或更换蜗轮蜗杆
	曳引机固定处松动	检查地脚螺栓、挡板、压板等，发现松动拧紧
	个别导轨架或导轨压板松动	慢速行车，在轿顶上检查并拧紧
	滑动导靴靴衬磨损过大，滚动导靴的滚轮不均匀磨损	更换滑动导靴靴衬；更换滚动导靴滚轮或修复滚轮
	曳引绳松紧差异大	调整绳头套螺母，使各条曳引绳拉力一致
直流电梯在运行时忽快忽慢	励磁柜上的晶闸管插件和脉冲插件的接触不良	将插件板触点轻轻地摩擦干净，或更换插件，修复损坏元器件
	励磁柜上的触发器插件板触点接触不良或有关元器件损坏	将插件板触点轻轻地摩擦干净，或更换插件板，修复损坏元器件
	励磁柜上放大器插件板触点接触不良或有关元器件损坏	将插件板触点轻轻地摩擦干净，或更换插件，修复损坏元器件
	励磁柜上熔丝熔断	检查原因，更换熔丝
直流电梯在运行中抖动	励磁柜上的反馈调节稳定不合适，有零浮现象	调整稳定调节电位器和放大器调零
	测速发动机出了故障或 V 带过松	修复或更换测速发动机；张紧或更换 V 带
	发电机或发动机的电刷磨损严重，并在行车时发出大的火花	更换电刷，校正中心线
局部熔丝经常烧断	该回路导线有接地点或电气元件有接地	检查接地点，加强绝缘
	有的继电器绝缘垫片击穿	加绝缘垫片或更换继电器
主熔丝片经常烧断	熔丝片容量小，且压接松，接触不良	按额定电流更换熔丝片，并压接紧固
	有的接触器不良，有卡阻	检查调整接触器，排除卡阻或更换接触器
	电梯启动、制动时间过长	调整启动、制动时间
电梯运行时在轿厢内听到摩擦声	滑动导靴靴衬磨损严重，使两端金属盖板与导轨发生摩擦	更换靴衬
	滑动导靴中卡入异物	清除异物并清洗靴衬
	由于安全钳位拉杆松动等，安全钳楔块与导轨发生摩擦	修复
开关门时门扇振动大	门滑轮磨损严重	更换门滑轮
	门锁两个滚轮与门刀未贴紧，间隙大	调整门锁
	门导轨变形或发生松动偏斜	校正导轨，调整紧固导轨
	门地坎中的滑槽积尘过多或有杂物，妨碍门的滑行	清理
门安全触板失灵	触板微动开关出故障	排除或更换
	微动开关接线短路	检查电路，排除短路点
轿厢或厅门有麻电感觉	轿厢或厅门接地线断开或接触不良	检查接地线，使接地电阻不大于 4Ω
	接零系统零线重复接地线断开	接好重复接地线
	线路上有漏电现象	检查线路绝缘电阻，其绝缘电阻不应低于 $0.5M\Omega$

任务 4.5 工业机器人的故障诊断与维修

4.5.1 任务描述

机器人是一种能完成某些机械动作的通用自动机，它可以根据不同的要求做出不同的动作，完成不同的任务。机器人的核心技术是机器人的控制系统。机器人控制是一项跨多个学科的综合性技术，它涉及自动控制、计算机、传感器、人工智能、电子技术和机械工程等多种学科的内容。机器人技术对我国传统工业的提升，对工业生产的现代化和科学技术的发展将起到越来越多的积极作用。同时，对提高劳动生产率、提高产品质量、改善劳动条件、提高企业的产品柔性化等发挥了重要作用。本任务根据实际工作经验，介绍瑞典 ABB IRB 2000 型工业机器人的故障处理方法。

4.5.2 任务分析

工业机器人常见的故障有很多。本任务介绍工业机器人的常见故障、原因、诊断与维修方法的基本知识，只有掌握准确诊断工业机器人的故障以及修理的基本技能，才能为以后的工作奠定基础，保障设备和人身的安全性。

4.5.3 知识准备

工业机器人(图 4-40)由主体、驱动系统和控制系统三个基本部分组成。主体即机座和执行机构，包括臂部、腕部和手部，有的机器人还有行走机构。大多数工业机器人有 3～6 个运动自由度，其中腕部通常有 1～3 个运动自由度；驱动系统包括动力装置和传动机构，用以使执行机构产生相应的动作；控制系统按照输入的程序对驱动系统和执行机构发出指令信号，并进行控制。

工业机器人按臂部的运动形式分为四种。直角坐标型的臂部可沿三个直角坐标移动；圆柱坐标型的臂部可做升降、回转和伸缩动作；球坐标型的臂部能回转、俯仰和伸缩；关节型的臂部有多个转动关节。

工业机器人按执行机构运动的控制机能，又可分点位型和连续轨迹型。点位型只控制执行机构由一点到另一点的准确定位，适用于机床上下料、点焊和一般搬运、装卸等作业；连续轨迹型可控制执行机构按给定轨迹运动，适用于连续焊接和涂装等作业。

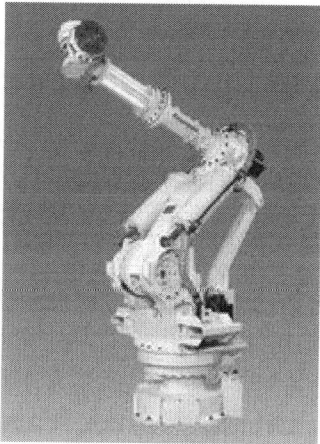

图 4-40 工业机器人

工业机器人按程序输入方式区分有编程输入型和示教输入型两类。编程输入型是将计算机上已编好的作业程序文件，通过 RS232 串口或者以太网等通信方式传送到机器人控制柜。

示教输入型的示教方法有两种：一种是由操作者用手动控制器(示教操纵盒)，将指令信号传给驱动系统，使执行机构按要求的动作顺序和运动轨迹操演一遍；另一种是由操作者直接领动执行机构，按要求的动作顺序和运动轨迹操演一遍。在示教过程的同时，工作程序的信息即自动存入程序存储器中，在机器人自动工作时，控制系统从程序存储器中检出相应信息，将指令信号传给驱动机构，使执行机构再现示教的各种动作。示教输入程序的工业机器人称为示教再现型工业机器人。

具有触觉、力觉或简单的视觉的工业机器人，能在较为复杂的环境下工作；若具有识别功能或更进一步增加自适应、自学习功能，即成为智能型工业机器人。它能按照人给的"宏指令"自选或自编程序去适应环境，并自动完成更为复杂的工作。

4.5.4　任务实施：工业机器人常见故障及排除方法

1. IRB 2000 型工业机器人在第七轴上不能走动

故障现象：机床起动后，工业机器人在导轨(第七轴)上不能走动，同时出现#506、#1407报警。

检查分析：查阅设备使用说明书，#506、#1407 报警的原因有以下几种：①驱动电动机没有通电；②驱动电动机已经通电，但不能正确换向；③驱动电动机过载，或电磁制动装置没有松开；④机器人在第七轴运行时遇到障碍。

(1)检查主电源、驱动板、驱动电动机(交流伺服电动机)，没有发现异常情况。

(2)检查控制电路，发现控制驱动电动机电磁制动装置的时间继电器中，有一对触点损坏，换接到另一对触点后，重新通电起动，但是电动机仍不能运行。

(3)把电动机与机械部分脱开，只接通制动电源，用手转动电动机轴，电动机不能动弹。用万用表测量电磁制动的线圈，发现线圈的阻值无穷大，显然线圈已经断路。在这台设备中，驱动电动机利用电磁进行制动，电动机运转时制动装置必须通电松开。现在因线圈断路，制动装置始终抱紧，电动机通电后堵转，引起过载并报警。

故障排除：更换制动装置线圈后，故障排除。

另有一次，这台机器人控制轴速度失控，且有不正常的振动，同时出现#509、#237报警。查阅设备使用说明书可知，#509、#237 报警的内容是"第七轴的测速发电机不良或断路"。测量测速发电机的绕组，发现内部已经断线。这个绕组所用的漆包线线径仅为 0.2mm，绕制非常困难，于是向原生产厂家订货。更换测速发电机后，设备恢复正常。

2. IRB 3400 型工业机器人突然死机

故障现象：在正常工作时，机器人突然死机，并出现#10010 和#20001 报警信息。

检查分析：这台机器人主要负责加工机床的运料、装料、卸料工作。#10010 报警提示"电动机处于关闭状态"，#20001 报警提示"工作电路断开"。

(1)再次通电，并按下电动机起动按钮，共出现了 11 条报警信息，其中包括前面提到的#10010 和#20001。一台机床不可能同时出现这么多故障，分析认为这些报警信息互相关联，如果找到突破口，排除关键性的故障，其他报警信息也会自动消除。

(2)开机时出现的第一条报警信息是#38001，提示"后备电池失效"，所指的是 4 节镍-镉电池电压不足。以前也出现过电池电压下降，导致机器人原点信息丢失的故障，更换电池后故障排除。于是如法炮制，#38001 报警信息也能消除，但是机器人仍然不能起动。

(3)报警信息中有一条是#33201，提示"从计算机控制器上读取轴的信息时发生错误"。机器人在使用过程中，经常通过离线编程接口读入运行程序，所以怀疑计算机有可能感染了病毒。计算机没有安装硬盘，而是使用 20M 的内存存放系统软件和有关数据。将内存清空后，再重装控制软件，但是未能排除故障。

(4)根据#10012 报警信息，对运行电路进行检查；根据#20032 报警信息，对各轴同步的情况进行检查，都没有找出故障原因。

（5）报警信息中有 3 条都是#39009，分别提示 1#、2#、6#驱动单元存在故障。这台机器人有 6 个轴，各轴的伺服电动机分别由一块伺服驱动板控制。拆下 1#、2#、6#三块驱动板，用万用表对功放管进行检查。发现每块板上都有一个相同型号的功放管被击穿。

故障排除：更换这几只损坏的功放管，故障得以排除。

3. 主计算机板上的电池故障

故障现象：机器人示教盒显示器、计算机、伺服驱动板指示灯亮，但系统进入不了初始化状态。

故障分析与定位：该种故障表明，主计算机板上的电池已经没有电，在断电条件下，该种电池的续航能力为 15 天，如果在 15 天以上机器人控制柜仍处于断电状态，机器人的电池电能耗尽，主板 CPU 无法读存储器内的初始化程序。

故障排除：解决故障的办法是对机器人控制柜连续通电 15h 以上，让电池充足电。如果这种故障还消除不了，就很有可能是计算机主板或电池有问题，更换主板或电池后就可以解决。这种 3.7V 的可充电池，其使用寿命为 15 年，因为该电池具有电压阶跃上升响应速度快、响应时间短的特点，可以有效地保证断电瞬间不丢失数据，性能远比一般的国产电池要好，所以不能用国产电池替代。

4. 机器人与焊接或障碍物碰撞

故障现象：机器人与焊接或障碍物碰撞。

故障分析与定位：出现该种问题的原因是，机器人在不同的速度下的零区范围不一致。首先，直角坐标系适用于机器人的轨迹是圆弧、其两个弧线的端点较近的情况下，机器人计算机系统采取一种特定算法对轨迹进行插补，如图 4-41 所示。在机器人运动轨迹 1 中，机器人连续运动从 A 点 经过 B 点至 C 点。程序的 110、120、130 分别对应 A、B、C 三点。B 点分别标有 C_1 和 C_2 的两个圆，代表机器人接近 B 点的轨迹范围，也就是自动运行时，能精确到达试点 B 的范围，这两个范围称为机器人的零区。机器人计算机认为，轨迹过 B 点时，只要在 C_1 或 C_2 区域内经过都可以，机器人工作速度越快，B 点的零区就越大；速度越慢，B 点的零区就越小。在直角坐标系下，机器人速度为 1000 mm/s 时，零区为 25mm，机器人速度是 100mm/s 时，零区为 2.5mm。如果机器人不与焊接或障碍物相碰撞，就应该选择 C_1 零区，也就是说，让机器人更精确地走到 B 点附近，然后到 C 点。这样就完成机器人运动轨迹 1 的示教。另外，在示教机器人程序完毕后，可以将机器人程序的速度由低至高反复运行，并仔细观察运行中可能撞到零件的点，及时修改点的位置和该点的速度，采用这种办法，也可以避免与焊件或障碍物相碰撞。

另外一种情况则是机器人走 A、B、C 三点时，由于操作人员对机器人程序不清楚，机器人在 110 句时，即 A 点，错误地调出了 130 句，即 C 点，或错误地删除了 120 句，即 B 点，机器人直接从 110 句走到了 130 句，即从 A 点直接走到 C 点，造成与障碍物或焊件的碰撞，如图 4-41 所示的机器人运动轨迹 2。

故障排除：选择 C_1 零区，让机器人更精确地走到 B 点附近，然后到 C 点；在示教机器人程序完毕后，可以将机器人程序的速度由低至高反复

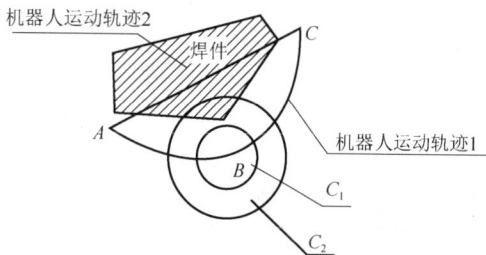

图 4-41　机器人轨迹与零区的概念

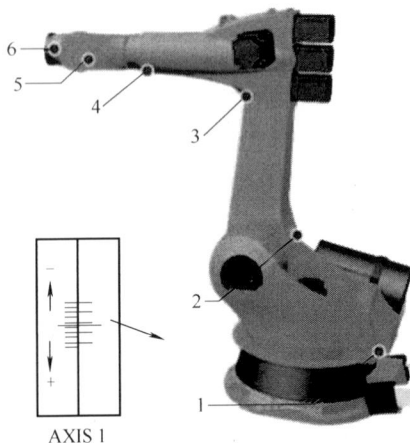

图 4-42　机器人的零点标记

机器人零点数据丢失是机器人常遇到的故障，零点丢失的原因主要有两点，一是机器人本体上的串行测量板坏，机器人的轴计算机无法从测量板存储块中读出数据；二是机器人串行测量板的一块 24 V 电池电能不足，不能保存数据。

故障排除：第一种故障的现象是，机器人的零点数据只要断电，再次送电后就发现数据丢失，这种情况下，只要更换串行测量板就可以解决。第二种故障的现象是如果停电时间较长，零点数据就丢失，这种情况下，只要更换电池就可以解决，如果手头没有电池可更换，只能 24h 连续开机，以保证零点数据不丢失，或者每次开机重新调零。

6. 机器人调零后，焊点位置不准

故障现象：机器人调零后，焊点位置不准。

故障分析：调零就是把机器人轴上的特定标记对齐（图 4-42），然后将各轴的零点数据存入串行测量板的存储块中所进行的工作。如果机器人轴上的特定标记没有对应准确，就把零点数据输入串行测量板的存储块中，就会影响机器人的焊点位置。这是因为轴的基准值变了，原有机器人程序轴的坐标值等于原有示教时机器人坐标值减去原有的机器人零点坐标值，如果现在特定标记没有对正，就意味着现在的零点位置已经与原先零点不一样，再去执行原有程序肯定会出现问题。还有一种情况是机器人在调零时，没有把机器人各轴间的特定标记对齐就进行了零点数据输入工作，并且以此零点数据示教了机器人的焊接程序。如果使用一段时间后，机器人遇到故障，需要重新调零，此时再按特定标记对齐，并把零点数据输入计算

机，执行原有程序，就会发现焊点位置已经不是原有状态。

故障排除：解决问题的办法是调零时要认真检查标记对应情况，并重新校正零点位置；严格按照操作方法，重新调零，对机器人工作程序全部调整，这种方法虽较烦琐，但利于以后维修。

另外强调一点，在故障发生前，可新建一套检验机器人零点的程序，检测零点的点位是否正确，即将机器人的轴特定标记对应好后并输入计算机，只要执行该程序，机器人就可以从任何状态自动走进零点状态，可以判断机器人的零点位置是否发生改变。

7. 爪盘脱落与焊枪枪体碰撞故障

故障现象：爪盘脱落与焊枪枪体碰撞。

故障分析：在机器人的程序里有很多指令，如输入、输出信号或程序指令，有的输入、输出信号或程序指令都是成对出现的，例如，在程序的第40句是一条带有信号或程序指令的程序，用于控制外部设备打开或关闭，在程序的第80句，则出现控制外部设备关闭或打开的信号或程序指令。在编程时尤其要注意这些信号或程序指令的含义，否则就会造成非常严重的后果。例如，机器人焊枪的爪盘在工作时，突然松开，焊枪被甩出，这种故障都与信号或程序指令的控制有关。此外，对于可置零位的输出/输入信号也要非常小心，否则也可能产生严重问题。

焊枪枪体上的接近开关位置也可能造成机器人移动错误。例如，焊枪在打开时，机器人移动，如果用于检测焊枪打开的开关有移动，焊枪在半开半闭时就检测为完全打开，导致机器人过早或过慢地移动，焊枪无法跨越障碍物。

故障排除：解决这种故障的办法是每日点检开关位置。

8. 机器人示教方向失控故障

故障现象：机器人示教方向失控。

故障分析：这是一个很少遇见但又是非常严重的故障，因为在示教时，如果行进的方向不能控制，就很有可能撞坏设备和撞伤人员。这是因为示教盒上的遥控手柄损坏，使用时间长，开关内部绝缘损坏，从而造成磨损漏电，所以不能正确接通电路。

故障排除：松开遥控手柄螺钉，将示教盒背后的螺钉卸下，可以发现标有+X、-X、+Y、-Y、+Z、-Z线号的六根线，将线小心拆除，更换手柄就可以解决。

9. 控制柜指示灯闪烁，机器人控制柜无法上电

故障现象：控制柜指示灯闪烁，机器人控制柜无法上电。

故障分析：机器人安全板是机器人安全系统控制核心，安全回路接通，机器人本体才能顺利上电。安全回路分为内安全回路与外安全回路，标志分别为 INT 和 EXT，区别为：内安全回路控制本体系统是否允许运行；外安全回路则是机器人安全开关控制外部系统(PLC 等)是否允许工作。内安全回路中，各安全开关动作时，机器人系统断电停止工作，抱闸锁死。内安全链工作结构为：电源板 24V 电源→背板使能吸合(开点)→急停开关 ES1(位于控制面板)→急停开关 ES2(位于示教器)→用户急停开关 ES5(用户需要连接)→运行开关(位于面板)→模式选择。可以看出，内安全回路接通是机器人运行的必要前提条件。外安全链工作结构为：用户电源→急停开关 ES1(位于控制面板)→急停开关 ES2(位于示教器)→用户接收端。外安全回路接通，则外部系统得到一高电平信号。

故障排除：如果遇到该种故障，应该尽量检查内、外安全链以及机器人安全板。乒乓开关是机器人示教盒上的安全开关，是外安全链上的一个点，如果该开关损坏，也会导致控制

箱无法上电操作，可以拆开开关，检查弹簧和触点的情况，必要时整体更换开关。

📖 学习小结

(1)起重设备的结构组成和工作原理是进行起重设备故障诊断与修理的基础。

(2)起重设备常见故障诊断与修理的一般步骤要点是：首先初步分析和判断，弄清故障现象，包括外部因素与内在因素；其次分析故障原因，确定检查部位(一个故障现象可能有多个原因)；然后拆卸检查，确定故障原因；再根据所列故障原因表尽量准确得出结论，进行修复工作；最后对起重设备试验工作，对故障进行定性和定量分析，总结经验教训。

(3)桥式起重机的典型故障和常见故障诊断与维修。

(4)塔式起重机的典型故障和常见故障诊断与排除。

(5)电动葫芦的典型故障和常见故障诊断与修理。

(6)电梯的典型故障和常见故障诊断与修理。

(7)工业机器人的典型故障和常见故障诊断与修理。

📖 评价标准

本学习情境的评价内容包括专业能力评价、方法能力评价及社会能力评价等三个部分。其中自我评分占30%、组内评分占30%、教师评分占40%，总计为100%，见表4-10。

表4-10　学习情境4综合评价表

类别	项目	内容	配分	考核要求	扣分标准	自我评分 30%	组内评分 30%	教师评分 40%
专业能力评价	任务实施计划	1.实训的态度及积极性；2.实训方案制定及合理性；3.安全操作规程遵守情况；4.考勤纪律遵守情况；5.完成技能训练报告	30	实训目的明确，积极参加实训，遵守安全操作规程和劳动纪律，有良好的职业道德和敬业精神；技能训练报告符合要求	实训计划占10分；安全操作规程占5分；考勤及劳动纪律占5分；技能训练报告完整性占10分			
	任务实施情况	1.拆装方案的拟定；2.起重设备的正确拆装；3.起重设备的常见故障诊断与排除；4.简单起重设备的调试；5.任务实施的规范化，安全操作	30	掌握起重设备的拆装方法与步骤以及注意事项，能正确分析起重设备的常见故障及修理；能进行系统调试；任务实施符合安全操作规程并功能实现完整	正确选择工具占5分；正确拆装起重设备占5分；正确分析故障原因、拟定修理方案占10分；任务实施完整性占10分			
	任务完成情况	1.相关工具的使用；2.相关知识点的掌握；3.任务实施的完整性	20	能正确使用相关工具；掌握相关的知识点；具有排除异常情况的能力并提交任务实施报告	工具的整理及使用占10分；知识点的应用及任务实施完整性占10分			

续表

类别	项目	内容	配分	考核要求	扣分标准	自我评分 30%	组内评分 30%	教师评分 40%
方法能力评价	1.计划能力；2.决策能力	能够查阅相关资料制定实施计划；能够独立完成任务	10	能准确查阅工具、手册及图纸；能制定方案；能实施计划	查阅相关资料能力占5分；选用方法合理性占5分			
社会能力评价	1.团结协作；2.敬业精神；3.责任感	具有组内团结合作、协调能力；具有敬业精神及责任感	10	做到团结协作；做到敬业；做到有责任感	团结协作能力占5分；敬业精神及责任感占5分			
合计			100					

年　　月　　日

教学策略

本学习情境按照行动导向教学法的教学理念实施教学过程，包括咨讯、计划、决策、执行、检查、评估六个步骤，同时贯彻手把手、放开手、育巧手、手脑并用；学中做、做中学、学会做、做学结合的职教理念。

1. 咨讯

（1）教师首先播放一段有关起重设备的故障诊断与修理的视频，使学生对起重设备的故障诊断与修理有一个感性的认识，以提高学生的学习兴趣。

（2）教师布置任务。

① 采用板书或电子课件展示任务 4.1 的任务内容和具体要求。

② 通过引导文问题让学生在规定时间内查阅资料，包括工具书、计算机或手机网络、电话咨询或同学讨论等多种方式，以获得问题的答案，目的是培养学生检索资料的能力。

③ 教师认真评阅学生的答案，重点和难点问题教师要加以解释。

对于任务 4.1，教师可播放与任务 4.1 有关的视频，包含任务 4.1 的整个执行过程；或教师进行示范操作，以达到手把手、学中做教会学生实际操作的目的。

对于任务 4.2，由于学生有了任务 4.1 的操作经验，教师可只播放与任务 4.2 有关的视频，不再进行示范操作，以达到放开手、做中学的教学目的。

对于任务 4.3，由于学生有了任务 4.1 和任务 4.2 的操作经验，教师既不播放视频，也不再进行示范操作，让学生独立思考，完成任务，以达到育巧手、学会做的教学目的。

对于其他任务，学生根据任务 4.3 的操作步骤完成各任务，可起到巩固和加深操作技能的熟练程度。

2. 计划

1）学生分组

根据班级人数和设备的台套数，由班长或学习委员进行分组。分组可采取多种形式，如随机分组、搭配分组、团队分组等，小组一般以 4～6 人为宜，目的是培养学生的社会能力、与各类人员的交往能力，同时每个小组指定一个负责人。

2）拟定方案

学生可以通过头脑风暴或集体讨论的方式拟定任务的实施计划，包括材料、工具的准备，具体的操作步骤等。

3. 决策

由学生和教师一起研讨，决定任务的实施方案，包括详细的过程实施步骤和检查方法。

4. 执行

学生根据实施方案按部就班地进行任务的实施。

5. 检查

学生在实施任务的过程中要不断检查操作过程和结果，以最终达到满意的操作效果。

6. 评估

学生在完成任务后，要写出整个学习过程的总结，并做 PPT 汇报。教师要制定各种评价表格，如专业能力评价表格、方法能力评价表格和社会能力评价表格，如表 4-10 所示，根据评价结果对学生进行点评，同时布置课下作业，作业一般选取同类知识迁移的类型。

学习情境 5　电气设备的故障诊断与修理

📖 学习目标

本情境阐述电气设备所用的电动机、电器开关、变压器设备及自控装置等电气设备的性能、特点、故障诊断与修理的知识；还介绍电气设备的安装、调试与维修等知识。根据教学需要，将理论与实践内容相互渗透和融合，以满足专业培养目标的岗位需求，通过基本情境的教学，培养学生具有良好的个性发展和创新意识，随着我国社会主义市场经济的快速发展，各行各业越来越需要具有综合职业能力和全面素质的、直接从事生产、技术和服务第一线的应用型、技能型人才。因此，要求学生除了具备本专业必要的基础理论、专业技术知识，还必须具有解决生产中实际问题的能力，以适应今后的工作。

1. 知识目标
(1) 掌握电气设备故障诊断与维修方法；
(2) 掌握电气控制原理图、故障原因分析、诊断与检修；
(3) 掌握常用电气控制方法。

2. 技能目标
(1) 能正确维护、分析、检修故障；
(2) 能正确操作与维护电气设备；
(3) 能正确识读电气控制原理图。

3. 能力目标
(1) 具有通过设备图纸资料搜集相关知识信息的能力；
(2) 具有自主学习新知识、新技术和创新探索的能力；
(3) 具有合理地利用与支配资源的能力；
(4) 具有良好的协作工作能力。

📖 学习引导

1. 填空题
(1) 电气故障的原因主要有_____、_____。
(2) 常用的电路分析方法有_____、_____、_____。
(3) 大型发电厂的交流发电机通常输出_____kV 或_____kV 的电压，一般高压输电线路的电压为_____、_____、_____、_____、_____kV。
(4) 油浸式电力变压器的结构由_____、_____、_____、_____、_____、_____、_____、_____等主要部件组成。
(5) 型号为 S7-315/10 的变压器，其含义为：此变压器为三相油浸自冷式铜绕组电力变压器，其容量为_____，一次额定电压为_____。
(6) 变压器的额定温升是以环境温度为_____℃作参考，规定在运行中允许变压器的温度超出参考环境温度的最大温升。我国标准规定，绕组的温升限值为_____℃，上层油面的温升限值为_____℃，确保变压器上层油面不超过_____℃。

(7) 电器开关触头的发热程度与流过触头的_____及_____有关。

(8) 触头的磨损有两种：一种是_____，是触头间电弧或电火花的高温使触头金属气化和蒸发所造成的；另一种是_____。

(9) 旋转磁场的转速取决于电源的_____和电动机的_____。

(10) 电动机的负载处于额定功率的_____时，电动机效率和功率因数较高。

(11) 电动机在拆卸前应将工具和检修记录准备好，并在_____、_____、_____等处做好标记，以便于装配。

(12) 数控机床直流主轴传动系统部分主轴电动机在定子上除了有_____、_____，为了改善换向，还加了_____。

(13) 数控机床直流主轴传动系统类似于直流调速系统，多采用_____的方式，其控制电路是由速度环和电流环构成的_____，其内环为电流环，外环为速度环。

(14) 数控机床位置控制就是控制主轴的转角和转位，用于主轴_____、主轴_____、C轴轮廓的控制。

2. 选择题

(1) 金属切削机床的一级保养一般（　　）进行一次。

　　A. 一个月　　　　B. 三个月　　　　C. 半年　　　　D. 一年

(2) 短接法只适用于（　　）之类的断路故障。

　　A. 电阻　　　　B. 线圈　　　　C. 绕组　　　　D. 导线及触头

(3) 变压器在额定运行时的效率是相当高的，一般可达到（　　）以上。

　　A. 80%　　　　B. 85%　　　　C. 90%　　　　D. 95%

(4) 根据变压器容量，储油柜的形式有普通型和密封型两大类，变压器容量在（　　）及以下时为普通型储油柜并且无气体继电器。

　　A. 200kVA　　　　　　　　B. 630kVA

　　C. 800～6300kVA　　　　　D. 8000kVA

(5) 气体继电器 QJ4-25 型适用于有载分接开关，QJ2-80 型适用于（　　）变压器，QJ2-80 型适用于 8000kVA 及以上变压器中。

　　A. 5000kVA　　　　　　　B. 630kVA

　　C. 800～6300kVA　　　　　D. 8000kVA

(6) 用 1000V 兆欧表测量铁轭夹件穿心螺丝栓绝缘电阻是否合格，其数值应不小于（　　）。

　　A. 2MΩ　　　　B. 5MΩ　　　　C. 7MΩ　　　　D. 50MΩ

(7) 当变压器二次侧开路、一次侧施加额定电压时，流过一次绕组的电流为空载电流，用相对于额定电流的百分数表示，空载电流主要取决于变压器的容量、磁路结构、硅钢片质量等因素，它一般为额定电流的（　　）。

　　A. 2%～3%　　　　B. 3%～5%　　　　C. 5%～8%　　　　D. 5%～10%

(8) 动、静触头接触面熔化后被焊在一起而不断开的现象，称为触头的熔焊。当触头闭合时，由于撞击和产生振动，在动、静触头间的小间隙中产生短电弧，电弧的温度高达（　　），高温使触头表面被灼伤甚至烧熔，融化的金属液便将动、静触头焊在一起。

　　A. 1000～3000℃　　　　　B. 2000～5000℃

C. 3000～6000℃　　　　　　　　D. 5000～8000℃

(9)当触头接触部分磨损至原有厚度的(　　)(指通触头)时应更换新触头。

A. 1/4　　　　　　B. 3/4　　　　　　C. 1/3　　　　　　D. 2/3

(10)一般四级电机填满空腔容积的(　　)即可。

A. 1/4　　　　　　B. 3/4　　　　　　C. 1/3　　　　　　D. 2/3

(11)我国低压小型电动机容量在 3kW 及以下的 380V 电压为(　　)连接。

A. Y　　　　　　B. △　　　　　　C. Y/△　　　　　　D. Y/Y

3. 简述题

(1)电气设备在检修前的调查研究内容有哪些?

(2)电气设备的结构不同,导致电气故障的因素有哪些?

(3)电气设备检修的注意事项有哪些?

(4)变压器运行中出现的不正常现象有哪些?

(5)变压器运行中的检查有哪些?

(6)变压器运行中出现的不正常现象有哪些?

(7)电动机旋转磁场的方向如何改变?

(8)电动机不能启动的原因及解决方法是什么?

(9)电动机接入电源后熔体被烧断或断路器跳闸的原因有哪些?

(10)电动通电后,电机不启动并嗡嗡作响的故障原因是什么?

(11)电动机外壳带电的原因及排除方法是什么?

(12)电动机空载运行时电流不平衡,相差很大如何解决?

(13)电动机运行时噪声大的原因是什么?

(14)绕线电动机集电环过热,出现刷火如何解决?

(15)简述直流主轴电动机的驱动控制过程。

📖 **学习任务**

任务 5.1　电动机位置控制部分的故障诊断与修理

5.1.1　任务描述

电气设备在运行过程中会产生各种各样的故障,只是设备停止运行会影响生产,严重的还会造成人身和设备事故。电气设备故障的原因,除部分是由于电器元件的自然老化外,还有相当大部分的故障是因为忽视了对电气设备的日常维护和保养,以致小故障发展成大事故,还有些故障则是由于电气维修人员在处理电气故障时的操作方法不当,或因缺少配件凑合行事,或因误判断、误测量而扩大了事故范围。所以为了保证电气设备正常运行,以缩短因电气修理的停机时间,提高设备的利用率和劳动生产率,必须十分重视对电气设备的维护和保养。另外根据各厂设备和生产的具体情况,还要储备部分必要的电器元件和易损配件等。

5.1.2　任务分析

1. 电气故障的原因

电气设备故障具有必然性,尽管对电气设备采取了日常维护保养及定期校验检修等有效措施，但仍不能保证电气设备长期正常运行而永远不出现电气故障。电气故障的原因主要有两个方面。

(1) 自然故障。电气设备在运行过程中，其电器常常要承受许多不利因素的影响，如电器动作过程中的机械振动；过电流的热效应加速电器元件的绝缘老化变质；电弧的烧损；长期动作的自然磨损；周围环境温度、湿度的影响；有害介质的侵蚀；元件自身的质量问题；自然寿命等。以上种种原因都会使电器难免出现一些故障而影响设备的正常运行。因此加强日常维护保养和检修可使电气设备在较长时间内不出或少出故障，但切不可误认为，电气设备的故障是客观存在的、在所难免的，就忽视日常维护保养和定期检修工作。

(2) 人为故障。电气设备在运行过程中，由于受到不应有的机械外力的破坏或因操作不当、安装不合理而造成的故障，也会造成设备事故，甚至危及人身安全。

2. 导致电气故障的因素

由于电气设备的结构不同，电气元件的种类繁多，导致电气故障的因素又多种多样，因此电气设备所出现的故障必然是各种各样的。然而这些故障大致可分为两大类。

(1) 有明显的外表特征并容易被发现的故障。例如，电机、机器的显著发热、冒烟、散发出焦臭味或出现火花等。这类故障是由于电机、电器的绕阻过载、绝缘击穿、短路或接地所引起的。在排除这些故障时，除了更换或修复，还必须找出和排除上述故障的原因。

(2) 没有外表特征的故障。这一类故障是控制电路的主要故障。在电气线路中由于电器元件调整不当、机械动作失灵、触头及压接线头接触不良或脱落，以及某个小零件的损坏，导线断裂等所造成的故障。线路越复杂，出现这类故障的机会也越多。这类故障虽小但经常碰到，由于没有外表特征，要寻找故障发生点，常需要花费很多时间，有时还需借助各类测量仪表和工具才能找到，而一旦找出故障点，往往只需简单地调整或修理就能立即恢复机床的正常运行，所以能否迅速地查出故障点是检修这类故障时能否缩短时间的关键。

3. 故障的分析和检修

当设备发生电气故障时，为了尽快找出故障原因，需按正确步骤进行检查分析，排除故障。

5.1.3　知识准备

1. 涉及电气设备的维护保养

1) 电气设备的维护保养

(1) 电气柜的门、盖、锁及门框周边的耐油密封垫均应良好。门、盖应关闭严密，不得有水滴、油污和金属屑等进入电气柜内，以免损坏电器，造成事故。

(2) 电气设备元器件之间的连接导线、电缆或保护导线的软管，不得被冷却液、油污等腐蚀，管接头处不得产生脱落或散头等现象。在巡视时，若发现类似情况应及时修复，以免绝缘损坏造成短路故障。

(3) 电气设备的按钮站、操纵台上的按钮、主令开关的手柄、信号灯及仪表护罩等都应保持清洁完好。

(4) 电气设备的维护保养周期：对设置在电气柜内的电器元件，一般不经常进行开门监护，主要靠定期维护保养。其维护保养周期应根据电气设备的结构、使用情况及环境条件等来确定。一般可采用配合机械设备的一、二级保养同时进行其电气设备的维护保养工作。

2) 配合机械设备一级保养进行电气设备的维护保养工作

例如，金属切削机床的一级保养一般一季度进行一次，作业时间随机床的复杂程度在6～

12h 不等。这时可对机床电气柜内的电器元件进行如下维护保养。

(1)清扫电气柜内的积灰异物。

(2)修复或更换即将损坏的电器元件。

(3)整理内部接线，使之整齐美观。特别是在平时应急修理采取的临时措施，应尽量复原成正规状态。

(4)紧固熔断器的可动部分，使之接触良好。

(5)紧固接线端子和电器元件上的压线螺钉，使所有压接线头牢固可靠，以减小接触电阻。

(6)通电试车，使电器元件的动作程序正确可靠。

3)电器元件的维护保养

(1)电气设备一级保养时，对设备电器所进行的各项维护保养工作，在二级保养时仍需照例进行。

(2)着重检查动作频繁且电流较大的接触器、继电器触头。为了承受频繁切合电路所受的机械冲击和电流的烧损，多数接触器和继电器的触头均采用银或银合金制成，其表面会自然形成一层氧化银或硫化银，但并不影响导电性能，这是因为在电弧的作用下它还能还原成银，因此不要随意涂掉。即使这类触头表面出现烧毛或凹凸不平的现象，仍不影响触头的良好接触，不必修整锉平。但铜质触头表面烧毛后则应及时修平。

(3)检修有明显噪声的接触器和继电器，找出原因并修复后方可继续使用，否则应更换新件。

(4)校验热继电器，看其是否能正常动作。校验结果应符合热继电器的动作特性。

(5)校验时间继电器，看其延时是否符合要求。若误差超过允许值，应预调整或修理，使之重新满足要求。

2. 电气设备的检修

1)修理前的调查研究

(1)问。首先向电气设备的操作者了解故障发生前后的情况，故障是首次突然发生还是经常发生；是否有烟雾、跳火、异常声音和气味出现，有何失常和误动作等。因为电气设备的操作者最熟悉该设备性能，最先了解故障的可能原因和部位，这样有利于修理人员在此基础上利用有关电气工作的原理来判断故障发生的地点和分析故障的原因。

(2)看。观察熔断器内的熔丝是否熔断；电器元件及导线连接处有无烧焦痕迹。

(3)听。电动机、控制变压器、接触器、继电器运行中声音是否正常。

(4)摸。在电气设备运行一段时间后，切断电源，用手背触摸有关电器的外壳或电磁线圈，试其温度是否显著上升，是否有局部过热现象。

2)根据电气原理图进行分析，确定故障范围

从电气原理图进行分析，确定故障的可能范围，电气线路有的很简单，但有的也很复杂。对于比较简单的电气线路，若发生了故障，仅有的几个电器元件和几根导线一目了然，即使采用逐个电器、逐根导线依次检查，也容易找出故障部位。但是对线路较复杂的电气设备，则不能采用上述方法来检查电气故障。电气维修人员必须熟悉和理解设备的电气线路图，这样才能正确判断和迅速排除故障。

3)从外表检查判断电器元件故障

在判断故障可能的范围后，在此范围内对有关的电器元件进行外表检查，这时常常能发现故障的确切部位。

4)试验控制电路的动作顺序来检查故障

试验控制电路的动作顺序经外表检查未发现故障点时，可采用通电试验控制电路动作顺序的办法来进一步查找故障点。具体方法是：操作某一个按钮或开关时，线路中有关的接触器、继电器将按规定的动作顺序进行工作。若依次动作至某一电器元件发现动作不符，说明此元件或相关电路有问题。再在此电路中进行逐项分析和检查，一般到此便可发现故障。

5)利用电工测量仪表检查故障

利用各种电工测量仪表对电路进行电阻、电流、电压等参数的测量，以此进一步寻找或判断故障，是电器维修工作中的一项有效措施。例如，利用万用表、钳形电流表、兆欧表、试电笔等仪表来检查线路能迅速有效地找出故障原因。

6)检修注意事项

在通电试验时，必须注意人身和设备的安全。要遵守安全操作规程，不得随意触动带电部分。必须切断主电路电源，只在控制电路带电的情况下进行检查。若需要电动机运转，则应使电动机在空载下运行，避免机械运动部分发生误动作和碰撞；要暂时隔断有故障的电路，以免故障扩大，并预先充分估计到局部线路动作后可能发生的不良后果。

5.1.4　任务实施

1. 对电动机位置控制部分进行故障诊断

(1)地点。动力实训室、实训基地。

(2)设备。电机、变压器、试验台、电气控制柜等，每类设备3～4台。

(3)分组。4～6人一组，指定组长，每小组成员始终固定，严禁串岗。

(4)实施步骤。

① 学习安全操作规程，警示安全注意事项；

② 学习和掌握电气设备的结构、组成及控制原理，阅读电气自动控制原理图；

③ 学习正确使用电气测量仪器、仪表；

④ 分析某电气控制线路和检修故障，完成电气线路调试；

⑤ 按某机械设备电动机位置控制部分进行故障分析，如图5-1所示。

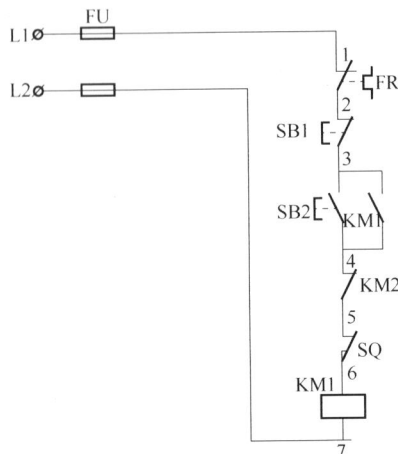

图5-1　某机械设备电动机位置控制电路

根据故障现象进行分析，对发生故障的部位、电器元件作出判断，并从原理图上找出故障发生的部位或回路，应尽可能缩小故障范围。

2. 对电动机位置控制部分进行故障修理

(1)通电试车，控制电动机正转的接触器 KM1 不工作。

(2)采取相应的措施排除故障。

(3)局部或全部线路通电进行空载试运行。

(4)带负载试运行。

(5)排除故障后及时总结经验，并做好维修记录，编写实训报告。维修记录的内容可包括设备的型号、名称、编号、故障发生日期、故障现象、故障部位、损坏的电器、故障原因、修复措施及修复后的运行情况等。记录的目的为：作为档案以备日后维修时参考，通过对历次故障的分析，采取相应的有效措施，防止类似事故的再次发生，或对电气设备本身的设计提出改进意见等。

5.1.5　知识拓展：电路分析方法

下面介绍几种常用的电路分析方法。

1. 电压测量法

在检查电气设备时，经常通过测量电压值来判断电器元件和电路的故障点，检查时把万用表扳到交流电压 500V 挡位上。

1)分阶测量法

电压的分阶测量法如图 5-2 所示，所测电压及故障原因见表 5-1。

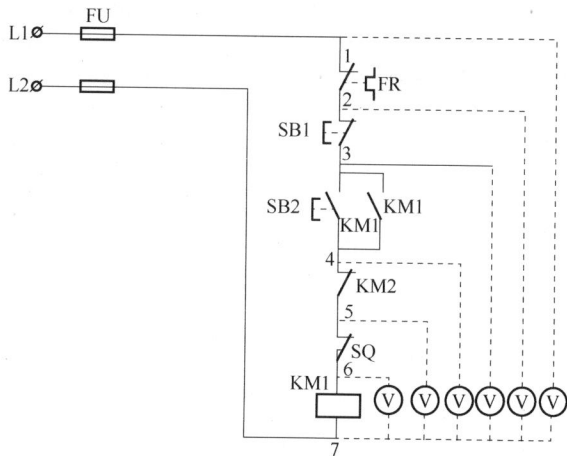

图 5-2　电压的分阶测量法

表 5-1　分阶测量法所测电压及故障原因

故障现象	测试状态	7-6	7-5	7-4	7-3	7-2	7-1	故障原因
按下 SB2 时 KM1 不吸合	按下 SB2 时 不放	0	380V	380V	380V	380V	380V	SQ 接触不良
		0	0	380V	380V	380V	380V	KM2 接触不良
		0	0	0	380V	380V	380V	SB2 接触不良
		0	0	0	0	380V	380V	SB1 接触不良
		0	0	0	0	0	380V	FR 接触不良

2）分段测量法

电压的分段测量法如图 5-3 所示，所测电压值及故障原因见表 5-2。

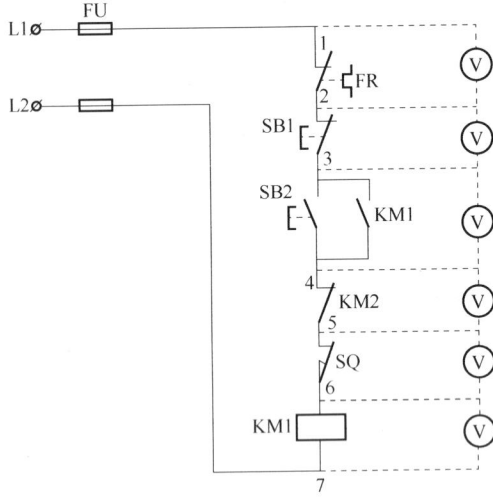

图 5-3　电压的分段测量法

表 5-2　分段测量法所测电压值及故障原因

故障现象	测试状态	1-2	2-3	3-4	4-5	7-2	故障原因
按下 SB2 时 KM1 不吸合	按下 SB2 时 不放	380V	0	0	0	0	FR 常闭触头接触不良
		0	380V	0	0	0	SB1 触头接触不良
		0	0	380V	0	0	SB2 接触不良
		0	0	0	380V	0	KM2 常闭触头接触不良
		0	0	0	0	380V	SQ 触头接触不良

3）对地测量法

机床电气控制线路也可用对地测量法来检查电路的故障。

电压的对地测量法如图 5-4 所示，所测电压及故障原因见表 5-3。

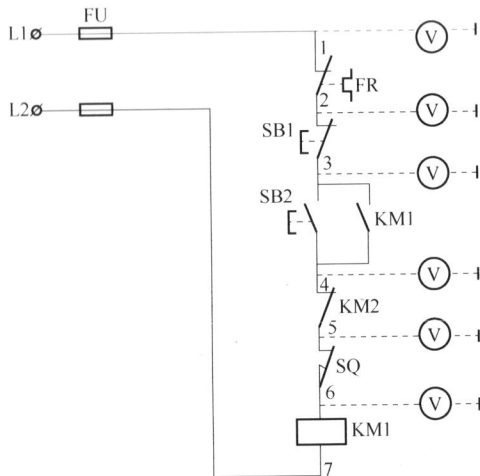

图 5-4　电压的对地测量法

表 5-3　对地测量法所测量电压值及故障原因

故障现象	测试状态	1	2	3	4	5	6	故障原因
按下 SB2 时 KM1 不吸合	按下 SB2	0	0	0	0	0	0	FU 熔断
		220V	0	0	0	0	0	FR 常闭触头接触不良
		220V	220V	0	0	0	0	SB1 触头接触不良
		220V	220V	220V	0	0	0	SB2 触头接触不良
		220V	220V	220V	220V	0	0	KM2 常闭触头接触不良
		220V	220V	220V	220V	220V	0	SQ 常闭触头接触不良
		220V	220V	220V	220V	220V	220V	KM1 线圈断路或接线脱落

用电压测量法检查线路电气故障时，应注意下列事项。

（1）用分阶测量法来检查线路电气故障时，标号 6 以前各点对 7 点的电压，都应为 380V，若低于额定电压的 20%以上，可视为有故障。

（2）用分段或分阶测量法测量到接触器 KM1 线圈两点 6 与 7 时，若测量的电压等于电源电压，可判断为电路正常，若接触器不吸合，可视为接触器本身有故障。

2．电阻测量法

1）分阶电阻测量法

如图 5-5 所示，按启动按钮 SB2，若接触器 KM1 不吸合，说明该电气回路有故障。检查时，先断开电源，把万用表扳到电阻挡，按下 SB2 不放，测量 1-7 两点间的电阻。如果电阻无穷大，说明电路断路；然后逐段分阶测量 1-2、1-3、1-4、1-5、1-6 各点的电阻值。当测量到某标号时，若电阻突然增大，说明表笔刚跨过的触头或连接线路接触不良或断路。

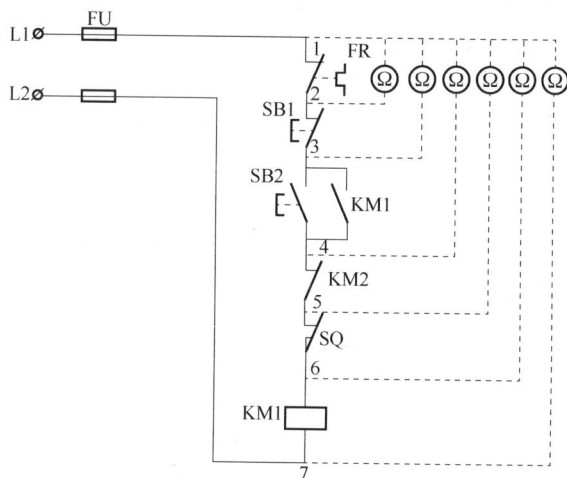

图 5-5　分阶电阻测量法

2）分段电阻测量法

如图 5-6 所示，检查时先切断电源，按下启动按钮 SB2，然后逐段测量相邻两标号点 1-2、2-3、3-4、4-5、5-6 的电阻。若测得的某两点间电阻很大，说明该触头接触不良或导线断路。

3）电阻测量法的优缺点

（1）电阻测量法的优点是安全。

（2）电阻测量法的缺点是测量电阻不准确时易造成判断错误，为此应注意：用电阻测量法检查故障时一定要断开电源。所测电路若与其他电路并联，必须将该电路与其他电路断开，否则所测电阻值不准确。测量高电阻电器元件，将万用表的电阻挡扳到适当的位置。

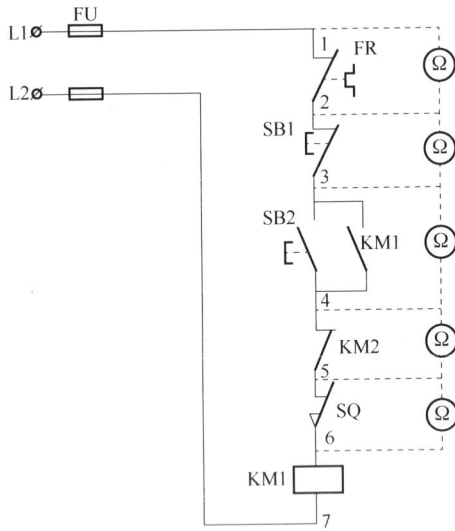

图 5-6　分段电阻测量法

3. 短接法

　　电气设备的常见故障为断路故障，如导线断路、虚连、虚焊、触头接触不良、熔断器熔断等。对这类故障，除常用电压法和电阻法检查外，还有一种更为简便可靠的方法，就是短接法，如图 5-7 所示。短接法短接部位及故障原因见表 5-4。

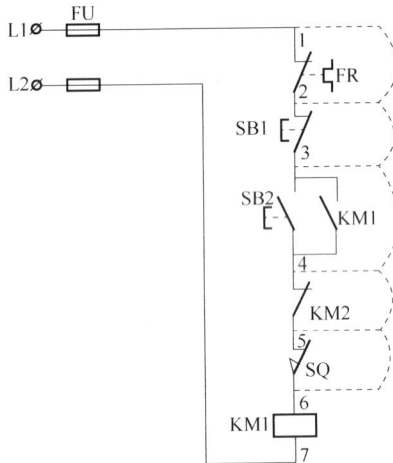

图 5-7　短接法

表 5-4　短接法短接部位及故障原因

故障现象	短接点标号	KM1 动作	故障原因
按下 SB2 时 KM1 不吸合	1-2	KM1 吸合	FR 常闭触头接触不良
	2-3	KM1 吸合	SB1 常闭触头接触不良
	3-4	KM1 吸合	SB2 常开触头接触不良
	4-5	KM1 吸合	KM2 常闭触头接触不良
	5-6	KM1 吸合	SQ 常闭触头接触不良

短接法检查故障时的注意事项如下。

(1)短接法要注意安全，避免触电事故。

(2)短接法只适用于压降极小的导线及触头之类的断路故障。对于压降较大的电器，如电阻、线圈、绕组等断路故障，不能采用短接法，否则会出现短路故障。

(3)对于机床的某些要害部位，必须在保障电气设备或机械部位不会出现事故的情况下，才能使用短接法。

任务 5.2　电力变压器的故障诊断与修理

5.2.1　任务描述

变压器是一种静止电器设备，它是利用电磁感应原理，把输入的交流电压升高或降低为同频率的交流输出电压，以满足高压输电、低压供电及其他用途的需要。变压器对电能的经济传输、分配和安全使用具有重要意义。为使变压器能长期安全、可靠地运行，必须十分重视变压器的日常维护、故障诊断及检修。

5.2.2　任务分析

1. 变压器运行中出现的不正常现象

(1)变压器运行中若出现漏油、油位过高或过低、温度异常、音响不正常及冷却系统不正常等，应设法尽快消除。

(2)当变压器的负荷超过允许的正常过负荷值时，应按规定降低变压器的负荷。

(3)变压器内部音响很大，很不正常，有爆裂声；温度不正常并不断上升；储油柜或安全气道喷油；严重漏油使油面下降，低于油位计的指示限度；油色变化过快，油内出现碳质；套管有严重的破损和放电现象等，应立即停电修理。

(4)当发现变压器的油温较高，而其油温所应有的油位显著降低时，应立即加油。加油时应遵守规定。若因大量漏油而使油位迅速下降，应将瓦斯保护改为只动作于信号，而且必须迅速采取堵塞漏油的措施，并立即加油。

(5)变压器油位因温度上升而逐渐升高时，若最高温度时的油位可能高出油位指示计，则应放油，使油位降至适当的高度，以免溢油。

2. 变压器运行中的检查

(1)检查变压器上层油温是否超过允许范围。由于每台变压器负荷、冷却条件及季节不同，运行中的变压器不能仅以上层油温不超过允许值为依据，还应根据以往运行经验及在上述情况下与上次的油温比较。若油温突然增高，则应检查冷却装置是否正常、油循环是否破坏等，来判断变压器内部是否有故障。

(2)检查油质，应为透明、微带黄色，由此可判断油质的好坏。油面应符合周围温度的标准线，油面过低应检查变压器是否漏油等；油面过高应检查冷却装置的使用情况，是否有内部故障。

(3)变压器的声音应正常。正常运行时一般有均匀的嗡嗡电磁声。若声音有所改变，应细心检查，迅速汇报值班调度员并请检修单位处理。

(4)应检查套管是否清洁、有无裂纹和放电痕迹，冷却装置应正常，工作、备用电源及油泵应符合运行要求等。

(5)天气有变化时,应重点进行特殊检查。大风时,检查引线有无剧烈摆动,变压器顶盖、套管引线处应无杂物;大雾天,检查各部有无火花放电现象等。

5.2.3 知识准备

1. 变压器的基本工作原理

变压器主要由铁心和套在铁心上的两个或多个绕组所组成。接电源的绕组称为一次绕组,与负载相接的绕组称为二次绕组。当一次绕组两端加上适合的交流电压时,一次绕组中会流过交流电流,于铁心中激励交变的磁通,该磁通又在原二次绕组中产生感应电势。如果二次绕组两端接上负载,副边的闭合回路中就会有交变电流,该电流在负载中产生的电功率,是把一次绕组输入的电功率通过磁的联系传递到副边电路中的。由于二次绕组中的电流也会产生磁通,该磁通对原磁通(一次绕组中的电流产生的磁通)起阻碍作用,有降低一次绕组中的感应电势的趋势,因而当副边电流增大时,原边电流也相应增大。由于原二次绕组的匝数不同,他们工作时会有不同的电势和电流。在电路上它们是相互隔离的。变压器在传递电功率的过程中,仍然遵守能量守恒定律,即变压器输出的功率加上传递过程中损耗的功率等于原边输入的功率。损耗的功率相对于所传递的功率来说是非常小的,因而变压器在额定运行时的效率是相当高的,一般可达到95%以上,大型变压器的运行效率则在99%以上。变压器的高效率对于现代电力系统是非常有意义的,因为大型电力系统中的升压和降压是多次进行的。

众所周知,传送一定的功率,电压越高则电流越小,所用导线的横截面积也越小,可以节约有色金属材料和钢材,达到减少投资和降低运行费用的目的。由于大型发电厂的交流发电机通常输出10.5V或16V的电压,而一般高压输电线的电压为110kV、220kV、330kV、500kV、765kV,这就要求用变压器把发电机输出的电压升高后再送入输电线路。电能输送到用电区后,为了用电安全,又必须用变压器把输电线路上的高压降低为配电系统的电压等级。然后,用变压器降压供给用户。简单电力系统示意如图 5-8 所示,电力系统中的多次升压和降压,使得变压器的应用相当广泛。

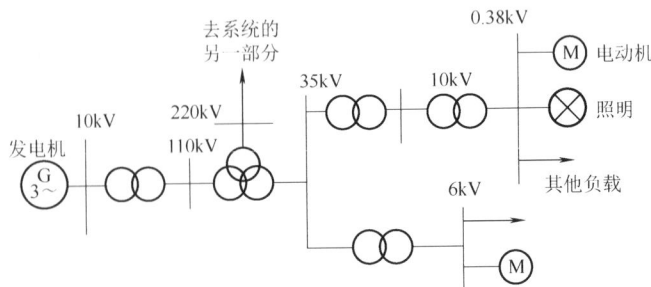

图 5-8 简单电力系统示意图

2. 电力变压器的结构

电力系统中使用的变压器称为电力变压器。电力变压器是电力系统中输配电力的主要设备,它把一种等级的电压转变成另一种等级的电压。

油浸式电力变压器的结构图如图 5-9 所示。它由铁心、油箱、套管、分接开关、吸湿器、温度计、安全通道、气体继电器等主要部件组成。

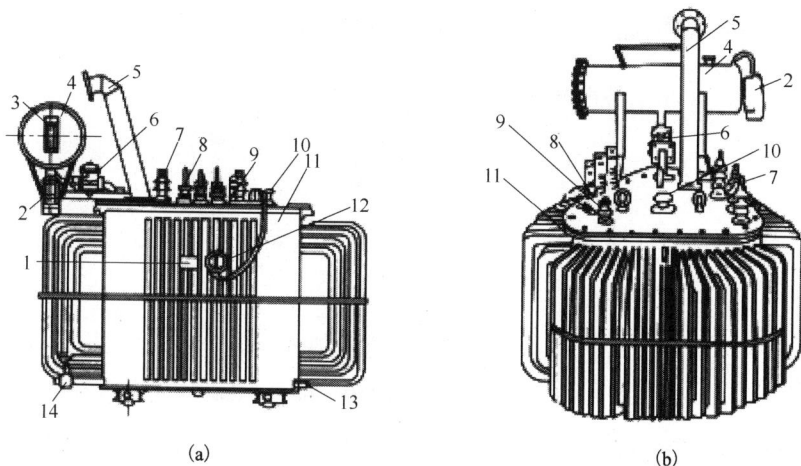

图 5-9 油浸式电力变压器结构图

1-铭牌；2-吸湿器；3-油位计；4-储油柜；5-安全通道；6-气体继电器；7-高压套管；8-低压套管；
9-零线套管；10-分接开关；11-油箱；12-温度计；13-接地螺钉；14-放油阀

1）油箱

油箱是变压器的外壳，变压器的绕组和铁心装在油箱内，油箱内灌有定量的变压器油，变压器油不仅加强了绝缘，还使变压器所产生的热量能及时散发，确保变压器铁心和绕组的冷却。油箱装有散热器，使油箱内的油能流通而冷却。小容量变压器散热器通常直接焊在油箱上，大容量变压器上、下各有一个集油器组成散热器，有的还装有冷却专用风扇。

2）储油柜

储油柜曾称油枕，储油柜的作用是调节变压器油因温度变化而引起的体积变化。当变压器油因温度变化而膨胀或收缩时，储油柜内的油面就随着上、下变化，始终保持油箱内油是充满的。全密封储油柜使变压器油与大气隔离，减缓油的老化，另外使套管充满变压器油以提高套管的绝缘水平。普通储油柜结构图如图 5-10 所示。

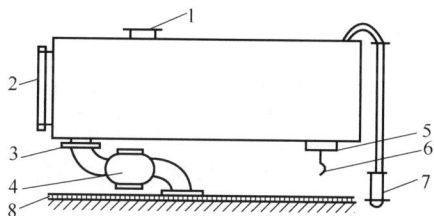

图 5-10 普通储油柜结构图

1-注油孔；2-游标；3-储油柜连管；4-气体继电器；5-集污器；6-排污阀；7-吸湿器；8-油箱上盖

根据变压器容量，储油柜的形式有普通型和密封型两大类，变压器容量在 630kVA 及以下时为普通储油柜并且无气体继电器，容量在 630～8000kVA 时为普通储油柜带有气体继电器，8000kVA 以上一般为密封式储油柜。密封式储油柜一般包括胶囊式和隔膜式两种。

（1）普通储油柜的结构图如图 5-10 所示，它的一端或两端是可拆卸的圆形钢板端盖。胶囊式储油柜与普通储油柜的区别在于其在储油柜内放置耐油胶囊，袋内通过吸湿器与大气相连，另外在储油柜下部的小胶囊里面装满变压器油并与油位计相连，这样保证了变压器本体绝缘油与大气的完全隔离。胶囊式储油柜的结构图如图 5-11 所示。

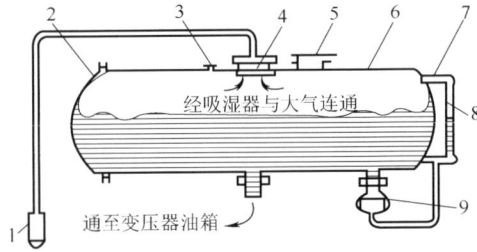

图 5-11　胶囊式储油柜的结构图

1-吸湿器；2-胶囊；3-放气室；4-胶囊压板；5-安装孔；6-储油柜体；7-油位计注油及呼吸塞；8-油位计；9-油位计胶囊

(2)隔膜式储油柜的结构图如图 5-12 所示。

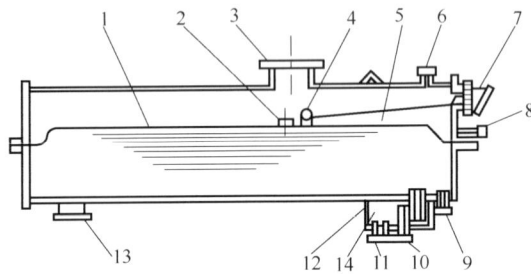

图 5-12　隔膜式储油柜的结构图

1-隔膜；2-放气嘴；3-视察孔；4-支架；5-连杆；6-吸湿器管接头；7-油位计；8-放水塞；9-加油管接头；
10-排气管接头；11-气体继电器管接头；12-集气室；13-集气盒油位计；14-集污盒

3)吸湿器

为了使储油柜内或胶囊内是干燥的气体，避免灰尘进入储油柜内，一般变压器均装有吸湿器(俗称呼吸器)。吸湿器的结构图如图 5-13 所示。变压器在运行中由于呼吸作用，使吸湿器中的硅胶由蓝色变为粉红色，这时可将罩拧下，倒出已变成粉红色的硅胶，在 140℃下烘焙约 8h 直至全部变为蓝色，或用备用的硅胶重新装入即可。

4)气体继电器

气体继电器安装在储油柜和箱盖的连管之间，在变压器内部故障产生的气体或油流的作用下，接通信号或跳闸回路，是变压器的主要安全保护装置。目前采用的是挡板式磁力触点结构。继电器内气体达到一定容积时，开口杯下沉，上磁铁使上干簧触点闭合，接通信号回路。当油流冲动挡板时，下干簧触点闭合接通跳闸回路。

气体继电器 QJ4-25 型适用于有载分接开关，QJ2-50 型适用于 800～6300kVA 变压器，QJ2-80 适用于 8000kVA 及以上变压器中。QJ2 型挡板式气体继电器的结构和安装尺寸如图 5-14 所示。

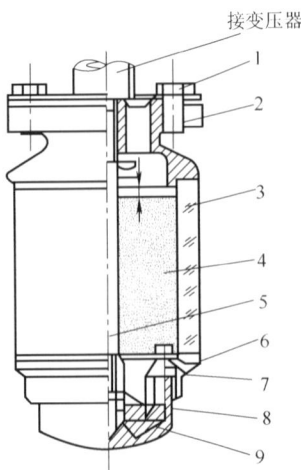

图 5-13　吸湿器的结构图

1-螺栓；2-法兰；3-玻璃筒；4-吸附剂；5-螺杆；
6-下座；7-密封圈；8-下罩；9-变压器油

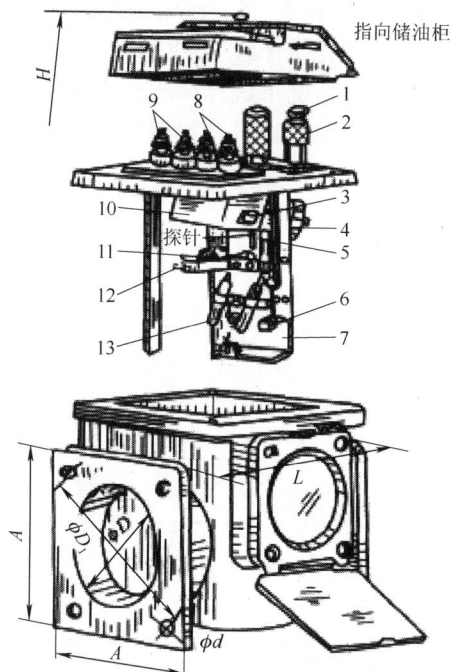

图 5-14　QJ2 型挡板式气体继电器的结构和安装尺寸

1-顶针；2-嘴子；3-上磁铁；4-重锤；5-上干簧触点；6-下磁铁；7-挡板；8-信号端子罩；
9-跳闸端子；10-开口杯；11-弹簧；12-调节杆；13-下干簧触点

气体继电器在检修和调整时，改变重锤位置，可调节信号触点动作的气体体积；松动调节杆，改变弹簧的长度，可调节跳闸触点动作的油流速度；转动螺杆，可以调节下磁铁与下干簧触点的距离；从嘴子处打进空气，可检查信号触点动作的可靠性；将罩拧下，按动波纹管，通过顶针可检查跳闸触点的可靠性；打开平板阀充油时，打开嘴子的帽，慢慢松动顶针可排除气体。在检修时还应测量引线的小套管间、对地间的绝缘电阻，安装时应将密封胶垫放正，密封良好外壳上红色箭头应指向储油柜。

5) 温度计

一般大中型变压器均装有水银温度计、信号(压力)温度计和电阻温度计。

信号温度计在拆卸时拧下密封螺母连同温包一起取出，然后将温度表从油箱上拆下，并将金属毛细管盘好，不得扭曲、损伤和变形。包装好后进行校验，并进行报警信号的整定。装复时在变压器测温座中注入适量的变压器油，将座拧紧不渗油，在固定温度计时应将金属毛细管妥善固定。压力式信号温度计的结构图如图 5-15 所示。

6) 安全通道

安全通道(俗称防爆管)是装在变压器顶盖上喇叭形的管子，它的一端与油箱相连，另一端管口用玻璃或酚醛板膜片封住。当变压器内部发生短路故障时，变压器油箱内压力突然增大，此时防爆口的膜片首先被冲破，气体和油即从防爆管口喷出，使油箱内压力减小，从而避免发生油箱爆炸等设备事故。

7) 分接开关

其作用是为保持电压的恒定而适时调节输出电压，可分为无励磁分接开关(曾称无载分接开关)和有载分接开关两种形式，通常有 3～5 个分接头位置，而对于仅有三个分接头的分接开关，它的中间分接头"2"即额定电压的位置，相邻分接头相差 5%的额定电压。

　　无励磁分接开关应在电网断开的情况下进行调压，有载分接开关一般用专用电动机进行驱动，变压器在带负载运行的情况下即可进行分接调压。为提高供电可靠性，有载分接开关已得到广泛应用，其电气连接图如图 5-16 所示。图中的辅助触头和过渡电阻的主要作用是使开关在调压时，电弧容易熄灭。

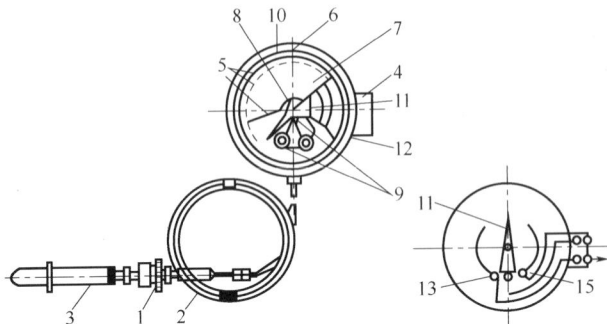

图 5-15　压力式信号温度计的结构图

1-管接头；2-毛细管；3-测温探头；4-接线盒；5-指针；
6-固定孔；7-外壳；8-调节孔；9-上下限指针；10-表盘；
11-传动机构；12-弹簧管；13-下限触点；14-动触点；15-上限触点

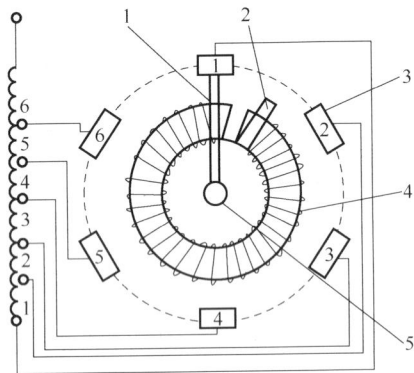

图 5-16　有载分接开关的电气连接图

1-主轴头；2-辅助触头；3-定触头；
4-过滤触头；5-转轴

8) 电力变压器芯体

电力变压器芯体结构图如图 5-17 所示。

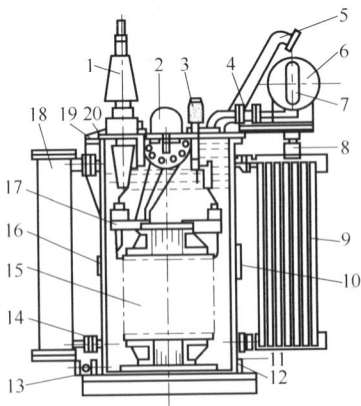

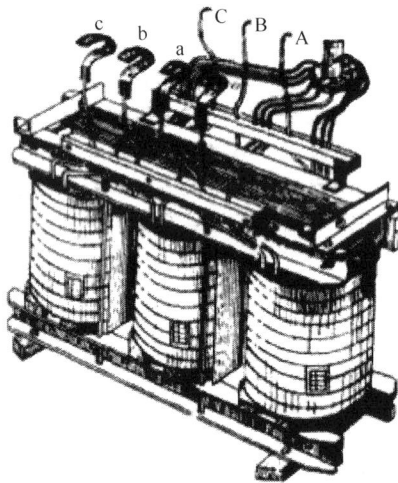

图 5-17　电力变压器芯体结构图

1-高压套管；2-分接开关；3-低压套管；4-气体继电器；5-安全通道；6-储油柜；7-油位表；8-吸湿器；9-散热器；10-铭牌；
11-接地螺栓；12-油样阀门；13-放油阀门；14-阀门；15-线圈；16-信号温度计；17-铁心；18-净油器；19-油箱；20-变压器油

9) 绝缘套管

　　绝缘磁管由外部的瓷套与中心的导电杆组成。它穿过变压器上面的油箱壁，其导电杆在油箱中的一端与绕组的出线端相接，在外面的一端和外线路相接。绝缘套管的结构因电压而不同，电压不高时可用简单的瓷质空心式套管，电压较高时可在瓷套管和导电杆之间充油，电压更高时除充油外环绕着导电杆还可以包上几层同心绝缘纸筒，而在这些纸筒上附一些均压铝箔。这样沿着铝箔的径向，绝缘层和铝箔构成了一系列的串联电容器，使套管内部的电场均匀分布，因而增强了绝缘性能。绝缘套管的外形和内部结构图如图 5-18 所示。

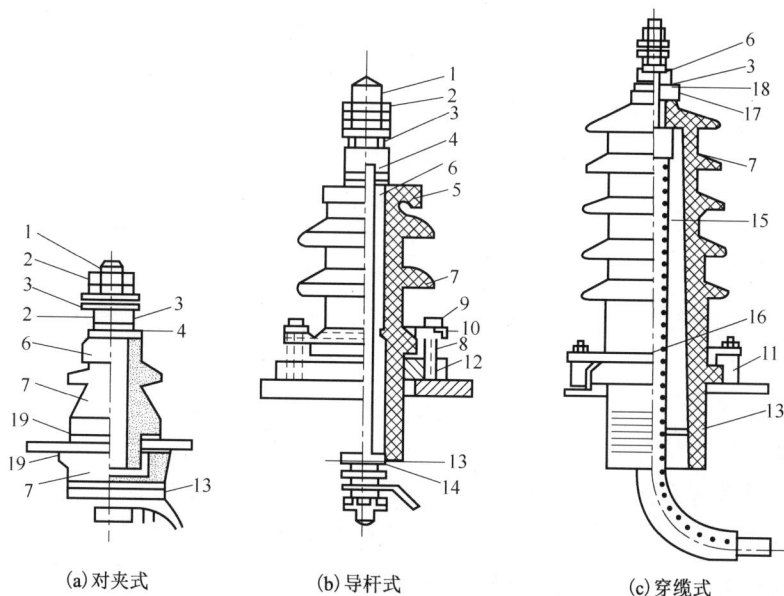

(a) 对夹式　　　　(b) 导杆式　　　　(c) 穿缆式

图 5-18　绝缘套管的外形和内部结构图

1-导电杆；2-螺母；3-垫圈；4-铜杆；5-衬垫；6-磁盖；7-磁伞；8-螺杆；9-吊环；10-夹持法兰；11-压圈；12-钢板；13-绝缘垫圈；14-铜垫圈；15-电缆；16-卡圈；17-放气塞；18-罩；19-密封垫圈

5.2.4　任务实施

1. 变压器空载实验操作

(1) 地点。动力实训室、实训基地。

(2) 设备。电机、变压器、试验台等，每类设备 3~4 台。

(3) 分组。4~6 人一组，指定组长，每小组成员始终固定，严禁串岗。

(4) 实施步骤。

① 学习安全操作规程，警示安全注意事项。

② 绝缘电阻测量：用 2500V 兆欧表测量绕组之间及绕组对地绝缘电阻。

③ 绕组的直流电阻测定：用双臂电桥对每个绕组的直流电阻进行测量。

④ 空载试验：变压器的空载试验又称无载实验或开路实验。空载试验就是从变压器任意一侧绕组(一般为低压侧)施以额定电压，在其他绕组开路的情况下测量其空载损耗和空载电流。对三相变压器进行空载试验时，三相电源电压应平衡，其线电压相差不得超过 2%。

当接通电源后，首先慢慢地提高试验电压，观察各仪表指示是否正常，然后将电压升到额定电压，再读取空载电流和空载损耗值。采用二瓦特表法进行三相电源变压器空载试验的接线图如图 5-19 所示。

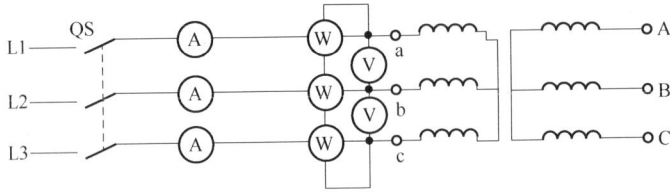

图 5-19　二瓦特表法进行三相电源变压器空载试验的接线图

⑤ 学生提出问题，教师答疑并引导学生归纳总结，编写实训报告。

2. 电力变压器及低压配电装置的检修操作

(1)地点。动力实训室、实训基地。

(2)设备。电机、变压器、试验台等，每类设备 3~4 台。

(3)分组。4~6 人一组，指定组长，每小组成员始终固定，严禁串岗。

(4)实施步骤。

① 检查铁心到夹件的接地连接铜皮是否有效接地，若没装设或已损坏，在运行时能发出轻微的啪啪放电声。

② 用 1000V 兆欧表测量铁轭夹件穿心螺丝绝缘电阻是否合格，其数值应不小于 2MΩ。

③ 检查铁心硅钢片是否有过热现象。

④ 若发现各部螺母松动应加以紧固。

⑤ 学生提出问题，教师答疑并引导学生归纳总结，编写实训报告。

5.2.5　知识拓展：电力变压器的铭牌参数

1. 变压器型号

根据我国新的电力变压器国家标准，变压器型号由两部分组成：前一部分描述变压器的类别、结构、特征和用途，由汉语拼音字母组成；后一部分描述变压器的容量(单位为 kVA)和绕组的电压等级，用具体数字表示。

例如，型号为 S7-315/10 的变压器，其含义为三相油浸自冷式铜绕组电力变压器。其容量为 315kV，一次侧额定电压为 10kV。

2. 额定技术数据

使用任何电气设备，其工作电压、电流功率等都是有一定限定的。例如，流过变压器一、二次绕组的电流不能无限增大，否则将造成绕组导线及其绝缘材料的过热而损坏；施加到原绕组的电压也不能无限升高，否则将产生一、二次绕组之间、绕组匝间或绕组与铁心之间的绝缘击穿，造成变压器损坏，甚至危及人身安全。为了确保变压器的安全、可靠、经济、合理的运行，生产厂家对它在给定的工作条件下能正常运行，规定了允许的工作数据，称为额定值，通常在相应的电气量标注下标"N"并标注在产品的铭牌上。

(1)额定电压。额定电压是根据变压器的绝缘强度和允许温升而规定的，以伏或千伏为单位。变压器的一次额定电压指原边应加的电源电压，二次额定电压指原边加上额定电压时副边绕组的空载电压，应注意的是三相变压器一次和二次侧额定电压都是指线电压。

(2)额定电流。额定电流是根据变压器允许温升而规定的，以安或千安为单位。变压器的一次侧额定电流和二次侧额定电流，是变压器一次和二次绕组长期允许通过的电流。同样应注意的是三相变压器中的一次侧额定电流和二次侧额定电流都是指线电流。使用变压器时不允许超过其额定电流值，变压器长期超负荷运行将缩短其使用寿命。

（3）额定容量。额定容量是指其二次绕组的额定视在功率，以伏安或千伏安为单位。变压器额定容量反映了变压器传递功率的能力，即变压器二次侧的输出能力。

（4）短路电压。将变压器二次侧短路，一次侧施加电压并慢慢使电压升高，直到二次侧产生的短路电流等于二次额定电流时，一次侧所施加的电压称为短路电压，用相对于额定电压的百分数表示。

（5）空载电流。当变压器二次侧开路，一次侧施加额定电压时流过一次绕组的空载电流，用相对于额定电流的百分数表示。空载电流取决于变压器的容量、磁路结构、硅钢片质量等因素，它一般为额定电流的 3%～5%。

（6）空载损耗。指变压器二次侧开路，一次侧施加额定电压时变压器的损耗，它近似等于变压器的铁损，空载损耗可以通过空载试验测得。

（7）短路损耗。指变压器一、二次绕组流过额定电流时，在绕组的电阻中所消耗的功率。短路损耗可通过短路试验测得。

（8）额定温升。变压器的额定温升是以环境温度为 40℃作为参考，规定在运行中允许变压器的温度超出参考环境温度的最大温升。我国标准规定绕组的温升限值为 65℃，上层油面的温升限值为 35℃，确保变压器上层油面最高温度不得超过 95℃。

（9）冷却方式。为了使变压器运行时温升不超过限值，通常需要进行可靠的散热和冷却处理，变压器铭牌上用相应的字母代号表示不同的冷却循环方式和冷却介质，如表 5-5 所示。除了油浸式电力变压器，目前我国已生产一定容量的环境浇注干式变压器，此种变压器由于具有难燃、自熄、耐潮、机械强度高、体积小等特点，已广泛应用于高层建筑、机场、车站、地铁、隧道等交配电场所。

表 5-5　冷却方式字母代号对照

冷却介质	循环方式
A-空气	N-自然循环
W-水	F-强迫循环
G-气体	D-强迫导向油循环
L-不燃性合成油	
O-矿物油（合成油）	

任务 5.3　控制开关的故障诊断与修理

5.3.1　任务描述

控制开关大多是低压电器开关，在正常状态下使用或运行，都有各自的机械寿命和电气寿命，即自然磨损。若操作不当、过载运行、日常失修等，都会加速电器元件的老化，缩短使用寿命。电器元件在运行中，无论自然的或人为的原因，都难免会产生故障而影响工作。电器元件的故障排除是必要的，但是最为重要的是正确使用和正确维修。由于电气线路中使用的电器种类很多、结构繁简程度不一，因而故障的原因也是多方面的。本任务只对各种控制开关电器的共性元件及某些常用电器开关的故障进行诊断与维修。

5.3.2　任务分析

电器共性元件的故障及维修：一般电磁式电器，通常由触头系统、电磁机构和灭弧装置等组成，而触头系统和电磁机构又是电磁式低压电器的共性元件。这部分元件经过长期使用或使用不当，可能会发生故障而影响电器的正常工作。

触头的故障及维修：触头是有触点低压电器的主要部件，它起接通和分断电路的作用，也是电器中比较容易损坏的部件。触头的常见故障表现为触头过热、磨损和熔焊等。

5.3.3　知识准备

1. 触头过热

触头接通时，有电流通过都会发热，正常发热是允许的，过热是不允许的。触头的发热程度与流过触头的电流及接触电阻有关。动、静触头间的接触电阻或流过的电流越大，则触头发热越严重，当触头的温度上升超过允许值时轻则使触头特性变坏，重则造成触头熔焊。

触头过热的原因主要有以下两方面。

(1)通过动、静触头间的电流过大，任何电器的触头都必须在其额定电流下运行，否则触头就会因电流过大而发热。电流过大的原因如下。

① 系统电压过高或过低；

② 用电设备超负载运行；

③ 电器触头容量选择不当；

④ 故障运行等。

当流过触头的电流超过其额定电流时，触头必然过热。

(2)动、静触头间的接触电阻变大。接触电阻是所有点接触形式的一个重要参数。只有低值而稳定的接触电阻，才能保证电接触工作的可靠性。动、静触头闭合时，接触电阻关系到触头间的发热程度。触头间接触电阻变大的原因如下。

① 触头压力不足。不同的接触形式、不同规格的电器，其触头压力都有各自的规定标准，对相同的电接触形式来说，一般是触头压力越大，接触电阻越小。触头压力弹簧失去弹性、触头长期磨损变薄等，都会导致触头压力不足，接触电阻增大。遇到这种情况，首先应更换压力弹簧，经调整仍达不到标准要求，则应更换触头。

② 触头表面接触不良。动、静触头的接触面对接触电阻影响较大。例如，铜质触头表面易形成一层氧化膜，是接触不良的重要原因之一。另外，在运行中，油污和灰尘也会在触头表面形成一层电阻层而造成接触不良。再如，触头分断电流时，表面会被电弧灼伤、烧毛，形成表面不平，甚至局部烧缺，使接触面减小，也造成接触不良。以上都会导致触头接触电阻变大，引起触头过热。因此，应加强对运行中触头的维护和保养。铜触头的表面氧化膜应用小刀轻轻刮去，而对银及银基合金触头表面形成的氧化层，则另当别论，因为银的氧化膜导电率和纯银不相上下，不影响触头的接触性能。对触头表面的油污，可用棉花浸些汽油或四氯化碳清洗。对于灼伤的触头，修理时可用刮刀或小细锉仔细修整，对大电流的触头表面，不要求修整得过分光滑，重要的是平整。两个平整而较粗糙的平面接触在一起，触点数目较多，且能有效地清除氧化膜。相反过分光滑会使接触减小，接触电阻反而增大。但对于某些小容量电器，触头电流小到毫安以下，为了保证接触电阻值小而稳定，要求触头表面光洁度要高。另外，光洁度高的触头不易受污染，也不易生成膜电阻。维修人员在修磨触头时，不

要刮或挫削得太厉害，以免影响触头的厚度，同时修整时不允许用砂布或砂轮修磨，以免石英砂粒嵌留在触头表面上，反而使触头不能保持良好接触。

2. 触头磨损

触头在使用过程中越用越薄，这就是触头的磨损。磨损有两种：一种是电磨损，是触头间电弧或电火花的高温使触头金属气化和蒸发所造成的；另一种是机械磨损，是触头闭合时的撞击及触头接触面的相对滑动摩擦所造成的。触头磨损到什么程度必须进行更换呢？通常可以按下列任意原则来衡量：当触头接触部分磨损至原有厚度的 2/3（铜触头）或 3/4 银及银基合金触头）时，应更换新触头；另外触头超行程（指从动、静触头刚接触的位置算起，假想此时移去静触头，动触头所能继续向前移动的距离）不符合规定，也应更换新触头。若发现触头磨损过快，应查明原因。

3. 触头熔焊

动、静触头接触面熔化后被焊在一起而断不开的现象，称为触头的熔焊。当触头闭合时，由于撞击和产生振动，在动、静触头间的小间隙中产生短电弧，电弧的温度很高（达 3000～6000℃），高温使触头表面被灼伤甚至烧熔，熔化的金属液便将动、静触头焊在一起。

触头熔焊的常见原因有选用不当，触头容量太小，负载电流过大；操作频率过高；触头弹簧损坏，刀压力减小。

触头熔焊后，必须更换新触头，同时还要找出熔焊原因并予以排除。

5.3.4　任务实施

1. CJ20-40 接触器触头的检修

（1）地点。动力实训室、实训基地。

（2）设备。电机、变压器、试验台、CJ20-40 接触器等，每类设备 3～4 台。

（3）分组。4～6 人一组，指定组长，每小组成员始终固定，严禁串岗。

（4）实施步骤。

① 学习安全操作规程，警示安全注意事项。

② CJ20-40 接触器触头的检修步骤如下。

a. 外观检查。接触器外观是否完整无损，固定是否松动。

b. 灭弧罩检查。取下灭弧罩仔细查看有否破裂或严重烧损；灭弧罩内的栅片有否变形或松脱，栅孔或缝隙是否堵塞；清除灭弧室内的金属飞溅物和颗粒。

c. 触头检查。清除触头表面上烧毛的颗粒；检查触头磨损程度，严重时应更换。

d. 铁心的检查。铁心端面定期擦拭，清除油垢保持清洁；检查是否变形。

e. 线圈的检查。观察线圈外表是否因为过热而变色；接线是否松脱；线圈骨架是否有裂痕。

f. 活动部件的检查。检查可动部件是否卡阻；紧固体是否松脱；缓冲件是否完整等。

③ 学生提出问题，教师答疑并引导学生归纳总结，编写实训报告。

2. 车间配电柜电路设计（参观车间配电柜）

（1）地点。生产车间。

（2）设备。车间配电柜。

（3）分组。4～6 人一组，指定组长，每小组成员始终固定，严禁串岗。

（4）实施步骤。

① 学习安全操作规程，警示安全注意事项。

② 由指导教师结合实际配电柜介绍其组成、设计步骤、技术要求等。

③ 学生结合参观实物，画出车间配电柜的原理图和设备布置图。

④ 学生应知各组成部分的作用和技术要求。

⑤ 学生提出问题，教师答疑并引导学生归纳总结，编写实训报告。

⑥ 多参观几个车间，比较车间配电柜电路设计的不同。

5.3.5　知识拓展：继电器和电磁铁的故障及维修

1. 热继电器的故障及维修

热继电器使用日久，应定期检验它的动作是否正确可靠。此外，在设备发生事故而引起巨大短路电流后，应检查热元件和双金属片有无显著变形。若已变形，则需通电试验，因双金属片变形或其他原因致使动作不准确时，只能调整其可调部件，而绝不能弯折双金属片。

热继电器动作脱扣后，不要立即手动复位，因此时双金属片尚未冷却复原。按复位按钮时，不要用力过猛，否则会损害操作机构。

2. 速度继电器的故障及维修

速度继电器的故障一般表现为电动机断开后不能迅速制动。

这种故障的原因主要是触头接触不良、绝缘顶块断裂或小轴的连接松脱。另外，尚有支架断裂、定子断路、绕组开路或转子失磁等。

查出故障后，对症处理。

3. 电磁铁的故障及维修

电磁铁的常见故障一般为电磁铁不产生吸力或吸力不足，交流电磁铁噪声大且有振动；有电磁吸力后而制动器不起制动作用。前者为电磁铁机构故障，其原因有衔铁与铁心经过长期吸合撞击后，接触面磨损或变形；接触面上积有锈斑、油污、灰尘；衔铁歪斜等。后者为制动器故障，多为制动杠杆连接螺栓松脱、弹簧失效或闸瓦磨损等。

为了保证电磁铁能可靠地工作，要求定期检查和维修，维修周期应根据具体情况来确定。维修要点如下。

(1)可动部分经常加油润滑。

(2)定期检查衔铁行程及最小间隙。

(3)检查各部紧固螺栓及线圈接线螺钉。

(4)检查可动部件的磨损程度。

任务 5.4　电动机的故障诊断与修理

5.4.1　任务描述

在正常情况下使用电动机，其寿命是比较长的。但电动机在使用过程中容易受到周围环境的影响，如油污、灰尘、潮气、腐蚀性气体的侵蚀等，使电动机的寿命缩短。如果电动机经常处于过载状态，也会使电动机过热造成绝缘老化，甚至烧毁，影响其使用寿命。因此，正确使用电动机，及时发现电动机运行中的故障隐患并及时排除是提高电动机使用寿命的主要措施。

5.4.2　任务分析

三相异步电动机广泛应用在动力设备中，尤其在重工业(如矿山、钢铁企业)中，电动机故障频繁，电动机烧毁非常严重。常见故障检查与排除如表 5-6 所示。

表 5-6　三相异步电动机常见故障检查与排除

序号	故障现象	故障原因	处理方法
1	电动机不能启动	① 电源未通； ② 绕组断路、短路、接地、接线错误； ③ 熔体烧断； ④ 绕线转子电动机启动时误操作； ⑤ 过电流继电器整定值过小； ⑥ 启动开关油杯缺油； ⑦ 控制设备接线错误	① 检查开关、熔体、各触点及电动机引线，并修复； ② 采用仪表检查，并进行修理； ③ 查出故障后按电动机规格配新熔体； ④ 检查集电环短路装置及启动变阻器位置，启动时隔开短路装置、串联变阻器； ⑤ 适当进行调大； ⑥ 加新油，达到油面线止； ⑦ 改正接线
2	电动机接入电源后熔体被烧断或断路器跳闸	① 电动机缺相启动； ② 定、转子绕组接地或短路； ③ 电动机负载过大或被机械部分卡住； ④ 熔体截面积过小； ⑤ 绕线转子电动机所接的启动电阻太小或被短路； ⑥ 电源至电动机之间连接线短路	① 检查电源线、电动机引出线、熔断器、开关各触点，找出断线或虚接故障后，进行修复； ② 采用仪表检查，进行修理； ③ 将负载调至额定，排除被拖动机构的故障； ④ 按电动机容量重新选择熔体； ⑤ 消除短路故障或增大启动电阻； ⑥ 检查短路点后，进行修复
3	电动机通电后，不启动并嗡嗡响	① 级数改变,重绕的电动机槽配合选择不当； ② 定、转子绕组断路； ③ 绕组引出线始末端接错或绕组内部接反； ④ 电动机负载过大或转子卡住； ⑤ 电源电压过低； ⑥ 小型电动机的润滑脂太硬、变质或轴承装配太紧	① 选择合理绕组形式和节距,适当车小轮子直径，重新计算绕组系数； ② 查明断路点，进行修复，检查绕组转子电刷与集电环接触状态，检查启动电阻是否断路或电阻过大； ③ 检查绕组始末端，判定绕组始末端是否正确； ④ 对负载进行调整，并排除机械故障； ⑤ 更换熔断的熔丝，紧固松动的接线螺钉，用万用表检查电源线一相断线或虚接故障，进行修复； ⑥ 配线电压降太大时，应该用粗电缆线； ⑦ 更换合格的润滑脂，检查轴承装配尺寸并使之合理
4	电动机外壳带电	① 电源线与接地线搞错； ② 电动机绕组受潮、绝缘严重老化； ③ 引出线与接线盒接地； ④ 线圈端部接触端盖接地	① 纠正接线错误； ② 电动机进行干燥处理，老化的绝缘应更新或绕组重绕； ③ 包扎或更新引出线绝缘，修理接线盒； ④ 拆下端盖，检查绕组接地点，将接地点绝缘加强端盖内壁垫以绝缘纸
5	电动机空载或负载时，电流表指针不稳、摆动	① 绕线转子电动机有一相电刷接触不良； ② 绕线转子集电环短路装置接触不良； ③ 笼形转子的笼条开焊或断条； ④ 电源电压不稳； ⑤ 绕线转子组一相断路	① 调整刷压和改善电刷与集电环的接触面质量； ② 检查和修理集电环短路装置； ③ 采用开口变压器或用其他方法检查，并予修复； ④ 检查调整电源电压； ⑤ 用万用表检查断路处，并排除故障

序号	故障现象	故障原因	处理方法
6	电动机启动困难,加额定负载后,电动机的转速比额定转速低	① 电源电压过低; ② 电动机绕组三角形接线误接成星形接线; ③ 绕线转子电刷或启动变阻器接触不良; ④ 定、转子绕组局部线圈错或接反; ⑤ 绕组重绕时,匝数过多; ⑥ 绕线转子一相断路; ⑦ 电刷与集电环接触不良	① 用电压表检查电动机输入端电源电压,确认电源电压过低后进行调整; ② 改为三角形接线; ③ 检修电刷和启动变阻器的接触部位; ④ 检查出故障线圈后进行正确接线; ⑤ 按正确的匝数重绕; ⑥ 用万用表检查断路处,排除故障; ⑦ 改善电刷与集电环的接触面积,研磨电刷工作面、调刷压和车削滑环表面等
7	绝缘电阻低	① 绕组受潮或被水淋湿; ② 绕组绝缘沾满粉尘、油垢; ③ 电动机接线板损坏,引出线绝缘老化破裂; ④ 绕组绝缘老化	① 进行加热烘干处理; ② 清洗绕组油污,并经干燥、浸渍处理; ③ 重包引线绝缘,更换或修理出线盒及接线板; ④ 经鉴定可重绕线圈,若能继续使用,要经清洗、干燥绝缘处理
8	电动机振动	① 轴承磨损,轴承间隙不合要求; ② 气隙不均匀; ③ 机壳强度不够; ④ 铁心变椭圆形或局部突出; ⑤ 转子不平衡; ⑥ 基础强度不够,安装不平,重心不稳; ⑦ 风扇片不平衡; ⑧ 绕线转子绕组短路; ⑨ 定子绕组故障(短路、断路、接地、接错); ⑩ 转轴弯曲; ⑪ 铁心松动; ⑫ 联轴器或带轮安装不符合要求; ⑬ 齿轮结合松动; ⑭ 电动机地脚螺栓松动	① 更换轴承; ② 调整气隙,使之符合规定; ③ 找出薄弱点,加固并增加机械强度; ④ 车或磨铁心内、外圆; ⑤ 紧固各部螺钉,清扫加固后进行校动平衡工作; ⑥ 加固基础,将电动机地脚找平固定,重新找正; ⑦ 校正几何尺寸,找平衡; ⑧ 用开口变压器检查短路点,并进行处理; ⑨ 采用仪表检查,并处理好故障; ⑩ 矫直转轴; ⑪ 紧固铁心和压紧冲片; ⑫ 重新找正,必要时重新安装; ⑬ 检查齿轮接合,进行修理,并使其符合要求; ⑭ 紧固电动机地脚螺栓,或更换不合格地脚螺栓
9	电动机空载运行时电流不平衡,相差很大	① 三相绕组匝数分配不均; ② 绕组首末端接错; ③ 电源电压不平衡; ④ 绕组有故障(匝间短路、线圈组接反); ⑤ 绕组接头有局部虚接或断线处	① 重绕并改正; ② 查明首末端,并改正; ③ 测量三相电压,查出不平衡原因并消除; ④ 解体检查绕组故障,并消除; ⑤ 测直流电阻或通大电流查找发热点,并消除
10	断轴	① 安装时定中心不一致; ② 紧固螺钉松动; ③ 传动带张力过大; ④ 轴头伸出太长; ⑤ 转轴材质不良	① 定好中心或采用弹性联轴器; ② 紧固松动的螺钉; ③ 调整传动带张力; ④ 调整轴头伸出长度; ⑤ 更换合格的轴料重新车制
11	三相空载电流平衡,但均大于正常值	① 重绕时,线圈匝数少; ② 星形接线错接为三角形接线; ③ 电源电压过高; ④ 电动机装配不当; ⑤ 气隙不均或增大; ⑥ 拆线时烧损铁心,降低了导磁性能; ⑦ 电网频率降低或 60Hz 电动机使用在 50Hz 电源上	① 重绕线圈; ② 改正接线; ③ 测量电源电压,并设法降低电压; ④ 检查装配质量; ⑤ 调整气隙使其均匀,过大的气隙可调整线圈匝数; ⑥ 修理铁心,或重绕线圈增加匝数; ⑦ 检查电源质量,并与电动机铭牌一致

续表

序号	故障现象	故障原因	处理方法
12	集电环过热,出现刷火	① 集电环椭圆或偏心; ② 电刷压力太小或刷压不均; ③ 电刷被卡在刷握内,使电刷与集电环接触不良; ④ 电刷牌号不符合要求; ⑤ 集电环表面有污垢,表面粗糙度不符合要求,导电不良; ⑥ 电刷数目不够或截面积过小	① 将集电环磨圆或车光; ② 调整刷压,使其符合要求; ③ 修磨电刷,使电刷在刷握内配合间隙正确; ④ 采用制造厂规定的牌号电刷或选性能符合制造厂要求的电刷; ⑤ 清除污物,用干净布沾汽油擦净集电环表面,并消除漏油故障; ⑥ 增加电刷数目或增加电刷接触面积,使电流密度符合要求
13	电动机运行时噪声大	① 重绕改变级数时,槽配合不当; ② 转子摩擦绝缘纸或槽楔; ③ 轴承间隙过度磨损,轴承有故障; ④ 定、转子铁心松动; ⑤ 电源电压过高或三相不平衡; ⑥ 定子绕组接错; ⑦ 绕组有故障; ⑧ 线圈重绕时,各相匝数不均; ⑨ 轴承缺少润滑油; ⑩ 风扇碰风罩或风道堵塞; ⑪ 气隙不均匀,定转子相摩擦	① 矫正定、转子槽配合; ② 应修剪绝缘纸及检修槽楔; ③ 检修或更换新轴承; ④ 紧固铁心冲片或重新叠装; ⑤ 检查原因,并进行处理; ⑥ 用仪表检查后进行处理; ⑦ 检查后,对故障线圈进行处理; ⑧ 重新绕线,改正匝数使三相绕组匝数相等; ⑨ 清洗轴承,增加适量润滑油(一般为轴承室容积的 1/2~2/3); ⑩ 修理风扇和风罩,使其几何尺寸正确,清理通风道; ⑪ 调整气隙,提高装配质量
14	轴承发热超过规定值	① 润滑油(脂)过多或过少; ② 油质不好,含有杂质; ③ 轴承与轴颈配合过松或过紧; ④ 轴承与端盖轴承室配合过松或过紧; ⑤ 油封太紧; ⑥ 轴承内盖偏心与轴承相摩擦; ⑦ 电动机两侧端盖或轴承盖没有装平; ⑧ 轴承有故障、磨损,轴承内含有杂物; ⑨ 电动机与传动机构连接偏心,或传动带拉力过大; ⑩ 轴承型号选小、过载,滚动体承载过重; ⑪ 轴承间隙过大或过小; ⑫ 滑动轴承的油环转动不灵活	① 拆下轴承盖,调整油量,要求油脂填充轴承室容积的 1/2~2/3; ② 更换新油; ③ 过松时可采用胶黏剂处理,过紧时适当车细轴颈,使配合公差符合要求; ④ 在轴承室内涂胶黏剂,解决过松问题,过紧时,可车削端盖轴承室; ⑤ 更换或修理油封; ⑥ 修理轴承内盖,使之与转轴间隙适合; ⑦ 按正确工艺将端盖或轴承盖装入止口内,然后均匀紧固螺钉; ⑧ 更换轴承,对于含有杂质的轴承要彻底清洗,换油; ⑨ 校准电动机与传动机构连接的中心线,并调整传动带的张力; ⑩ 更换合适的新轴承; ⑪ 更换新轴承; ⑫ 检修油环,使油环尺寸正确,校正平衡
15	电动机过热或冒烟	① 电源电压过高,使铁心过饱和,造成电动机温升超限; ② 电源电压过低,在额定负载下电动机温升过高; ③ 拆线圈时,铁心被烧伤,使铁损耗增大; ④ 定、转子铁心相摩擦; ⑤ 线圈表面沾满污垢或油污,影响电动机散热;	① 与供电部门联系,解决电源过高问题; ② 如果因电压降引起,应更换较粗的电源线;如果电源本身电压低,可与供电部门联系解决; ③ 做铁损耗试验,检修铁心,排除故障; ④ 查找并排除故障(如更换轴承、调轴、处理铁心变形等); ⑤ 清扫或清洗绝缘表面污垢; ⑥ 排除机械故障,减少阻力,或降低负载;

续表

序号	故障现象	故障原因	处理方法
15	电动机过热或冒烟	⑥ 电动机过载或拖动的机械设备阻力过大； ⑦ 电动机频繁起制动和正反转； ⑧ 笼形转子断条、绕线转子绕组接线开焊，电动机在额定负载下转子发热使温升过高； ⑨ 绕组匝间短路和相间短路以及绕组接地； ⑩ 进风或进水温度过高； ⑪ 风扇有故障，通风不良； ⑫ 电动机两相运行； ⑬ 绕组重绕后，绝缘处理不好； ⑭ 环境温度增高或电动机通风道堵塞； ⑮ 绕组接线错误	⑦ 更换合适的电动机，或减少正反转和起制动次数； ⑧ 查明断条和开焊处，重新补焊； ⑨ 用开口变压器和绝缘电阻表检查，并排除故障； ⑩ 检查冷却水装置是否有故障，检查环境温度是否正常； ⑪ 检查电动机风扇是否有损伤，扇片是否破损和变形； ⑫ 检查熔丝、开关触点，并排除故障； ⑬ 采取浸二次以上的绝缘漆，最好采用真空浸漆处理； ⑭ 改善环境温度采取降温措施，隔离电动机附近的高温热源，使电动机不在日光下暴晒； ⑮ 星形连接绕组误接成三角形或方向相反，均要改正过来

5.4.3　知识准备

1. 三相异步电动机工作原理分析

三相异步电动机的定子绕组通入三相电流，便产生旋转磁场并切割转子导体，在转子电路中产生感应电流，载流转子在磁场中受力产生电磁转矩，从而使转子旋转，所以，旋转磁场的产生是转子转动的先决条件。

1）定子的旋转磁场

为了便于说明问题，把分布在定子圆周上的三相绕组用三个单匝线圈代替。这三个线圈在定子铁心的内圆周上是对称排列的，即它们的始端 U_1、V_1、W_1（或末端 U_2、V_2、W_2）在空间位置上互相差别 $120°$，如图 5-20(a)所示。把三个线圈接成星形，并接到三相电源上，于是三相线圈中便出现对称的三相电流，如图 5-20(b)所示。

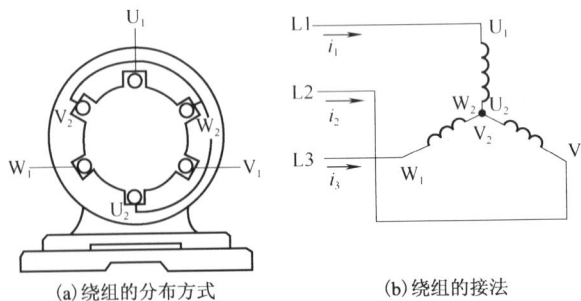

图 5-20　简化的三相定子绕组

习惯上规定，电流的参考方向是从线圈的首端指向末端。设以 L1 相电流 i_1 为参考量，则三相电流可表示为

$$i_1=I_m\sin\omega t$$
$$i_2=I_m\sin(\omega t-120°)$$
$$i_3=I_m\sin(\omega t-240°)$$

三相电流的波形如图 5-21 所示。

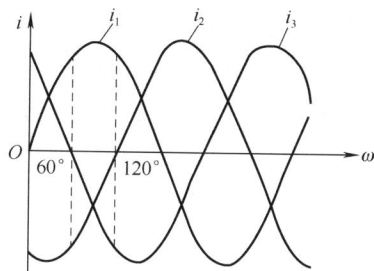

图 5-21　三相电流波形

当 $\omega t=0$ 时 $i_1=0$，即 L1 相绕组中电流为零；i_2 为负，其实际方向与参考方向相反，即电流 i_2 由 V_2 端流向 V_1 端；i_3 为正，其实际方向与参考方向相同，即电流 i_3 由 W_1 端流向 W_2 端。图 5-22(a)画出了各相绕组中的电流实际方向，根据右手螺旋定则，可以确定这一时刻三相电流所形成的合成磁场，如图 5-22(a)所示。如果把定子铁心看成一个电磁铁，此时它的上部相当于 N 极，下部相当于 S 极。

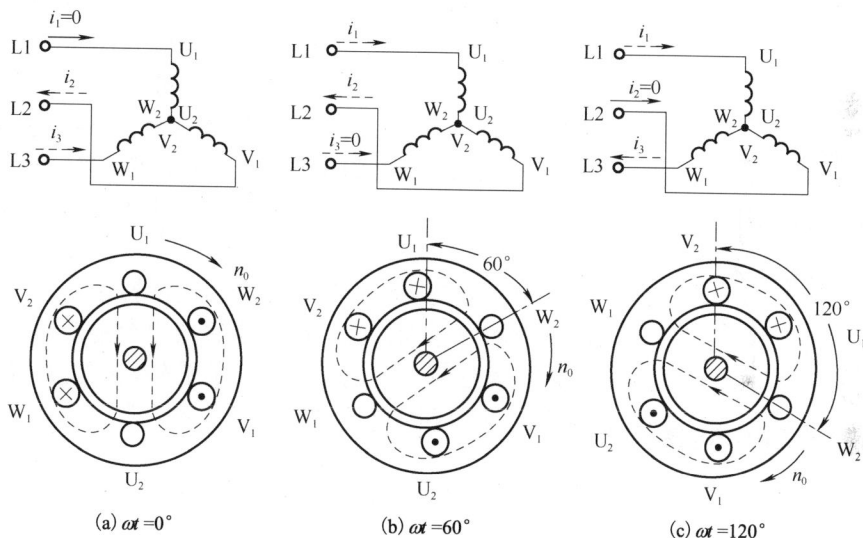

(a) $\omega t=0°$　　　　　　　(b) $\omega t=60°$　　　　　　　(c) $\omega t=120°$

图 5-22　由三相电流产生的两极旋转磁场

当 $\omega t=60°$ 时 i_1 为正值，其实际方向与参考方向相同，即由 U_1 端流向 U_2 端；i_2 为负值，其实际方向与参考方向相反，即由 V_2 端流向 V_1 端；$i_3=0$，L3 相绕组中电流为零。用右手螺旋定则确定这一时刻有三相电流产生的合成磁场，其方向如图 5-22(b)所示。与 $\omega t=0$ 时刻的磁场方向相反，合成磁场在空间顺时针转过了 60°。

当 $\omega t=120°$ 时，i_1 为正值，电流由 U_1 端流向 U_2 端；$i_2=0$，L2 相绕组中无电流；i_3 为负值，电流由 W_2 端流向 W_1 端，这使得合成磁场如图 5-22(c)所示，与 $\omega t=0$ 时刻比，合成磁场在空间顺时针转过了 120°。

同样的方法，可以分别确定其他瞬时由三相电流产生的合成磁场的分布情况。

2)旋转磁场的转速

由以上分析可以看出，异步电动机定子绕组中的三相电流所产生的合成磁场随着电流的变化在空间不断旋转，形成一个具有一对磁极(磁极对数 $p=1$)的旋转磁场。三相电流变化一个周期 T(即变化 360° 电角度)，合成磁场在空间旋转一周。

如果定子磁场为四极(磁极对数 $p=2$)，可以证明，电流变化一个周期，合成磁场在空间旋转180°。由此可得，旋转磁场的转速取决于电源周期(或频率)和电动机的磁极对数。旋转磁场的转速亦称同步转速。同步转速为

$$n_0 = \frac{60f}{p}$$

3) 旋转磁场的方向

旋转磁场的方向与三相绕组中的电流相序有关，在图 5-19 中，L1、L2、L3 三相绕组顺序通入三相电流 i_1、i_2、i_3，其旋转方向与电流相序(L1-L2-L3)一致，为顺时针方向。如果要改变旋转磁场的方向，可将定子绕组与三相电源连接的三根导线中的任意两根对调位置。如果将 L2、L3 两相接线互换，即 i_1 仍送入 L1 绕组，但 i_3 送入 L2 相绕组，i_2 送入 L3 相绕组，可以判定这时旋转磁场按逆时针方向旋转。

4) 转子转动原理

图 5-23 是两极三相异步电动机转子转动原理示意图。设磁场以同步转速 n_0 逆时针方向旋转，转子与磁场之间有相对运动，即相当于磁场不动、转子导体以顺时针方向切割磁力线，

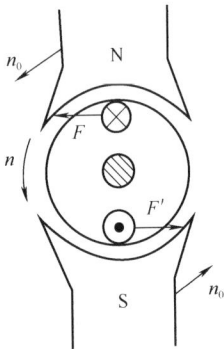

于是在导体中产生感应电动势，其方向由右手螺旋定则确定。由于转子导体的两端由端环连通，形成闭合的转子电路，在转子电路中便产生了感应电流。载流的转子导体在磁场中受电磁力 F 的作用(电磁力的方向可用左手定则确定)形成一电磁转矩，在此转矩的作用下，转子沿旋转磁场的方向转动，其转速用 n 表示。

转速 n 总是要小于旋转磁场的同步转速 n_0，否则，两者之间没有相对运动，就不会产生感应电动势及感应电流，电磁转矩也无法形成，电动机不可能旋转。这就是异步电动机名称的由来。又因转子中的电流是感应产生的，故又称感应电动机。

图 5-23　转子转动原理示意图

通常，把同步转速 n_0 与转子转速 n 的差值称为转差，转差与 n_0 的比值称为异步电动机的转差率，用 s 表示，即 $s=(n_0-n)/n_0$，转差率 s 是描绘异步电动机运行情况的一个重要物理量。在电动机启动瞬间，$n=0$，$s=1$，转差率最大。空载运行时转子转速最高，转差率最小，$s<0.5\%$。额定负载运行时，转子额定转速较空载转速要低。

三相异步电动机额定转速为

$$n_N = (1-s)\frac{60f}{p}$$

2. 三相异步电动机的结构

1) 三相异步电动机结构特点

Y 系列三相异步电动机为一般用途的笼型自扇风冷式电动机，目前已生产 Y3 系列。该系列电动机的额定电压为 380V、额定频率为 50Hz。Y 系列三相异步电动机结构图如图 5-24 所示。

2) 三相异步电动机铭牌数据的意义

电动机铭牌是使用和维修电动机的依据，必须按照铭牌上给出的额定值和要求去使用与维修。三相异步电动机铭牌如图 5-25 所示。

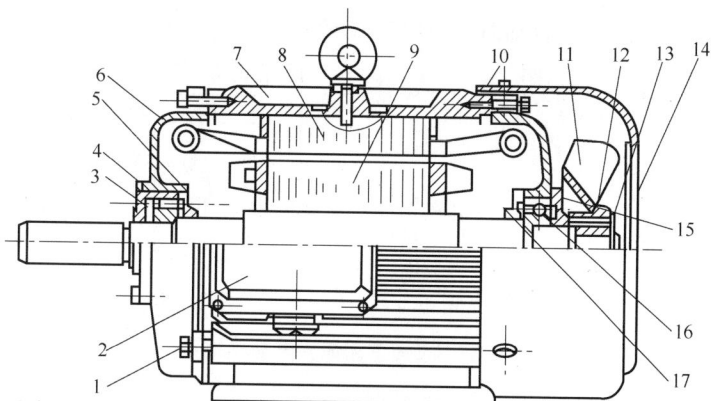

图 5-24　Y 系列三相异步电动机结构图

1-前轴承固定螺栓；2-接线盒；3-前轴承外盖；4-前轴承；5-前轴承内盖；6-前端盖；7-机座；8-定子铁心；
9-转子；10-风扇罩；11-外风扇；12-键；13-轴承挡圈；14-外风扇罩；15-后轴承盖；16-后轴承；17-后轴承内盖

图 5-25　三相异步电动机铭牌

　　(1)额定频率。额定频率指电动机电源频率在符合铭牌要求时的频率。我国工频为 50Hz。电动机在额定工况下运行时，转轴上输出的机械功率称为额定功率，单位为 kW。当实际输出功率大于额定功率时，电动机过载；当实际输出功率小于额定功率时，电动机欠载。电动机的负载处于额定功率的 75%～100%时，电动机效率和功率因数较高。

　　(2)额定电压。额定电压是指施加在三相异步电动机定子绕组上的线电压。要求电源电压波动不可超过±5%的额定电压。电压过低，启动困难；电压过高，电动机过热。

　　(3)额定电流。额定电流是指当电动机在额定状态下运行时，定子绕组的线电流。实际电流大于额定电流，说明电动机过载，电动机发热；小于额定电流，说明电动机欠载。

　　(4)额定转速。当电动机接入额定电压、额定频率和额定负载时，电动机转轴上的转速称为额定转速。电动机过载时，转速降低；欠载时(空载时)，转速比额定时稍高些。

　　(5)绝缘等级。电动机的绝缘等级取决于所用绝缘材料的耐热等级。

　　(6)绕组接法。绕组接法，三相绕组每相有两个端头，三相共六个端头，可以接成△连接和 Y 连接，也有每相中间有抽头的，这样三相共有 9 个端头或更多，可以连接成双速电动机。一定要按铭牌指示接线，否则电动机不能正常运行，甚至烧毁。

　　我国低压小型电动机容量在 3kW 及以下的 380V 电压为 Y 连接；380V、3kW 以上的电动机为△连接，目的是可以在启动时，使用 Y-△降压启动器。Y 连接、△连接如图 5-26 所示。

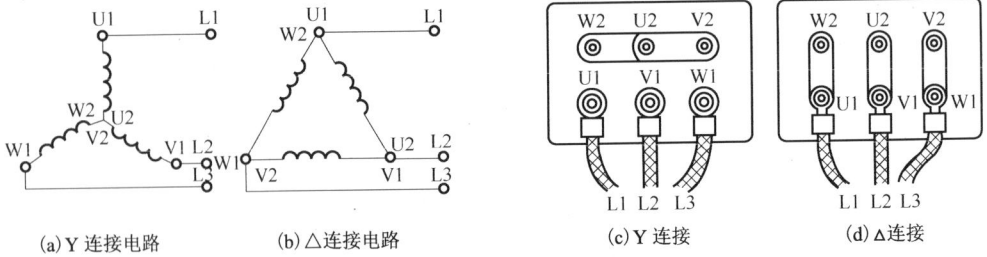

(a) Y 连接电路　　　　　(b) △连接电路　　　　　(c) Y 连接　　　　　(d) △连接

图 5-26　普通三相低压电动机接线

(7) 额定功率。当电动机在额定负载下运行时，轴上输出的机械功率为电动机额定功率 P_N，而从电源供给电动机的电功率为额定时的输入功率，用 P_1 表示，从电功率转化为输出的机械功率时要产生损耗 $\sum P$，主要是热能损耗，所以 $P_1 > P_N$，其比值称为电动机的效率 η，当额定运行时额定功率 η_N。

(8) 额定功率因数。当电动机在额定工况下运行时，定子相电压与相电流之间的相位差，即 $\cos\varphi_N$。

3. 电动机的拆卸与装配

修理、维护、保养电动机时，有时需要把电动机拆开，如果拆得不好，会把电动机拆坏，或使修理质量得不到保证。因此，必须掌握正确拆卸和装配电动机的技术。

1) 电动机的拆卸

拆卸前应将工具和检修记录准备好，在线头、端盖、刷握等处做好标记，以便于装配；在拆卸过程中，应同时进行检查和测试。尽量测量定子和转子间的气隙和电动机绝缘电阻，以便检修后作比较。三相笼型异步电动机的解体结构图如图 5-27 所示。

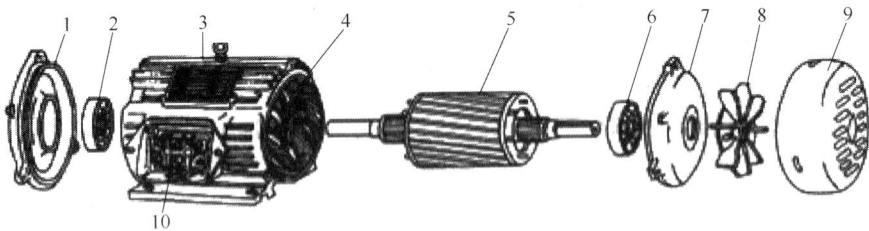

图 5-27　三相笼型异步电动机解体结构图

1-前端盖；2-前轴承；3-机座；4-定子铁心绕组；5-转子；6-后轴承；7-后端盖；8-外风扇；9-风罩；10-接线盒

(1) 拆卸联轴器和皮带轮。取下联轴器或带轮的螺钉或定位销，装上拉具，将拉具丝杠尖端对准电动机转轴中心，转动丝杠，慢慢将联轴器或带轮拉出，如图 5-28 所示。

(2) 拆除风扇罩及风扇叶轮。将固定风扇罩的螺钉拧下来，用木槌在与轴平行的方向从不同的位置上向外敲打风扇罩。风扇罩逐渐外移，最后和电动机脱开。松开风扇叶轮的顶丝，小心地将风扇叶轮向外撬出，直至脱离电动机轴。

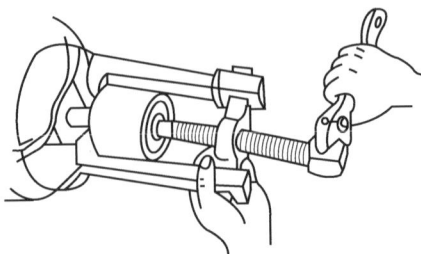

图 5-28　拆卸联轴器

(3) 拆卸轴承盖。卸下轴承盖的螺栓，用旋具放在轴承盖和端盖的间隙中，将轴承盖撬下来。

（4）拆卸端盖。在端盖与机座接缝处做好复位标记。把电动机两端端盖的螺栓拧下来，用木槌均匀向下敲打前端盖四周，使端盖与机座之间露出缝隙。用扁铲对准缝隙，用木槌敲打，使端盖逐渐下移，直到与机座脱离。在拆卸端盖过程中，要采取垫木板和用托架扶持等措施，以免端盖掉下来碰撞轴颈，使其精度受到损坏，或碰伤操作者。电动机端盖的拆卸如图 5-29 所示。

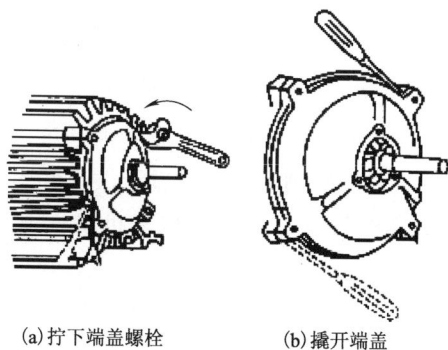

(a)拧下端盖螺栓　　　　　(b)撬开端盖

图 5-29 　拆卸电动机端盖

（5）抽出转子。用木槌敲打轴伸端面，使后端盖与机座分离。再将转子抽出来，抽出转子时要小心，应始终沿着转子轴径的中心线向外移动，防止转子碰伤绕组。为防止转子碰伤绕组，可在线圈端部垫纸板保护线圈。抽出电动机转子如图 5-30 所示。

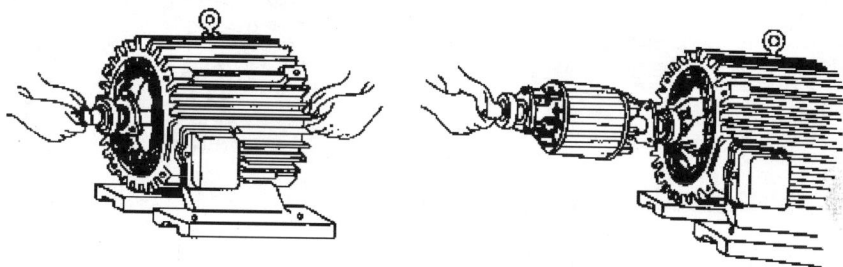

图 5-30 　抽出电动机转子

小型电动机的拆卸可只拆风扇一侧的端盖，同时将另一端的轴承盖螺栓拆下，将转子与端盖一起抽出来即可。

（6）拆卸轴承。可选用大小合适的拉具，其丝杠中心对准电动机的转轴中心，将轴承慢慢拉出。拆卸电动机轴承如图 5-31 所示。

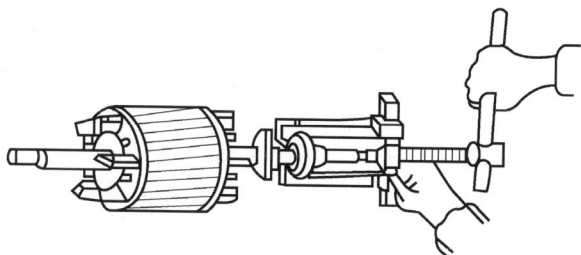

图 5-31 　拆卸电动机轴承

2）电动机的装配

（1）安装轴承。用煤油将轴承及轴承盖清洗干净，检查轴承有无裂纹、是否灵活、间隙是否过大等，若有问题则需更换。电动机轴承的清洗如图 5-32 所示。

图 5-32　电动机轴承的清洗

将轴颈部位擦干净，套上清洗干净并加好润滑脂的内轴承盖。在轴和轴承盖配合部位涂上润滑油后，将轴承套到轴上放正加好润滑脂。在轴承滚珠间隙及轴承盖里填充洁净的润滑脂，一般四极电动机填满空腔容积的 2/3 即可。电动机轴承盖、轴承填充润滑脂如图 5-33 所示。

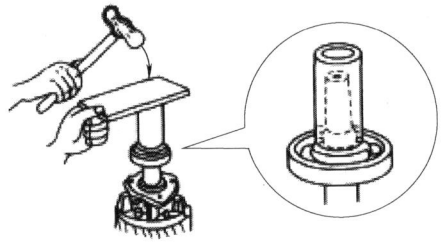

用一根内径大于轴颈直径的铁管，一端定在轴承的内圈上，用铁锤敲打铁管的另一端，将轴承逐渐敲打到位。注意管子的端面要平，以免损坏轴承。电动机轴承的安装如图 5-34 所示。

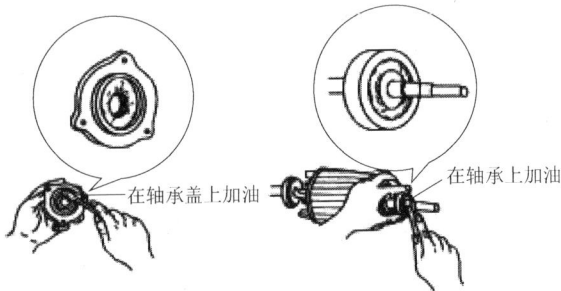

图 5-33　电动机轴承盖、轴承填充润滑脂　　　　图 5-34　电动机轴承的安装

（2）安装后端盖及后轴承盖。将轴伸出端朝下垂直放置，在断面上放上木块，将后端盖套在后轴承上，用木槌敲打到位。然后在轴承外盖的槽内加上润滑脂，用螺栓连接轴承内外盖并坚固。

（3）安装转子。转子对准定子中心，沿着定子圆周的中心线将转子缓缓地向定子里送进，送进过程中不得碰擦定子绕组。同样，可以在线圈端部垫纸板保护线圈，并在合拢之前将所垫纸板抽出。当周端盖与机座合拢时，应将拆卸时所做的标记对齐，然后装上端盖螺栓并拧紧。

（4）安装前端盖及前轴承盖。安装前轴承盖之前，先用一根一头与轴承内螺纹相配的一段弯钩穿心钢丝穿过端盖，钩在轴承内盖上，然后将前轴承外盖套入轴颈，并将钢丝穿入任一螺孔。外盖与端盖合拢后，在另一个螺孔内先拧上一个螺栓。伸出穿心钢丝，再将其余螺栓以此旋上拧紧。电机前端盖及前轴承盖的安装如图 5-35 所示。

将前端盖与机座的标记对齐后，用木槌均匀敲打端盖四周，直至与机座合拢，然后装上螺栓，按对角线逐步拧螺栓，使端盖与机座完全贴合后将螺栓拧紧。

（5）检查转动情况。用手转动转轴，检查转子转动是否灵活、均匀，有无停滞或偏重现象。电动机转动情况的检查如图 5-36 所示。

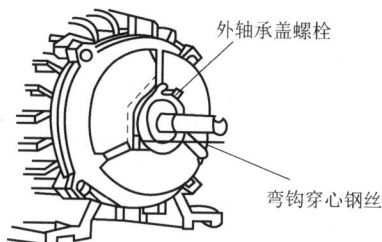

图 5-35　安装电机前端盖及前轴承盖

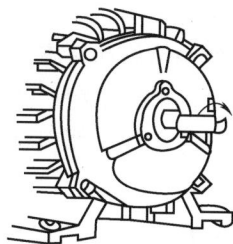

图 5-36　检查电动机转动情况

（6）安装联轴器或带轮。将轴和联轴器或带轮的内孔擦干净，再将键槽和定位螺钉对准，然后在端盖上垫上木块，用锤子轻轻打入，联轴器或带轮的安装如图 5-37 所示。

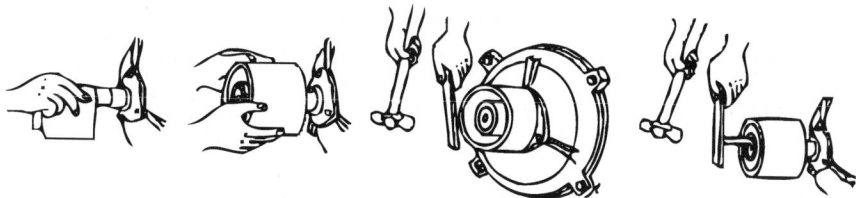

图 5-37　安装联轴器或带轮

5.4.4　任务实施

1. 电动机的拆装

（1）地点。在实训室或实训基地进行。

（2）准备工具。铁锤、木槌、推卸器、拉拔工具、扳手、垫铁等。

（3）分组安排实训，4～6 人一组，指定小组长。

（4）组织学习操作规程和安全注意事项。

（5）操作步骤。

① 拆卸机罩及整形。

② 拆卸端盖及清理尘埃。

③ 拆卸转子。检查轴上轴承质量。

④ 检查定子绝缘。

⑤ 安装。安装顺序与拆卸顺序相反。

⑥ 手动盘转检查。

⑦ 总结电动机拆装程序，教师答疑，学生编写实训报告。

2. 电动机的故障诊断与检修操作

（1）地点。在实训室或实训基地进行。

（2）准备工具。铁锤、木槌、推卸器、拉拔工具、扳手、垫铁等。

（3）分组安排实训，4～6 人一组，指定小组长。

（4）组织学习操作规程和安全注意事项。

（5）操作步骤。

① 完成电动机的拆卸工作。

② 对电动机转子、轴承、定子绝缘等部件进行检测，判断其故障。

③ 分析故障原因。

④ 提出解决措施和实施方案，并建立维修档案。

⑤ 按拆装逆顺序装配。

⑥ 教师对学生动手能力进行指导，并引导学生归纳总结，解答学生的问题，指导学生编写实训报告。

5.4.5　知识拓展：电动机的维护与保养

（1）日常保养。主要检查电动机的润滑系统、外观、温度、噪声、振动等，是否有异常情况等。检查通风冷却系统、滑动摩擦状况和紧固情况，认真做好记录。

（2）月保养及定期巡回检查。检查开关、配线、接地装置等有无松动、破损现象；检查引线与配件有无损伤和老化；检查电刷、集电环的磨损情况，电刷在刷握内是否灵活等。如果有问题，则应及时修理或更换。如果有粉尘堆积的情况，则应及时清扫。

（3）年保养及检查。除了上述项目，还要检查和更换润滑剂。必要时要把电动机解体，进行抽心检查、清扫或清洗油垢；检查绝缘电阻，进行干燥处理；检查零部件生锈和腐蚀情况；检查轴承磨损情况，是否需要更换。

任务 5.5　综合实训：数控机床的电气故障诊断与修理

5.5.1　任务描述

以数控机床为例。数控机床在加工行业中得到越来越广泛的应用，其具有加工精度高、运行稳定、工作效率高等特点，如果出现电气方面故障，一时很难排除，需要具有多年的现场修理经验，因此，学习和掌握数控机床的电气故障维修越来越受到重视。

5.5.2　任务分析

1. 直流主轴传动系统的故障及排除

直流主轴传动系统的常见故障现象和故障原因见表 5-7。

表 5-7　直流主轴传动系统常见故障现象和故障原因

序号	故障现象	故障原因
1	主轴电动机不转	印制电路板过脏；触发脉冲电路故障，没有脉冲产生；主轴电动机动力线断线或与主轴控制单元连接不良；高/低挡齿轮切换用的离合器切换不好；机床负载太大；机床未给出主轴旋转信号
2	电动机转速异常或转速不稳定	D/A 变换器故障；测速发动机断线；速度指令错误；电动机有故障；过载；印制电路板故障；励磁环节故障
3	主轴电动机振动或噪声太大	电源缺相或电源电压不正常；伺服单元上的增益电路和颤抖电路调整不好；电流反馈回路未调整好；三相输入的相序不对；电动机轴承故障；主轴齿轮啮合不好或主轴负载太大
4	发生过流报警	电流极限设定错误；同步脉冲紊乱；主轴电动机电枢线圈内部短路
5	给定转速与实际转速偏差过大	负载太大
6	熔丝熔断	印制电路板故障；电动机故障；测速发电机故障
7	热继电器跳闸	过载

续表

序号	故障现象	故障原因
8	电动机过热	过载
9	过电压吸收器烧坏	干扰或外加电压过高
10	运转停止	电源电压过低或控制电源混乱
11	速度达不到最高转速	励磁电流太大；励磁控制回路不工作
12	主轴在加/减速时工作不正常	减速极限电路调节不准确；加/减速回路时间常数设定和负载转动惯量不匹配；传动链连接不良
13	电动机电刷磨损严重，电刷上有火花痕迹，或电刷滑动面上有深沟	过载；转向器表面有伤痕或过脏；电刷上沾有大量的切削液

2. 交流主轴传动系统的故障及排除

交流主轴传动系统的常见故障现象和故障原因见表 5-8。

表 5-8　交流主轴传动系统常见故障现象和故障原因

序号	故障现象	故障原因
1	电动机转速异常或转速不稳定	负载过大；转矩极限设定太小；功率晶体管损坏；速度反馈信号错误；连接线断线或接触不良
2	发动机过热	电动机过载；冷却系统太脏或风扇短路
3	熔丝熔断	晶体管模块损坏；印制电路板损坏；交流电源输入端的浪涌吸收器损坏；二极管模块或晶闸管模块损坏；主电路绝缘损坏
4	电动机转速过高	印制电路板设定不正确；印制电路板损坏
5	主轴电动机振动或噪声太大	反馈电压不正确；主轴电动机与主轴之间的齿轮比不合适；主轴电动机尾部的脉冲发生器不良；主轴电动机不良；安装松动；润滑不良

5.5.3　知识准备

主轴传动系统主要用于控制机床的主轴旋转运动，是机床最核心的关键部件之一，其输出性能对数控机床的整体水平是至关重要的。机床要求主轴在很宽的范围内速度持续可调，并在各种速度下提供足够的切削功率。数控机床主轴传动系统按其所使用的电动机，可分为直流主轴传动系统和交流主轴传动系统两大类。20 世纪 70 年代使用较多的是直流主轴传动系统，这是由于直流电动机调速性能好、输出转矩大、过载能力强、精度高、控制简单、易于调整。直流主轴传动系统中又分晶闸管整流方式和晶体管脉宽调制方式两种。20 世纪 80 年代后，随着微电子技术和大功率晶体管的高速发展，开始推出交流主轴传动系统。由于交流驱动系统保持了直流系统的优越性，而且交流电动机维护量小、简单、便于制造、不受恶劣环境影响，所以目前直流驱动系统已逐渐被交流驱动系统所取代。初期是采用模拟式交流传动系统，现在传动系统主流是数字式交流传动系统。交流传动系统走向数字化，传动系统中的电流环、速度环的反馈控制已全部数字化，系统的控制模型和动态补偿均由高速微处理器实时处理，增强了系统的自诊断能力，提高了系统的速度和精度。

1. 直流主轴传动系统

1）直流主轴传动系统的工作原理

直流主轴电动机结构与普通直流电动机的结构基本相同。它是由定子与转子组成的，其中转子由转子绕组与换向器组成，定子由主磁极与换向极组成。有的主轴电动机在定子上除了主励磁绕组、换向绕组，为了改善换向，还加了补偿绕组。

从表面看，直流主轴电动机与普通直流电动机相同，但实际上是不相同的，它主要是能在很宽的范围内调速，又要求过载能力强，所以在结构上应提高强度。为了提高过载能力，一方面要提高结构的机械强度，另一方面就是采取尽可能完善的换向措施。尤其是主轴电动机还要经常正反转与立即停车，这些都是非常苛刻的工作条件。主轴电动机为了满足这些方面的要求，在换向器上也采取了相应的加强措施。总之，主轴电动机与普通直流电动机不同，普通直流电动机用在主轴上，使用寿命是不会太长的。

主轴电动机的另一个特点就是加强冷却的措施，即采用强迫通风冷却或热管冷却技术，防止电动机把热量传到主轴上，引起主轴变形。主轴电动机的外壳一般均采用密封式结构，以适应加工过程中铁屑、油、切削液的侵蚀。

2）调速系统

直流主轴传动系统类似于直流调速系统，多采用晶闸管调速的方式，其控制电路是由速度环和电流环构成的双环调速系统，其内环为电流环，外环为速度环。主轴电动机为他励直流电动机，如图 5-38 所示。

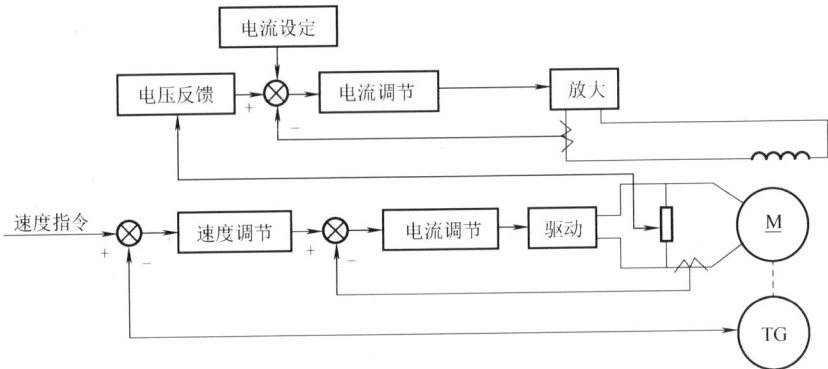

图 5-38　直流主轴电动机驱动控制

在双闭环直流调速系统中，系统可以随时根据速度指令的模拟电压信号与实际转速反馈电压的差值控制电动机的转速。当电压差值大时，电动机转矩大，速度变化快，电动机的转速很快达到给定值。当转速接近给定值时，可以使电动机的转矩自动地减小，避免过大的超调量，保证转速的稳态无静差。当系统受到外来干扰时，电流环能迅速地作出抑制干扰的响应，保证系统具有最佳的加速和制动时间特性。系统速度环中速度调节器的输出作为电流调节器的给定信号，来控制电动机的电流和转矩，所以调节器的输出限幅值就限定了电流环中的电流。在电动机启动过程中，电动机转矩和电枢电流急剧增加，电枢电流达到限定值，使电动机以最大转矩加速，转速线性上升，而当电动机的转速达到甚至超过了给定值时，速度反馈电压大于速度给定电压，速度调节器的输出从限幅值降下来，电流调节器的给定值也相应减小，使电枢电流下降，电动机的转矩也随之下降，开始减速。当电动机的转矩小于负载转矩时，电动机会再次加速，直到重新回到速度给定值，因此，双闭环直流调速系统对保证主轴的快速启停、保持稳定运行等功能是很重要的。

励磁电流设定电路、电枢电压负反馈电路及励磁电流负反馈电路组成磁场控制电路，该电路输出信号经电压比较后控制励磁电流。当电枢电压较低时，电枢负反馈电压也较低，磁场控制电路中电枢电压负反馈不起作用，只有励磁电流负反馈作用，维持励磁电流不变，实现调压调速；当电枢电压较高时，电枢负反馈电压也较高，励磁电流负反馈不起作用，电枢负反馈电压被引入。随着电枢电压的升高，调节器即对磁场电流进行弱磁升速，使转速上升。这样，通过速度指令，电动机转速从最小值到额定值对应电动机电枢的调压调速，实现恒转矩控制；从额定值到最大值对应电动机励磁电流减小的弱磁调速，实现恒功率控制。

直流主轴驱动装置一般具有速度到达、零速检测等辅助信号输出，同时还具有速度负反馈消失、速度偏差过大、过载及失磁等多项报警保护措施，以确保系统安全可靠工作。

数控机床直流主轴电动机功率较大，且要求正、反转及快速停止，因此，驱动装置的主电路往往采用三相桥式反并联逻辑无环流可逆调速系统，这样在制动时，除了缩短制动时间，还能将主轴旋转的机械能转换成电能送回电网。逻辑无环流可逆系统是利用逻辑电路，使一组晶闸管在工作时，另一组晶闸管的触发脉冲被封锁，从而切断正、反两组晶闸管之间流通的电流(简称环流)。逻辑电路必须满足系统的需要，即同一时刻只向一组晶闸管提供触发脉冲；只有当工作的那一组晶闸管断流后才能撤销其触发脉冲，以防止晶闸管处于逆变状态时，未断流就撤销触发脉冲，导致逆变颠覆现象，造成故障；只有当原先工作的那一组晶闸管完全关断后，才能向另一组晶闸管提供触发脉冲，以防止出现过大的电流；任何一组晶闸管导通时，要防止晶闸管输出电压与电动机电动势方向一致，导致电压相加，使瞬时电流过大。

逻辑无环流可逆调速系统除了用在数控机床直流主轴电动机的驱动，还可用在功率较大的直流进给伺服电动机的驱动上。

3) 直流主轴传动系统的特点

(1)简化变速机构。该系统简化了由恒定速度的交流异步电动机、离合器、齿轮等组成的传统主轴多级机械变速装置的结构。在直流主轴传动系统中通常只需要设置高、低两级速度的机械变速机构，就能得到全部的主轴变换速度。电动机的速度由主轴传动系统进行控制，变速时间短；通过最佳切削速度的选择，可以提高加工质量和加工效率，进一步提高可靠性。

(2)适合工厂环境的全封闭结构。数控机床采用全封闭结构的直流主轴电动机，所以能在有尘埃和切削液飞溅的工业环境中使用。

(3)主轴电动机采用特殊的热管冷却系统，外形尺寸小。在主轴电动机轴上装入了比铜的热导率大数百倍的热管，能将转子产生的热量立即向外部发散。为了把发热限制在最小限度以内，定子内采用了独特方式的特殊附加磁极，减小了损耗，提高了效率。电动机的外形尺寸小于同等容量的开启式直流电动机，容易安装在机床上，且噪声很小。

(4)驱动方式性能好。主轴传动系统采用晶闸管三相桥式整流驱动方式，振动小，旋转灵活。

(5)主轴控制功能强，容易与数控系统配合。在与数控系统结合时，主轴传动单元配备了必要的 D/A 转换器、超程输入、速度计数器输出等功能。

(6)纯电式主轴定位控制功能。采用纯电式主轴定位控制，能用纯电式手段控制主轴的定位停止，故无须机械定位装置，可进一步缩短定位时间。

2. 交流主轴传动系统

1) 交流主轴传动系统的工作原理

目前数控机床的主轴传动多采用交流主轴传动系统。交流主轴传动控制方式分为速度控制和位置控制两种。普通加工时为速度控制，主轴电动机轴上装有圆形的磁性传感器，用于速度反馈。位置控制就是控制主轴的转角或转位，用于主轴同步、主轴定位、刚性攻螺纹、C轴轮廓的控制。系统在轮廓控制时主轴要与其他轴插补，此时需在机床的主轴上装位置编码器，用于转角的测量与反馈。主轴控制单元采用单独的 CPU 控制，从 CPU 单元输出的控制指令用一条光缆送达主轴的控制单元，数据为串行传送，因此，可靠性比较高。

2) 常用交流主轴电动机类型

常用的交流主轴电动机有永磁式同步电动机和笼型异步电动机两种。根据主轴电动机情况的不同，交流主轴电动机多采用笼型异步电动机，这是因为一方面受永磁体的限制，当电动机容量做得很大时，永磁式同步电动机成本会很高，对数控机床来讲无法接受；另一方面数控机床的主轴传动系统采用成本低的异步电动机进行矢量闭环控制，完全可满足数控机床主轴的要求，不必像进给伺服系统那样要求如此高的性能。但对交流主轴异步电动机性能的要求与普通异步电动机又有所不同，要求交流主轴异步电动机的输出特性曲线(输出功率与转速关系)在同步转速以下时为恒转矩区域，同步转速以上时为恒功率区域。

3) 交流主轴控制单元

交流主轴控制单元有模拟式和数字式两种，现在所见到的国外交流主轴控制单元大多采用数字式，图 5-39 为交流主轴控制单元框图。

该主轴控制单元工作过程如下：速度指令由数控系统发出(如 10V 时相当于 6000r/min 或 4500r/min)，与检测器的信号比较后，经比例积分电路将速度误差信号放大作为转矩指令电压输出，再经绝对值电路使转矩指令电压永远为正。经过函数发生器(它的作用是当电动机低速时提高转矩指令电压)，送 U/f 变换器，转换成误差脉冲(如 10V 相当于 200kHz)。该误差脉冲输送到微处理器，并与四倍电路送来的速度反馈脉冲进行比较。与此同时，将预先写在微处理器部件 ROM 中的信息读出，分别送出振幅和相位信号，送到 DA 强励磁和 DA 振幅器。DA 强励磁电路的作用是控制增加定子电流的振幅，而 DA 振幅器的作用是产生与转矩指令相对应的电动机定子电流的振幅。它们的输出值经乘法器之后形成定子电流的振幅，送给 U 相和 V 相的电流指示电路。另外，从微处理器输出的 U、V 两相的相位也被送到 U 相和 V 相的电流指示电路，它实际上也是一个乘法器，通过它形成了 U 相和 V 相的电流指令。这个指令与电动机电流反馈信号比较后的误差，经放大后送至 PWM 控制回路，转换成频率为 3kHz 的脉冲信号。IU、IV 两信号合成产生 W 相信号。上述脉冲信号经 PWM 变换器控制电动机的三相交流电流。脉冲发生器是一个速度检测器，用来产生每转 256 个脉冲的正、余弦波形，然后经四倍电路变成 1024 个脉冲。它一方面送微处理器，另一方面经 f/U 变换器作为速度反馈送到比较器与速度指令进行比较。但在低速时，由于 f/U 变换器的线性度较差，所以此时的速度反馈信号由微分电路和同步整流电路产生。在电动机停止运行时，需速度指令为零，此时交流电动机依靠惯性继续旋转，而 PWM 变换器可将电动机的动能转换为电能回馈给电网，实现再生制动。如果向微处理器输入反转信号时，微处理器输出的 U、V 相两个信号位置对调，即 U 相电流指示电路和 V 相电流指示电路位置对调，从而导致电流控制电路与 PWM 控制电路的 U 相和 V 相位置也发生相应的变化，由于 W 相为 IU、IV 两信号合成的，所以不发生变化，使 PWM 变换器输出的三相交流电流相序改变，交流电动机反转，实现可逆运行。

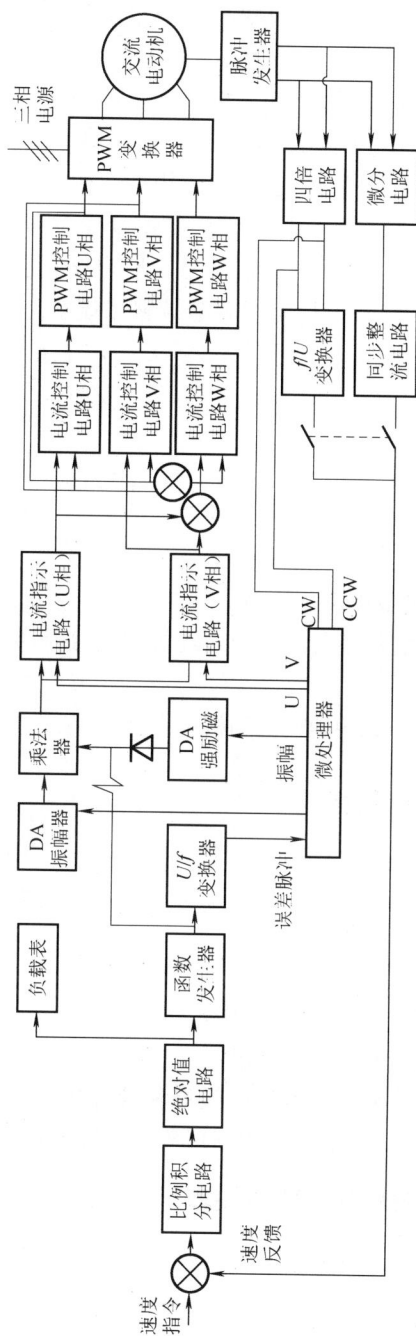

图 5-39　交流主轴控制单元框图

4) 交流主轴传动系统的特点

交流主轴传动系统分为模拟式(模拟接口)和数字式(串行接口)两种,交流主轴传动系统的特点如下。

(1)振动和噪声小。由于交流主轴传动系统采用了微处理器和最新的电气技术,所以能够在全部速度范围内平滑地运行,并且振动和噪声很小。

(2)采用了再生制动控制功能。在直流主轴传动系统中,当电动机急停时,大多采用能耗制动;而在交流主轴传动系统中,采用再生制动的情况很多,可将电动机能量反馈回电网。

(3)交流数字式传动系统控制精度高。与交流模拟式传动系统相比较,交流数字式传动系统由于采用数字直接控制,数控系统输出不需要经过D/A转换,所以控制精度高。

(4)交流数字式传动系统采用参数设定的方法调整电路状态。交流数字式传动系统电路中不用电位器调整,而是采用参数数值设定的方法调整系统状态,所以比电位器调整准确,设定灵活,范围广,且可以无级设定。

5.5.4　任务实施

在实训室或实训基地进行,先组织学习操作规程和安全注意事项,分组安排实训。

1. 主轴传动系统日常维护

1) 使用检查及日常维护

传动系统启动前应按下述步骤进行检查。

(1)检查控制单元和电动机的信号线、动力线等的连接是否正确、是否松动以及绝缘是否良好。

(2)强电柜和电动机是否可靠接地,电动机电刷的安装是否牢靠,电动机安装螺栓是否完全拧紧。

2) 使用时的检查注意事项

(1)强电柜门关闭后才能运行。

(2)检查速度指令值与电动机转速是否一致,负载转矩指示(或电动机电流指示)是否正常。

(3)电动机是否有异常声音和异常振动。

(4)轴承温度是否有急剧上升的不正常现象。

(5)在电刷上是否有显著的火花发生痕迹。

2. 根据主轴电动机不转的故障现象进行检修和故障排除

根据表5-8中交流主轴传动系统常见故障现象和故障原因进行检修与故障排除。

5.5.5　知识拓展:数控机床的维护与保养

数控机床的日常维护,是对数控机床的定期检查和日常保养工作。如果这项工作做得很好,可以延长电器元件、功能模块的寿命和机械磨损周期,防止意外事故发生。在日常维护中,必须注意以下几个问题。

1. 配备高素质的编程、操作和维护人员

数控机床是综合计算机技术、自动控制技术、精密测量技术和机床设计等先进技术的典型机电一体化产品。其控制系统复杂、昂贵。因此配备的人员必须具备以下基本素质:一是应有高度的责任心和良好的职业道德;二是具有较广的知识面和勤学习、善思考、多动手的良好工作习惯。负责日常维护的人员，不仅要掌握计算机原理、电子电工技术、自动控制与电力拖动、测量技术、机械传动及切削加工工艺知识，而且要具有一定的英语基础和较强的动手实践能力，才能全面掌握数控机床，所以培养学生的综合素质和岗位技能，是实现数控设备良好运行的基本保障。

2. 建立数控设备的维护保养制度

数控机床的种类多，各类数控机床因其功能、结构及系统不同，具有不同的特性，其维护保养的内容和细则也各有特色，具体应根据其机床种类、型号及实际使用情况，并参照机床使用说明书的要求，针对性地制定日常维护保养制度。如重复定位精度，必须在每次技能鉴定前做重点检查，以保证学生在考核中得到较好的尺寸精度。另外对于储存器（CMOS）供电电池，应在数控系统通电状态下更换新电池，以确保存储参数不丢失，数控系统正常运行。

3. 重点抓好数控装置的维护

（1）注意数控装置的防尘。首先，除进行必要的检修外，平时应尽量少开柜门，因为柜门常开易使空气中飘浮的灰尘、油雾和金属粉末落在印制电路板上和电器接插件上，很容易造成元器件之间的绝缘电阻下降，从而引发故障甚至造成元器件损坏，所以加强数控柜和强电柜的密封管理很重要。有些数控机床的主轴速度控制单元安装在强电柜中，强电柜门关得不严是使电器元件损坏、数控系统控制失灵的一个原因。其次，对一些已受外部灰尘、油雾污染的电路板和接插件可采用专用电子清洁剂喷洗。

（2）重视数控装置的散热。环境温度过高会使数控装置内温度升高，若散热条件不好会使数控系统工作不稳定，因此对数控装置的散热通风装置，必须经常检查，不能马虎。始终要保证冷却风扇的工作状态良好，要对过滤网定期进行清理，确保冷却风道的畅通。避免在高温天气里打开数控柜门，用风扇对数控机床进行降温，这是不利于防尘的盲目举动。

4. 加强实训时的巡回指导

通常，在数控机床使用的第一年内，有 1/3 以上的故障是操作不当引起的，所以，学生训练时的巡回指导很重要，这项工作体现了实习指导教师高度的责任感和专业水准，如果做得好，既可以提高学生的编程与操作技能，又可以避免机床故障。若学生在机械锁定的状态下，空运行检查程序是否有错误，当检查或修改完成后，解除机械锁定状态准备加工时，指导教师应及时提醒学生，使机床返回参考点，这样可以避免对刀错误而引起的撞刀现象。

5. 做好机床排故工作

机床一旦出现报警，说明机床已出现故障或处在非正常工作状态。应该首先查明原因，然后才能继续运行。数控机床一旦停机，直接影响生产计划，后果非常严重。因此，维护人员必须要有高超的技术和严谨的工作作风，认真做好维修记录，对故障的原因进行科学的分析，发现故障的根源与规律，从而排除机床故障。

此外，应注意数控机床不宜长期封存，闲置过长会使电子元器件受潮，加快其技术性能下降或损坏，所以，对闲置的数控设备也应定期维护保养，保证机床每周通电 1～2 次，每次运行 1h 左右，防止机床电器元件受潮，并能及时发现有无电池报警信号，以免系统软件参数丢失。

6. 数控机床维护与保养的目的和意义

数控机床是一种综合应用计算机技术、自动控制技术、自动检测技术和精密机械设计和制造等先进技术的高新技术的产物，是技术密集度及自动化程度都很高的、典型的机电一体化产品。与普通机床相比较，数控机床不仅具有零件加工精度高、生产效率高、产品质量稳定、自动化程度极高的特点，而且可以完成普通机床难以完成或根本不能加工的复杂曲面的零件加工，因而数控机床在机械制造业中的地位显得越来越重要。甚至可以说，在机械制造业中，数控机床的档次和拥有量，是一个企业制造能力的重要标志。但是，应当清醒地认识到，在企业生产中，数控机床能否达到加工精度高、产品质量稳定、提高生产效率的目标，不仅取决于机床本身的精度和性能，很大程度上也与操作者在生产中能否正确地对数控机床进行维护保养和使用密切相关。与此同时，还应当注意到，数控机床维修的概念，不能单纯理解为数控系统或者数控机床部分和其他部分在发生故障时，仅仅依靠维修人员排除故障和及时修复，使数控机床能够尽早地投入使用就可以了，还应包括正确使用和日常保养等工作。综上所述，只有坚持做好对机床的日常维护保养工作，才可以延长元器件的使用寿命，延长机械部件的磨损周期，防止意外恶性事故的发生，争取机床长时间稳定工作；也才能充分发挥数控机床的加工优势，发挥数控机床的技术性能，确保数控机床能够正常工作。因此，无论是对数控机床的操作者，还是对数控机床的维修人员来说，数控机床的维护与保养都非常重要，必须给予高度重视。

学习小结

(1)修理前的调查研究，设备电气故障的分析、排除是进行设备电气故障诊断与维修的基础。

① 问。首先向电气设备的操作者了解故障发生前后的情况，故障是首次突然发生还是经常发生；是否有烟雾、跳火、异常声音和气味出现，有何失常和误动作等。因为电气设备的操作者最熟悉该设备的性能，最先了解故障的可能原因和部位，这样有利于修理人员在此基础上利用有关电气工作原理来判断故障发生地点和分析故障原因。

② 看。观察熔断器内的熔丝是否熔断；电气元件及导线连接处有无烧焦痕迹。

③ 听。电动机、控制变压器、接触器、继电器在运行中声音是否正常。

④ 摸。在电气设备运行一段时间后，切断电源，用手背触摸有关电器的外壳或电磁线圈，试其温度是否显著上升，是否有局部过热现象。

(2)电气设备故障的诊断与维修方法。正确识读电气控制原理图，分析电气控制原理、故障原因诊断与检修步骤、仪器仪表的使用，在判断故障可能的范围后，在此范围内对有关电器元件进行外表检查，这时常常能发现故障的确切部位。

(3)试验电路的动作顺序来检查故障。经外表检查未发现故障点时，可采用通电试验控制电路动作顺序的办法来进一步查找故障点。具体做法是：操作某一个按钮或开关，线路中有关的接触器、继电器将按规定的动作顺序进行工作。若依次动作至某一电器元件发现动作不符，说明此元件或其相关电路有问题。再在此电路中进行逐项分析和检查，一般到此便可发现故障。

(4)利用电工测量仪表检查故障。利用各种电工测量仪表对电路进行电阻、电流、电压等参数的测量，以此进一步寻找或判断故障，是电器维修工作中的一项有效措施。例如，利用万用表、钳形电流表、兆欧表、试电表等仪表来检查线路，能迅速有效地找出故障原因。

　　(5)检修注意事项如下：在通电试验时，必须注意人身和设备的安全。要遵守安全操作规程，不得随意触动带电部分。必须切断主电路电源，使电动机在空载下运行，避免机械运动部分发生误动作或碰撞；要暂时隔断有故障的电路，以免故障扩大，并预先充分估计到局部线路动作后可能发生的不良后果。

　　(6)认真做好数控机床维护和保养，掌握常见故障现象及故障原因。

📖 评价标准

　　该情境评价分为两部分。

　　(1)应知内容考核。要想掌握技能和提高实际操作能力，必须有一定的理论基础作为奠基，才能达到目的。因此要考核必需的理论基础知识，可采取问答和笔试形式。

　　(2)实际操作能力考核，主要如下。

　　① 电气设备的维护保养、检修；

　　② 控制开关的故障诊断、修理措施与操作步骤；

　　③ 变压器的故障诊断、修理措施与操作步骤；

　　④ 三相异步电动机常见故障检查与排除；

　　⑤ 数控机床电气的故障诊断、修理措施与操作步骤；

　　⑥ 安全文明生产，整理、整顿、清扫、清洁和素养的 5S 管理。

1. 应知内容考核(表 5-9)

表 5-9　学习情境 5 应知内容考核

考核项目	考核内容
电气设备的维护保养、检修	正确检查电气设备故障诊断与维修方法
	正确识读电气控制原理图
	分析电器控制原理、故障原因
	诊断与检修步骤
	工具的使用
	仪器、仪表的使用
控制开关的故障诊断、修理措施与操作步骤	分析控制开关原理、故障原因
	控制开关的故障诊断、修理措施
	控制开关的故障修理操作步骤
变压器的故障诊断、修理措施与操作步骤	变压器原理、结构
	变压器的常见故障分析
	变压器的空载试验
	变压器的故障诊断、修理措施
	变压器的故障维修操作步骤
三相异步电动机常见故障检查与排除	三相异步电动机原理、结构
	三相异步电机常见故障分析
	三相异步电机常见故障排除方法
	三相异步电动机的拆卸
	三相异步电动机的安装
数控机床电气的故障诊断、修理措施与操作步骤	直流主轴传动系统的故障及排除
	交流主轴传动系统的故障及排除

2. 实际操作能力考核(表 5-10)

表 5-10　学习情境 5 实际操作能力考核

序号	任务名称			任务评价				
	评价要求	配分	权重	评价细则	评分记录			
					学生自评 20%	小组评价 30%	教师评价 50%	
1	电气设备的维护保养、检修	20	1	电气设备的维护保养、检修步骤完全符合要求				
			0.75	电气设备的维护保养、检修步骤符合要求				
			0.6	电气设备的维护保养、检修步骤基本符合要求				
			0.5	电气设备的维护保养、检修步骤不符合要求				
2	控制开关的故障诊断、修理措施与操作步骤	20	1	控制开关的故障诊断、修理措施与操作步骤完全符合要求				
			0.75	控制开关的故障诊断、修理措施与操作步骤符合要求				
			0.6	控制开关的故障诊断、修理措施与操作步骤基本符合要求				
			0.5	控制开关的故障诊断、修理措施与操作步骤不符合要求				
3	变压器的故障诊断、修理措施与操作步骤	20	1	变压器的故障诊断、修理措施与操作步骤完全符合要求				
			0.75	变压器的故障诊断、修理措施与操作步骤符合要求				
			0.6	变压器的故障诊断、修理措施与操作步骤基本符合要求				
			0.5	变压器的故障诊断、修理措施与操作步骤不符合要求				
4	三相异步电动机常见故障检查与排除	20	1	三相异步电动机常见故障检查与排除完全符合要求				
			0.75	三相异步电动机常见故障检查与排除符合要求				
			0.6	三相异步电动机常见故障检查与排除基本符合要求				
			0.5	三相异步电动机常见故障检查与排除不符合要求				
5	数控机床电气的故障诊断、修理措施与操作步骤	10	1	数控机床电气的故障诊断、修理措施与操作步骤完全符合要求				
			0.75	数控机床电气的故障诊断、修理措施与操作步骤符合要求				
			0.6	数控机床电气的故障诊断、修理措施与操作步骤基本符合要求				
			0.5	数控机床电气的故障诊断、修理措施与操作步骤不符合要求				
6	安全文明生产、5S 管理	10	1	安全文明操作，符合操作规程，工、量具使用正确				
			0.75	操作过程中出现违章操作				
			0.6	经提示后再次出现违章操作				
			0	不经允许擅自操作，造成人身、设备事故				
备注				合计				
				总分				
开始时间		结束时间		学生签字				
				教师签字				

教学策略

本学习情境按照行动导向教学法的教学理念实施教学过程，包括咨讯、计划、决策、执行、检查、评估六个步骤，同时贯彻手把手、放开手、育巧手、手脑并用；学中做、做中学、学会做、做学结合的职教理念。

1. 咨讯

（1）教师首先播放一段有关电气设备的故障诊断与修理的视频，使学生对电气设备的故障诊断与修理有一个感性的认识，以提高学生的学习兴趣。

（2）教师布置任务。

① 采用板书或电子课件展示任务 5.1 的任务内容和具体要求。

② 通过引导文问题让学生在规定时间内查阅资料，包括工具书、计算机或手机网络、电话咨询或同学讨论等多种方式，以获得问题的答案，目的是培养学生检索资料的能力。

③ 教师认真评阅学生的答案，重点和难点问题教师要加以解释。

对于任务 5.1，教师可播放与任务 5.1 有关的视频，包含任务 5.1 的整个执行过程；或教师进行示范操作，以达到手把手、学中做教会学生实际操作的目的。

对于任务 5.2，由于学生有了任务 5.1 的操作经验，教师可只播放与任务 5.2 有关的视频，不再进行示范操作，以达到放开手、做中学的教学目的。

对于任务 5.3，由于学生有了任务 5.1 和任务 5.2 的操作经验，教师既不播放视频，也不再进行示范操作，让学生独立思考，完成任务，以达到育巧手、学会做的教学目的。

对于其他任务，学生根据任务 5.3 的操作步骤完成各任务，可巩固和加深操作技能的熟练程度。

2. 计划

1）学生分组

根据班级人数和设备的台套数，由班长或学习委员进行分组。分组可采取多种形式，如随机分组、搭配分组、团队分组等，小组一般以 4~6 人为宜，目的是培养学生的社会能力、与各类人员的交往能力，同时每个小组指定一个负责人。

2）拟定方案

学生可以通过头脑风暴或集体讨论的方式拟定任务的实施计划，包括材料、工具的准备，具体的操作步骤等。

3. 决策

由学生和教师一起研讨，决定任务的实施方案，包括详细的过程实施步骤和检查方法。

4. 执行

学生根据实施方案按部就班地进行任务的实施。

5. 检查

学生在实施任务的过程中要不断检查操作过程和结果，以最终达到满意的操作效果。

6. 评估

学生在完成任务后，要写出整个学习过程的总结，并做 PPT 汇报。教师要制定各种评价表格，如专业能力评价表格、方法能力评价表格和社会能力评价表格，如表 5-9 和表 5-10 所示，根据评价结果对学生进行点评，同时布置课下作业，作业一般选取同类知识迁移的类型。

参 考 文 献

陈冠国. 2013. 机械设备维修. 2版. 北京：机械工业出版社.

杜国臣，王士军. 2006. 机床数控技术. 北京：中国林业出版社；北京大学出版社.

黄涛勋. 2006. 钳工(初级). 北京：机械工业出版社.

解金柱，王万友. 2010. 机电设备故障诊断与维修. 北京：化学工业出版社.

雷天觉. 2001. 液压工程手册. 北京：机械工业出版社.

李葆文. 2013. 设备管理新思维新模式. 北京：机械工业出版社.

李子东. 1992. 实用胶粘技术. 北京：新时代出版社.

刘永久. 2011. 数控机床故障诊断与维修技术. 北京：机械工业出版社.

唐殿全，郭振中. 2013. 煤矿机械修理与安装. 北京：煤炭工业出版社.

王修斌，程良骏. 2010. 机械修理大全(第1卷). 沈阳：辽宁科学技术出版社.

王忠峰. 2011. 数控机床故障诊断与维修实例. 北京：国防工业出版社.

吴全生. 2012. 机修钳工(初级). 2版. 北京：机械工业出版社.

武维承，王叶青. 2000. 机械维修与安装. 徐州：中国矿业大学出版社.

徐灏. 1991. 机械设计手册. 北京：机械工业出版社.

郁君平. 2011. 设备管理. 北京：机械工业出版社.

张佐清. 1998. 矿山设备维修与安装. 北京：机械工业出版社.

赵文锋. 2002. 机械钳工(中国机械工业). 东营：中国石油大学出版社.

中国机械工程学会设备维修专业学会. 1993. 机修手册. 北京：机械工业出版社.